云南师范大学学术精品文库

What is Waste？

Cultural Cognition and the Multi-governance
of Domestic Waste

垃圾
是什么

生活垃圾的
文化认知与多元共治

曹 锐 著

社会科学文献出版社
SOCIAL SCIENCES ACADEMIC PRESS (CHINA)

序

　　我们大多习惯于习以为常的生活节奏，日复一日、年复一年地讨生活、过生活，油盐酱醋、米面茶酒、吃吃喝喝，对各种垃圾司空见惯，觉得其微不足道、不足挂齿！但是在包括人类学者在内的某些人看来却并非如此：在这些微不足道的垃圾中，往往蕴藏着不为人知的奥秘。在人类学家的视域中，毫无魅力的垃圾是一个值得研究的"他者"，让我们从习以为常的生活中清醒，在不经意中体味发人深省的不平凡。

　　"垃圾"是由人类命名的，和人类语言有关，和社会文化有关，和生产生活更是密不可分。从某种意义上说，人类的历史就是垃圾的历史，人与垃圾的关系反映了人与人、人与社会、人与自然互为环境、互为条件的互构关系。我们可以从垃圾中窥探到生存价值和人类本性，可以看清伟大与渺小、崇高与卑微、历史与未来，如此等等。人与人、人与社会、人与自然要和谐相处，人与垃圾也要和谐相处。

　　全书共分为"什么是垃圾"和"垃圾怎么办"两个部分。

垃圾是什么

在第一部分中，作者深入文化认知的领域，探讨垃圾概念的语义辨析、历史演化和文化内涵，揭示垃圾与人类文明发展二者之间的协同演化关系，指出垃圾在本质上是主客观互构的活态产物，从而道出了垃圾的文化本质。

垃圾由最早的尘埃、人造物，逐渐发展为后来的人工合成物，经历了一个数量和物性上的蜕变。无生命的"废物"随着人类经济社会和科技文明的发展，不断"进化"出新的物性和样貌，可以是尘土、农肥、毒物、固体废物，也可以是再生资源，旧的垃圾观不断被新的垃圾观取代。随着人类认知力、反思力和前瞻力的提高，垃圾和"他者"要在不同的文化脉络中"说话"，要"表白"。人有千面，物有万象——各个文化人群因社会地位、意识形态、社会经验、宗教习惯不同而呈现丰富的层次，也生成有关垃圾的多元认知。在以拾荒者、普通百姓为代表的民间视角中，垃圾可以有选择地成为各种资源，可以勾连艺术和理想，可以联通价值和意义。人们文化认知中的垃圾早已融入精彩纷呈的社会生态之中。

作者借助人类学家道格拉斯对污秽的解读，揭示了垃圾的文化本质，这是一个亮点。我们根据文化分类来判定什么是垃圾、什么不是垃圾，垃圾不是脱离主观认知的客观实体，它是被物"困扰"的文化概念，甚至是一种"文化想象"。根据文化认知制定的分类规则一旦发生改变，垃圾的身份也会随之改变，其内涵和外延也要调整，可谓"垃圾万象"。

　　在全书的第二部分，作者进一步开始关注"垃圾怎么办"这一现实问题。解决垃圾问题的关键是解决"人"的问题，一是怎么想，二是怎么做。他一方面肯定各类废品回收工作者的贡献，另一方面对不同历史时期垃圾处理工艺及其背后的文化策略进行阐释，指出垃圾处置不当是造成垃圾问题的根源，敦促人们反思传统垃圾治理模式的局限性及面临的困境。作者有破有立，结合复杂适应系统理论、多中心和社会共治等理论，提倡树立新型垃圾观，构建多元治理模式。

　　消费主义激发了人们的物质欲望，把人们引向无序扩大生产和追求无限奢侈的歧途，人们开始品尝过度消费、大肆挥霍和无端浪费带来的恶果——垃圾物性日益复杂、数量激增。在人类中心主义的支配下，人类沦为消费主义的奴隶，违背了人与人、人与社会、人与自然和谐相处的生态规律。

　　能否解决垃圾问题很大程度上取决于人与垃圾之间是否建立了生态关系。在历史长河中，许多本土人士以不同方式"变废为宝"，展现出富有启迪性的民间智慧，点亮了一盏盏人与垃圾共生共存的希望之灯。进入当代，各种社会策略和技术工艺被用来处置垃圾，填埋、焚烧和堆肥是三种主要的处置方式，分别对应空间阻隔、物理改造和生化改造。在经历了几个世纪的技术更迭之后，垃圾处理工艺变得更加精湛，从最初的有害化填埋和焚烧逐渐走向减量化、资源化、无害化的道路。以确保卫生性和安全性为主、遵循"分级处理、逐级减量，以废治废、变废为宝"原则的技术整合开启了把垃圾循环利用的"反向生产"新策略的大门。"反向生产"的过程就是把曾经用于资源"开发"的技术手段用于废弃物的"还原"，使作为废弃物的垃圾转变为作为生产原料的非垃圾，最终通过反向赋能实现垃圾的无差别化改造。人类有能力以科技手段处理好垃圾问题，也可以借助智慧处理好人与人、人与社会、人与自然的生态关系。

解决"垃圾怎么办"问题除了在技术层面处理好人与垃圾的关系之外，还需要协调好人类社会内部人与人之间的相互关系，即垃圾管理者与被管理者之间的关系。垃圾管理涉及政府干预、各类律法的颁布、社会资源的投入以及发动民众参与等主要策略。基于对历史、现实状况的考量，传统的垃圾治理模式由于缺乏来自社会多方力量的监督和参与，出现了管理乏力、资金短缺、社会参与度低等现象，根源在于主观的管理策略与客观的现实情况不协调。垃圾治理作为一个极其复杂的社会公共事务，涉及社会政治、经济、文化等各个方面。作者认为不应该只依靠政府一个权力中心唱"独角戏"，而是要始终立足于社会的整体性原则，不能只考虑单一主体的生存空间和利益诉求，还要回溯到不同主体间的相互博弈、互动互构、相互适应的情景上来，找到不同文化群体、利益集团之间的矛盾冲突点与利益交汇点。

作者从"万物关联"和大系统的视域出发，借助复杂适应系统理论，诠释了垃圾社会治理存在主体适应性、"积木"结构、隐性秩序、"混沌的边缘"以及涌现性等特征，并在"多中心治理"和"社会共治"概念基础上提出了垃圾"多元共治"的理论构想，即以法治为基础，以对话、竞争、协商、合作和集体行动为共治机制，以实现社会多元主体共赢为目标的开放、复杂的垃圾共治系统。通过法治建设、明确主体责任、建立沟通协商机制等方式，在兼顾社会各方利益和达成"重叠共识"的基础上，激活社会各个层面的财富和资源，激发社会不同主体间的相互协作和参与公共事务的意愿，增强整个垃圾治理系统的活力并提高效率，以满足当前垃圾治理的现实需要。

全书的核心思想可以归纳为八个字——"垃圾治理，人人有责"。只要社会中的每个人都树立起全新的垃圾观，将它践行于日常生活，就一定能取得垃圾治理的良性效果。关键不在于消灭垃圾，而在于"包容"垃圾，在于人与垃圾之间的和谐共存。

是为序

纳日碧力戈

内蒙古师范大学民族学人类学学院资深教授

西南民族大学民族学与社会学学院特聘院长

2022 年 10 月 31 日于青城蕴秀园

目　录

第二部分　垃圾怎么办

绪　论

垃圾是什么？或许这并不是一个值得思考的问题。有人会说，垃圾就是垃圾，这没有什么可质疑的。如果有人问你"垃圾是什么"，你可能会直接告诉他，"是一些无用的东西"。但若要追问垃圾到底是什么东西，你是否会犹豫片刻，或者什么是你脑海中最先浮现的事物？大部分人也许会说，垃圾是那些不需要而被丢掉的物品，可能是装在垃圾桶里的东西，也可能是还没来得及被扔掉的东西，比如那些包裹快递的塑料包装、装饮料的易拉罐、吃剩的食物残羹、路边角落里的烟蒂等。它们在我们的生活中几乎无处不在，城市的大街小巷、乡村的河沟田野，甚至外太空以及海洋深处某一头正在游泳的抹香鲸肚子里……似乎我们的一举一动都在制造垃圾。

垃圾真的只是我们不需要而扔掉的东西吗？我们到底是如何区分"需要"和"不需要"的呢？我们是根据什么来判断某个物品到底"有用"还是"无用"，应该被扔掉还是留下来？垃圾是自古有之的，还是后天创造的？除了物品之外，为何还会有垃圾人、垃圾话、垃圾短信、垃圾视频、垃圾股这样的词汇？是不是一切我们自己认为是讨厌的、粗鄙的、劣质的存在都可以被冠以"垃圾"的称号？都说垃圾是"被放错了位置的资源"，这话说得没错，那又为何我们总是放错了呢？这些问题让我感到迷惑与好奇。

当我们开始认真思考这一系列看似不太重要的问题时，我们是否会质疑，我们真的了解这个我们看似最熟悉但却总会感到陌生的东西吗？垃圾到底是什么，似乎一切都没有我们想象得那么简单。我们始终自信地认为，我们对"垃圾"了如指掌，但事实可能恰恰证明了我们对它们其实一无所知。围绕垃圾引发的诸多问题，我对自己原有的判断产生了怀疑，想要重新去了解它们。垃圾从何而来，经历了哪些改变，它们又将去往何处。垃圾是没有生命的物体，但不知为何，有时我总感觉它们是活的，在被扔掉的那一刻它们有了自己的意识。于是，带着诸多的疑惑，我踏上了探寻垃圾真相的旅程……

从原始社会至今，特别是人类社会进入文明时代之后，人类从旧的世界中"出走"，导致人类的生存环境和心智情感经历了"古今之变"，外在的物质世界和内在的精神世界均被彻底重塑。作为人类文明发展的衍生物，垃圾的出现和剧增可能是变迁过程中最容易被忽视但也最应该被反思的"事件"，它预示着自然界对人类伟大"征服故事"的反抗。

人与垃圾的历史向我讲述了两个不一样的故事。

第一个故事发生于人类世伊始。在人类不断征服自然，创造了一个又一个奇迹，即将走向巅峰的时候，数以亿计的垃圾被制造出来，散布在这个星球的各个角落，最终幻化成一种邪恶的力量。这个"恶魔"般的存在一次又一次地向人类发起攻击，直接威胁着人类的生存与发展，彻底掩盖了人类文明的光芒。垃圾对人类世界的持续侵扰最终引发了人与垃圾之间的战争。垃圾首先向人类发起了攻击，我们只能仓促应对、被迫宣战。在长达几个世纪的"垃圾战争"中，人类从最初的束手无策，到后来想尽一切办法想要远离它们，始终难以阻止垃圾对世界的破坏，如今的我们依然在这场旷日持久的战争中坚守着，寻找能够彻底击败垃圾的办法。憎恶与仇恨充斥在这个故事当中，无奈、愤怒、焦虑成为故事的主色调。

相比之下，大多数人也许会更喜欢另一个故事。在那个没有战争的世界中，垃圾被人们视为"放错了地方的资源"。人们了解垃圾、喜欢垃圾，成日与垃圾为伴，并努力帮助它们找到仿佛家一般"对的"地方。人们想尽各种办法把垃圾从没用的废品变为有用的商品、艺术品或者原材料。在他们看来，垃圾不是敌人，更不是魔鬼，它们完全是可被循环利用的资源，也是可以提供创作灵感、物质财富、新奇思想的伙伴。垃圾之所以不被待见，不过是因为没有得到人们的理解和认可。垃圾带给人类的困扰，也不过是因为大部分人的无知、偏见和疏忽大意，错把垃圾当作了无用之物而导致混乱和不堪。他们像对待"丑小鸭"一样对待垃圾，陪伴垃圾成长，最终为它们找到了最合适的地方。从此，人类和垃圾过着和平共处的生活。在这个故事里，没有硝烟，也没有死亡，人类坚韧、自信和乐观的精神得到了彰显。

在这两个不同版本的故事中，无论是发动战争还是和谐共存，垃圾都从未改变，唯一改变的是故事中的另一个主角。人决定了垃圾是什么，人的所见所闻所感都会影响人们对垃圾的判断，我们内心的想法让垃圾成为敌人或者朋友。其实，上述两个不一样版本的故事都发生在我们身处的这同一个世界当中。故事中的不同民众也都是我们自己，只不过区别在于有的人向往和平，有的人却执着于战争。只有我们清楚地知道垃圾是什么，才能够知道把它们放在哪里是对的。

但是，如果我们把垃圾的出现和存在当作一种困扰，尝试从人与物相互关系的维度思考"垃圾怎么办"，便会意识到回答这个问题并不容易，因为这是一个复杂的社会问题。在现实生活中，垃圾问题不但涉及政策法规、体制机制、处理技术、资金财务等多个层面，还涉及政府、企业、社会组织、民众等多重社会主体，以及理性、情感、习惯、观念等多种社会心理，关涉如何权衡不同利益集团的政治、经济、文化的权利和义务，夹杂着不同权力和话语间的相互博弈等。

如此看来，"垃圾怎么办"不仅是一个社会性问题，还是一个复杂的系统性问题。如何平衡各种社会力量、化解各种分歧和矛盾，以及如何在不同主体间达成互惠共赢等，都是由垃圾引发且需要我们给予关注和思考的问题。

实际上，垃圾问题并不是大多数人关心的话题。关于地球生态和环境保护的讨论主要集中于媒体从业者、政要、专家或相关从业人员等群体当中。对此，我们不得不承认，民众对环境的态度并非冷漠，而是无暇顾及或者爱莫能助。大量的垃圾相关领域的专业人士，他们要么致力于垃圾的污染与防治，要么关注城市公共环境的卫生环保事业。即使是在学术领域，学者们也大多注重垃圾治理的工程技术研发，或者有效管理垃圾等公共事务研究，而对垃圾的文化研究却并不多见。但我们知道，垃圾问题并不是一个简单的技术或管理的问题，垃圾困扰问题的背后隐藏着更多深层次的信息。我们需要的不仅仅是了解如何去管制、约束、消灭它们，还要去理解、感知、同情它们，用我们的智慧去感化它们，就如同第二个故事中的人一样，帮助迷路的垃圾找到回家的路。于是，这使我尝试重新去审视垃圾，希望能从中得到些许启发。

· · ·

人类自诞生至今在地球上不过存在了几百万年，数量却在短短百年间增长到了70多亿。我们为了自己文明的发展从自然界中掠取资源，却在文明快速发展之后很少想过回报自然。几乎人类所有的活动都是对自然资源的改造和利用，所有活动都会或多或少地制造废弃物，我们称它们为"垃圾"。这些垃圾如今开始反过来影响我们的生存环境和生活点滴。近年来，固体废弃物污染已经成为关乎全球可持续发展的热点问题。在世界格局复杂多变的大背景下，世界各国经济发展面临前所未有的挑战。而随着全球气候变暖、生态环境恶化等问题加剧，加之新冠肺炎疫情给人类带来的影响，环境保护和生态文明建设迫在眉睫。

如何有效治理垃圾，根本落脚点在于解决"人"的问题，即构建科学、合理的垃圾观和治理观。应更加全面准确地把握垃圾的文化本质，并采用更科学、更高效的方式应对垃圾污染，关注人与垃圾、人与人、人与自然的相互关系。我们只有从心智和文化上理解垃圾，才有可能找到与之共处的方式，鉴于此，我把"垃圾"作为本书的研究对象，尝试从人类学"他者"的视角探究垃圾与人之间互动的历史，揭示垃圾内在的文化本质，同时关注当下我们所面临的现实困境，在此基础上探寻人与垃圾和平共处的办法。

全书共分为"什么是垃圾"和"垃圾怎么办"两个部分。在第一部分中我将会立足人类的语言文字表达，历时性地描述垃圾在人类语言文字、思想认知和生活情境中的形象，展示垃圾与人类社会发展二者的协同演化过程。随后，在人类学理论知识的帮助下，揭示垃圾的物质客观性与人的主观性动态互构的结果，其本质不过是人类主观世界的一种文化想象。第二部分的关注焦点是垃圾导致的现实问题，包括垃圾污染、垃圾围城等现实困境，也包括我们所知的社会拾荒现象。面对垃圾的侵扰，人类采取了各种应对办法和策略，我将从垃圾处理技术工艺和垃圾管理两方面，分析不同应对办法和策略的历史沿革与经验。最后，当借助复杂适应系统理论观点意识到垃圾问题的复杂性时，根据多中心治理和社会共治的发展理念，我提出了垃圾多元共治的治理构想，作为对"垃圾怎么办"问题的回应。

　　为便于读者理解，在本书中我采用"物性"一词来表示垃圾自身物质属性的各种变化。物性不仅包括垃圾的大小、形状、颜色等外部形态，也包括其材质、构造、物理化学组成等内部结构，且不局限于自然科学领域的"物性参数"或者简单概括的"物理属性"。与物性概念相对应的是人对物的认知概念，即垃圾在人的意识中所体现的"文化性"。认知是人类大脑接受外界输入的信息，经过已有知识的理性加工后转化为内在的心理活动，进而支配人类的行为，涉及感觉、知觉、记忆、思维、想象和语言等各种方式。不同于严格意义上在认知科学、认知心理学、认知行为学、认知人类学等领域的学术概念，本书所使用的文化认知概念主要强调人对垃圾的文化解读，一种人关于垃圾是什么的世界观，即人的垃圾观。文化认知的过程就是人们获得知识、应用知识的过程或信息加工的过程，所以人对垃圾的认知就是人对垃圾信息的加工处理，表现为人对垃圾在整体和个体层面掌握的知识信息以及在这些信息基础上形成的垃圾观。掌握人对垃圾的文化认知是理解人与垃圾、人与人、人与自然之间关系的关键，对弄清楚什么是垃圾和垃圾怎么办至关重要。

"垃圾"一词在世界各国各民族的语言体系中都能找到，并且自古有之。以中文为例，垃圾在古汉语中就有"擸㩛""搚㩛""拉飒""拉扱"等不同的语义表达。随着历史的变迁，这些表达逐渐演化为我们今天所使用的"垃圾"一词。关于垃圾名称在语言中的变迁，向我们揭示了人对垃圾的文化认知变迁，即一种从行为到形象、从具象到抽象、从物到类的历史演化。我们还能在许多语境中发现一些关于垃圾的"另类表达"，如"邋遢""秽杂""杂碎""狼藉"等引申词，这些词都证明了人命名垃圾以及对其内涵与外延的解释过程本身就是一个动态的、变化的认知过程。最后，垃圾一词在现代汉语中的解释引发了我对"有用"与"无用"的思考，揭示出我们对垃圾的定义并非一种事实判断，而是一种对价值判断的结论。总之，垃圾称谓的产生是一个客观存在和主观认知二者在历时性互动后形成文化意义的过程。垃圾一方面作为自然世界客观存在的事物，另一方面作为人类世界中拥有专属意义的主观产物，二者相互统一。

回望人类走过的历史，一方面，垃圾作为人的伴生物并非总是一成不变的，垃圾的物理结构、化学结构和生物结构等物性特征会随着人类文明的发展协同进化。垃圾在不同的时空中的物性截然不同，始终处于一种动态演化的状态。随着人类文明的向前推进，人所制造的垃圾也在不断趋于多样化和复杂化。人对自然资源的开发、改造和利用程度与垃圾物性的进化呈正相关。人类文明从史前社会、农业社会、工业社会一路走来，垃圾的物性同时经历了多次蜕变。其中，垃圾由一种农业伴生有机物演变为一种工业人工合成无机物，这对人类世界的影响最为明显。随后，在工业化加速的过程中，各种新型人工合成废弃物相继出现，它们成了这个星球上前所未有的"新物种"。另一方面，人对垃圾的文化认知随着垃圾自身的物性的演化而不断升级。这个升级的过程表现在诸多方面。垃圾在人类世界中的形象由最初的尘土、农肥、有毒物，转变为后来的固体废物和可再生资源，从不可控到可控、从不可回收利用到可重复循环利用，人们的垃圾观在历史中不断转变。因此，人类对垃圾的文化认知总体上经历了一个从片面到全面、从肤浅到深刻、从感性到理性的升级过程，并最终形成了一个庞大的科学认知体系。无论是垃圾物性还是人类对垃圾的文化认知，二者在交互过程中相互作用、协同演化，共同实现了质的飞跃。

站在共时性角度观察大千世界中的世间百态，我们还能发现一个垃圾万象的新世界。人类社会本身是由多元文化组成的整体，社会主体、意识形态、文化传统各不相同，文化群体的差异化导致人们在不同时空中与垃圾互动所形成的文化认知也多种多样。人与垃圾之间复杂而多样的互动在人类世界中形塑了一个多元垃圾观的有趣景象。值得关注的是，少数亚文化群体用他们独特的文化思想和行为重新构建了一个不同于主流观念的另类垃圾观，即垃圾可以被当作民族文化、艺术追求、政治诉求、交往馈赠等不同类型、不同维度的符号与象征，彰显了少数亚文化群体自身的本土化知识所蕴含的智慧。这些别样的思想行为是对主流文化群体对垃圾固有刻板印象的解构，同时也是垃圾作为物以外的人们用于表达身份认同、文化象征、符号标识媒介的意义建构。多元文化主体在与垃圾互动中形成了精彩纷呈的文化认知符号情境，为我们打造人与垃圾和平共处、和谐共存的世界树立了成功的典范。人类学家玛丽·道格拉斯对"洁净与污秽"进行的深刻解读，为我们揭开了垃圾在心智和文化层面的文化本质。垃圾的本质是人脑思维体系中的一种高度抽象的文化分类方式。垃圾在不同时空中的形象不是人类大脑思维对客观事物的一种失序分类的结果，而是一种由文化意义构建的"文化想象"。垃圾认知多元化现象则是个体在意识形态、文化经验、宗教习惯等文化心理上思维分化的结果。

为了应对垃圾给人类社会发展带来的诸多负面影响，我们需要思考和解决垃圾怎么办的问题，一开始完全是出于某种无奈的选择。由于人口数量的迅速增长、工业化和城市化的迅速发展，垃圾污染和垃圾围城严重破坏了生态环境和人居环境，人类文明陷入了一个垃圾困境当中。造成这种局面的原因有很多，但根源还是在于人的认知与行为。从文化研究的视角来看，由于人与垃圾之间协同演化的平衡被打破，垃圾困境是人的认知与实践未能适应垃圾的物性演化而相互作用的结果，人与垃圾二者间不协调的关系最终激化了彼此之间的矛盾和冲突。例如，消费主义是造成人类过度消费和浪费的主要原因之一。自二战后世界经济复苏以来，整个人类社会都被笼罩在消费主义、拜金主义、享乐主义的风气之下，导致全球范围内的废弃物种类和总量持续激增，地球环境整体质量进一步恶化，人类宏观上整体的文化偏离造成了"垃圾之殇"，即人类文明毫无节制的发展理念偏离了自然生态运行的客观规律。如以个人消费主义为代表的人生观、价值观、生态观就是一种社会群体在心智和行为上形成的错误价值取向。在人类寻求良性发展道路的过程中，人们以牺牲环境为代价，选择通过扩大生产、增加社会物质总量、满足物质需求等方式促进物质文明发展，却违背了大自然的法则和客观的发展规律，最终得不偿失。究其根源，这种以满足私利为利益核心的发展理念是人类中心主义发展理念导致的结果。

　　在扭转垃圾包围城市局面的过程中，出现了一个以专门从事经营废品为生的拾荒群体，他们不断壮大直至发展为一个结构独立、等级森严的"小社会"。同时，他们在废品经济中的灰色地带自发组织形成了一个以倒卖废品盈利的非正式经济体，参与到整个回收产业链之中，从中换取基本的经济来源。在许多发展中国家，由拾荒者、走拾人、废品收购商等组成的非正式垃圾从业群体，承担起了整个国家废品回收利用的大部分工作，留给垃圾填埋场和焚烧厂的只剩下无法利用的残渣。虽然这种非正式经济为垃圾的资源化循环做出了巨大贡献，但由于他们身处社会底层，缺乏足够的生存保障，也难以得到社会的尊重，所以这只是在特殊情况下的权宜之策。相比之下，我们更应该着力发展以大型高新技术环保公司为核心，专门从事规模化资源循环利用的废品处置产业，用正式经济取代非正式经济。因此，社会各层次固废从业者通过自己的努力，包括提升认知与践行资源化的实践，在一定程度上化解了因垃圾时空性演化与社会发展间的不协调所导致的矛盾，也大大缓解了人与垃圾之间的紧张关系。

相比之下，人类主流社会在应对突如其来的垃圾侵扰时，则与之前的亚文化群体不同，他们最初考虑的是如何尽可能地切断人与垃圾之间的关联，或者如何尽可能地借助技术手段改变人与垃圾的联结方式。所以，精英阶层创造了各种各样的方法、策略和应对措施，尽可能地减少垃圾污染给自己带来的影响。这些措施主要体现在垃圾处置和垃圾管理两个方面。从文化上看，前者主要探讨如何协调人与垃圾之间的相互关系，即以垃圾处理技术为媒介的文化策略；后者则主要是为了平衡以政府与非政府为代表的两种主体间关系，即以规制手段为工具的文化策略。

垃圾处置是一个科学和技术革新的问题，侧重于通过创新和改良技术工艺的方式处置垃圾。科学技术是第一生产力，科技发展水平的提高对改善垃圾处理效果和提升垃圾处理效率起着决定性作用。根据历史经验可知，我们处置垃圾的方式主要有填埋、焚烧、堆肥三种，分别对应了空间隔绝、物理改造、生化改造三种不同的文化策略。

首先，垃圾填埋技术是从把垃圾直接丢弃到自然环境以及原始的垃圾坑中演化而来的，后来有了专门用于收集垃圾的垃圾场，再后来由地上空间转变为地下空间，在垃圾直接填埋技术基础上发展起来的卫生填埋则是该技术的最新趋势。垃圾填埋的文化内涵是把垃圾从自己的生产生活空间中转移至专门的空间场所当中，通过用空间隔绝的策略阻止垃圾在空间上的侵扰。其次，当土地不足以容纳足够多的垃圾时，焚烧可以直接将固体的垃圾转化为废气和残渣，实现由固态到气态的物理转化，从而达到"消灭"垃圾的目的。垃圾焚烧技术由原始刀耕火种的生产生活方式发展而来，逐渐从直接焚烧转变为工厂焚烧，目前最先进的是无害化焚烧炉焚烧。再次，针对部分有机废料，通过改良传统农业堆肥技术，利用自然界的微生物的生物化学改造策略，可以达到把有机肥料加工为原材料堆肥的目的。最后，在科技创新的引领下，一种整合了卫生填埋、无害化焚烧和现代堆肥等原有技术工艺的综合处理技术应运而生。垃圾综合处理与其说是一种新的技术，不如说是一种技术整合。其中，垃圾分类，特别是前端的分类收集和中端的分类运输，对提高终端综合处理的效率至关重要。在垃圾分类基础上实行的综合处理，其本质是对垃圾采取的一种"反向生产"策略，即把曾经用于开发过程的技术手段用于废弃物的还原过程，使废弃物转变为生产原料，最终通过反向赋能实现垃圾的无差别和资源化改造。

在使用技术手段处理人与垃圾的相互关系过程中，人通过生产力发展、科技革新对垃圾处置技术的发明和改良，实现垃圾被安全、绿色、有效处置的过程，是人在认知提升的基础上适时调整技术手段和策略实践的结果。值得注意的是，错误的技术使用和策略决策会造成环境的二次污染。

除了处理好人与垃圾之间的关系之外，在解决垃圾问题的过程中，如何处理好更复杂的人与人之间的关系是又一大难题。垃圾管理在微观层面是一个管理领域的技术性问题，但在宏观上又是一个管理体制机制内部的系统性问题。不同于垃圾处置侧重于技术攻关，垃圾的管理则主要集中于权力中心对管辖范围内的人的行为和垃圾干预的统筹管理。通过梳理垃圾管理的历史可知，如果不对垃圾进行管理或者管理不善会造成垃圾无人管理的"公地悲剧"。于是，在民众舆论和维护统治权力的压力下，以国家、政府为核心的权力中心经历了一个从被动到主动、从局部干预到全面接管的发展历程，最终形成了一个由全能政府全面负责管理公共领域内垃圾的管理模式。该模式采用颁布相关律法、投入大量社会资源、发动民众参与等文化策略，对公共领域内的垃圾实行严格的监管，这要得益于相应历史时期人类社会在制度建设、行政管理、公共事务等政治领域取得的成就。

全能政府模式在很长一段时间内发挥了积极的作用，很好地改善了人居环境，有效地促进了垃圾处置技术的发展和垃圾管理效率的提升。在本质上，垃圾管理的成效很好地协调了人与人之间的相互关系，主要是缓和了政府与非政府主体之间、非政府主体内部等各种矛盾与冲突。其中，具有代表性的是明确了政府与民众在垃圾无人管理状况下的权责。但随着经济社会的发展，垃圾问题日益复杂化，传统的垃圾管理模式存在管理效率低、资金投入少、社会动员乏力等管理失灵的现象。问题的根源在于现有的管理实践已不再适应新时代背景下的垃圾和社会整体的变迁，人与垃圾、人与人之间的矛盾再次显现，垃圾管理策略亟待调整，原有的关系秩序需要注入新的活力。

时代的车轮把人类文明推向了一个崭新的时代，在全球经济一体化、互联网时代数字化、重建全球政治经济新格局背景下，人工智能、大数据、机器人等新技术不断涌现，垃圾污染与防治工作变得越加艰巨。人与垃圾、人与人、人与自然之间的关系错综复杂，环境保护与社会经济发展以及民生福祉等诸多问题相互交织，垃圾的处置和管理已经上升为垃圾的社会治理问题，不再是一个靠技术攻关或权力规制就能解决的问题，而是一项涉及主体多、内部结构复杂、关乎社会治理和民生福祉的系统性工程。

鉴于此，用系统观的视角从整体俯瞰垃圾治理的空间和维度，不但要考量人与垃圾之间的交互过程，还要关注人与人、人与自然之间的关系网络，更重要的是还应该从整体上把人－垃圾－环境三者有机地衔接。针对如何既能兼顾不同利益集团的诉求，还能让治理系统的整体发挥功能的问题，复杂适应系统理论为我们提供了新的思路。在该理论的视阈下，垃圾治理系统中的不同社会主体具有高度的主体适应性，各主体间会通过隐性秩序形成相应的"积木"结构，通过"混沌的边缘"激发整个适应系统创新的动力，最终使垃圾治理系统中各社会主体的功能在"整体大于部分之和"即"1+2＞3"的机制下涌现。因此，要想激发垃圾治理系统整体的动力，关键在于深刻把握系统内各参与主体的独立性和自主性，关切主体间相互碰撞产生的矛盾与冲突，创造适合自适应主体发挥功能的系统内部结构，构建一个交互过程中动态形成的且适用于发挥整体功能的隐性秩序。简言之，就是要构建一个活力型、开放性的垃圾治理系统。

　　垃圾治理的难点在于人与垃圾、人、自然和社会等系统要素间相互接触、产生互动并相互影响而引发的一系列不适应问题。在本书的最后，针对之前讨论的垃圾治理的现实困境，结合多中心治理和社会共治相关理念，通过用多中心治理替代单中心治理的应对策略，解决过去仅以政府为主导的单中心治理模式的问题，同时在遵循社会多重力量共同参与垃圾治理这项公共事务的原则基础上，提出了垃圾多元共治的构想，旨在作为对"垃圾怎么办"问题的最终回应。垃圾多元共治构想的主要内容是以法治为基础，以明确治理主体的责任为前提，以垃圾治理体系中存在的"灰色地带""遗漏环节"以及"忽视力量"为改革突破口，以对话、竞争、妥协、合作与集体行动为共治机制，寻求社会各主体间的公平、平等权益和政治经济利益平衡，达成利益共赢、相互协作、群策群力、共同发展的"重叠共识"，满足多元主体的共同利益诉求，形成社会多重力量共同参与的垃圾治理模式，真正找到一条人与垃圾、人与人、人与自然和谐发展、合作共赢的道路。

　　垃圾多元共治符合我国新时代生态文明建设的现实需要。垃圾多元共治的终极目标是实现社会多元参与主体在垃圾治理事业中的利益共赢。其思想核心是法治、协商和自治的理念。由于它是一个基于法治基础和一定程度自治的相互融合复杂的开放性治理系统，强调宏观上实现政府和社会共同参与垃圾治理的各个环节和各项事务，所以在垃圾多元共治过程中，不同治理主体的权责确定必须以法治为基础，并允许其享有相应的权利、履行相应的义务。同时，垃圾多元共治实现的关键在于政府要解放思想、转变观念，进一步深化与垃圾治理相关的体制机制改革。当然，实现垃圾多元共治的过程一定是曲折的，可能会不可避免地面临各种困难，需要在摸索中对相关运作机制进行纠正和完善。

"垃圾怎么办"的根本落脚点在于解决"人"的问题，即人的文化认知与合作共治的问题。解决人的问题的核心在于解决人的"文化"问题，有什么样的文化就会形塑什么样的垃圾观和治理观以及相应的实践。垃圾多元共治的优势在于兼顾社会各方政治诉求和经济利益的同时，利用多元主体间的"竞争"与"合作"效应，促进公共资源共享、投资渠道多元化，激发技术创新动力，在总体上达成以"个人－社会－自然生态利益共赢"为核心的"重叠共识"，建立起一个以解决"垃圾问题"为目标的互信、互利、共赢的"治理共同体"。倘若垃圾多元共治得以成功实现，将有利于刺激社会其他公共事务的管理体制和机制改革，构建一个开放的活力型社会综合治理系统。当然，垃圾多元共治作为一种具有理想主义色彩的理论构想，最终能否实现还有待实践的检验。无论垃圾多元共治在未来能否成为现实，有一句广告语是绝对可信的——"保护环境，人人有责"。

　　写作本书的目的，仅仅只是我个人出于对现实生活中的垃圾现象的好奇，尝试尽自己最大的努力讲述自己心中那些关于人类与垃圾之间的故事，解开我们应该如何看待垃圾，进而如何看待世界，以及我们应该如何应对垃圾的挑战等种种疑惑。希望书中的观点能够对读者有所帮助。垃圾只是世间万物中不起眼的东西，这个探究垃圾背后隐藏的秘密的过程，却帮助我打开了重新看待世界和看待自己的大门。同时，在写作本书的过程中，我深感力不从心，很多问题由于自己专业知识有限很难深究，也有很多观点可能存在偏颇，算不上严谨的学术读物，相比于各领域中那些已经开展了大量研究的专家学者所做的贡献更是微不足道。

第一部分　什么是垃圾

我们讨论"垃圾是什么",不应仅仅落脚于"什么",而应该从"垃圾"自身入手。何谓"垃圾"?出自何处?有何意义?如何演变?或者,从文字上说这个我们经常使用的"垃圾",到底是形容词,还是名词?

垃圾,作为世间万物的一部分,可能是有机物,也可能是无机物;可能源自大自然,也可能是被人类创造的;可以是单个完整的物质碎片,也可以是一个杂乱混合的物质集合。在大多数时候,无论垃圾以何种形式呈现,我们始终会视其为某种客观的存在物性。

人类的世界同时是一个文化的世界,富有诗意、情感和智慧,人们通过大脑意识感知世界,赋予所有事物存在的价值和意义,充斥着各种理性、秩序和逻辑。在人类引以为傲的文明世界中,垃圾同样在时空中与文明相融合,被人类经验所感知,化作我们脑海中的幻象,变成一个标签、符号、象征。作为"符号"的垃圾,隐含了人类对"他者"的好奇、对外界的未知、对自我的批判，以及对大千世界的杜撰。

我们自认为对垃圾了如指掌。事实上，我们对垃圾一无所知。我们的历史和垃圾的历史融为一体，我们的想象和垃圾的模样难辨真假。我们认为垃圾黯淡无光，但它却光彩夺目。只有当我们真正走进垃圾的世界，才能看到它的精彩，同时也会找见我们自己的狭隘。

透过垃圾，我们看到了自己，看到了对方，也看到了世界。

何谓"垃圾"

所谓的"垃圾"作为人类语言中的一个辞藻、概念和符号似乎人人知晓，但要说出个所以然来人们又多少理不清头绪。那么，我们就先从垃圾的名称入手，开始我们对垃圾世界的探索之旅。

人类在原始公社制晚期创造了文字，在漫长的文明发展中形成了完整的语言文字体系。文字的产生标志着人类社会由野蛮步入文明。综观全球各地、各民族的文明都先后创造了属于自己民族的语言文字，成为各民族文化中不可忽视的重要组成部分。语言和文字是人类创造出来的用于进行沟通和交流、传递信息和表达情感的工具，它们同时保存和记录着人类的历史与社会记忆。语言在人类感知垃圾的过程中发挥着至关重要的作用。语言是我们人类用于沟通和交流的表达方式，文字是我们人类用符号记录表达信息以传之久远的工具。我们把所见所知的事物进行标记或编码再进一步传递和解码，借用语言和文字作为载体来表达情感。随着社会大分工的形成，社会成员之间不仅要进行物质交换，而且还要进行信息交换，在手势、叫喊、表情不能满足信息交流需求的情况下，人类的语言应运而生。借助语言符号系统，人类可以对垃圾的表象和内涵予以概括、归纳和演绎，促使人类用抽象的符号形式反映和把握垃圾的内涵与外延，进而通过改造和创造的方式与垃圾进行直接互动。

在语言表达的话语中，词汇又称语汇，是一种语言里所有的（或特定范围的）词和固定短语的总和，如汉语词汇、基本词汇、一般词汇等。其中基本词汇是整个词汇系统的核心，是表示人类最基本的生活所必需的概念，是词汇系统中最主要、最稳定的部分，以所有的根词，即词汇系统中最原始、最单纯、最基本的词为核心，如"人""天""地""树""山"等。相对于基本词汇，一般词汇是在一种语言词汇系统中，除去基本词汇以外的一般词的总和，包括固定词组，具有古今义变化、缺少历史稳固性的基本特点。名称或称号，是我们用以识别某一个体或群体（人和事物）的专属名词。由此，关于垃圾名称的语言表达同其他很多词汇一样不但指向特定的专属对象，而且这个名称同其所指涉的对象一同经历着沧桑巨变，成了过去与现在、时间与空间相互交融的产物。它承载着不同地域的传统与文化，也被不断赋予人类不同时代的内涵和意义。由此，我们所讨论的垃圾属于基本词汇还是一般词汇也就显而易见了。可以说，一切关于垃圾称谓的创造、重塑与变迁都是人类物质世界变化与思想文化发展的见证和结果，我们能从中了解到人类与世界的互鉴、互动与互构的过程。我们制造的垃圾，已经成了人类历史和文明的一面镜子。

古今之义

语言文字中蕴含着大量的文化信息，记载了文明发展的历史。"垃圾"是人类用语言文字对某个客观事物的特定表达。在所有语言当中或多或少都能够找到一些专门用于描述和形容"垃圾"的词汇，如法语中的 Des ordures、西班牙语中的 Basura、葡萄牙语中的 lixo、俄语中的 mycop、德语中的 Müll、韩语中的가비지、日语中的ごみ以及波兰语中的 śmie-ci。符号化的垃圾本身就值得引起我们的注意。为何不同的文明、社会、族群都要对垃圾进行命名？这是否包含了不同人类文明世界对同一事物的认知，是否能够证明垃圾也是一个基本词汇？或许，古语中垃圾的含义早已弃之不用，垃圾早已被赋予了更多现代的新含义。这样的话，或许它已经在历史的长河中由一个基本词汇逐渐转变成了一个一般词汇，甚至可能在很多文化当中成了承载更多含义的文化符号。当然，作为一个秉持文化多元理念的人类学者，我相信，在地球上必然存在某个部族，其语言中没有垃圾这样的词汇。

为了方便讨论，本节我们仅以母语汉语和世界上使用范围最广的英语为例，探寻这两种语言中垃圾名称的由来，尝试从中勾勒出垃圾在我们语言世界中的故事。

汉字世界的"垃圾"

综观世界上所有文明的古文字，唯有汉字在经历了外族入侵、朝代更迭、民族斗争之后，依然没有失传或被其他文字所取代，而是在五千年的历史沧桑中依旧延绵不断，保持着强大的生命力。正如安子介先生所言，"撼山易，撼汉字难"。汉字的生命就是汉文化的生命，其也是中华民族的灵魂。汉字生于幅员辽阔的中华大地，南北东西地域文化交织相融，地区方言各不相同，如此多样化的语言让汉字文化变得更加博大精深。往往书写上完全相同的词，发音上却相差甚远，垃圾也不例外。看过港台剧的人都知道，垃圾不读作"lā jī"，而是"lè sè"，甚至在港台剧特别流行的年代，"lè sè"的读音也在内地风靡一时。那么，我们不禁要问，"lè sè"与"lā jī"有何关联，或者，垃圾的写法、读音和含义是否从古至今都未曾改变？我们尝试从古代典籍中探寻垃圾的历史，试图从中国古人与汉字的互动中找到些许关于"垃圾"背后隐藏的秘密。

"擸𢬧"与"搕𢬧"

古代表示垃圾的词最早应该可追溯到汉代的"擸𢬧"，

读音为"là sà"或"là zá"。"擸"有两个读音，一读作
"liè"，也读作"là"。前者源自"擸"的偏旁"巤"（同样读
作"liè"），而"巤"又是"鬣"的简化形式，后者则主要强
调"扌"带来的义变和音变。我们先来看看读"liè"音且无
偏旁的"鬣"。"鬣"由"髟"字头加一个"鼠"字构成，
字头"髟"由甲骨文演化而来，与古代汉字"发""老"
"长""彡"等表示毛发的词相联系。通常，"髟"的甲骨文
有两种写法，其一是"从人从长发"，其字描绘了人长发飘
飘（或飞卷）的样子，如《说文》中"髟，长发猋猋也"；
其二是据季旭升所言，"髟"乃东汉娄寿碑上的"发"，是
"发"字的最初样子，与《说文》中记录的"髟"的篆体一
致，《说文》将其解释为"从长彡"，长表示发长，彡表示发
长飘扬。也有另一种解释，"长"在此应读作"cháng"，指
代长度，描述物体横向延伸的程度；"彡"的意思是用羽毛
来装饰，以笔画表示修饰或毛长。所以"髟"可以解释为
"又多又长的毛"，类似的描述如魏晋时期潘岳的《秋兴赋》
中的"斑鬓髟以承弁兮，素发飒以垂领"的诗句，"髟"表
示胡须毛发下垂的样子。而"鬣"下的"鼠"则是古人借最
常见的老鼠指代哺乳动物。所以，"鬣"或"巤"是指某些
哺乳动物颈上生长的又长又密的毛，如马、狮子等颈部的长
毛，或者鱼颌旁的小鳍，后来逐渐演化为指代扫帚末端的碎
毛。因此，读作"liè"的"擸"一直沿用了"鬣"或"巤"

的含义，可以理解为指胡须、毛发以及扫帚末端的碎毛等。

我们再看看读作"là"的"擸"，由偏旁和读音可以引出"擸"的另一个含义。左边的提手旁表示与"手"有关，用"手"与"长毛发"接触，势必产生"捋""持""执"等动作。《字彙·手部》将"擸"视为一种破坏声，据《说文·手部》记载，"擸，理持也"，有"分理而握持"的意思。如章炳麟《新方言·释言》中所言"今谓理须发为擸，俗误书掠，非也"；《广雅》中也有云："擸，持。言持缨整襟，秀气容止。"在《水浒全传》第一百零一回中写道，"他父亲王慶，是东京大富户，专一打点衙门，擸唆结讼，放刁把滥，排陷良善"。所以，"擸"除了表示"执"和"持"外，还有"揽"的意思，均是手上的动作。宋代吴可的《藏海诗话》中有"黄昏风雨打园林，残菊飘零满地金，擸得一枝还好在，可怜公子惜花心"，此诗中的"擸"表示"折"；而在《农桑辑要》中"擸"亦用于表示"把粮食粗粗地磨"，如擸糁子。综合以上信息我们可以假设，"擸"是由早期的"鬣"逐渐发展而来的，即通过"持、理、揽"的动作将"毛发"与"手"的意象相联系，兼有"碎毛"之意，这不禁让人联想到人们清理尘土碎渣的动作。

同样，"撎"也有两个读音：一读作"sà"，主要有"持"和破声两个解释；另一个读音为"zá"，通常和"擸"并用为"擸撎"，表示"秽杂""邋遢"的含义，即杂乱无章、混乱

无序，甚至肮脏的状态。根据《汉语大词典》的解释，"攭
搔，秽杂，肮脏"；据《康熙字典》记载，"攭搔，和杂也"。
而"和杂"在现代《新华字典》中有"混杂""掺杂"等含
义。换言之，"攭搔"描述的是"杂乱、不整洁"的状态或
形象。清代顾禄《吴趋风土录·十一月》中载，"俗以冬至
前后逢雨雪，主年夜晴，若冬至晴，则主年夜雨雪，道途泥
泞。谚云：干净冬至攭搔年"。因此，就"搔"的读音而言，
既然"zá"与"sà"都表示污秽之意，所以只能猜测"là
zá"和"là sà"在古汉语中有可能在不同地域中形成了方言
被同时使用，更有可能的是"zá"由于长期使用后来延伸为
了与之同音的"杂"。无论如何，"攭搔"二字组合在一起自
然形成了一个表达整理混杂的含义，而"攭搔"也自然演化
为了那些像毛发一样杂乱无章之物的形象符号。"攭搔"作
为汉语中最早的表示垃圾含义的词汇之一便顺理成章。

　　"搕搔"是古汉语中与"攭搔"相近的双音叠韵联绵词，
同样指尘土、柴草碎屑、粪污、生活废弃物等秽物。"搕"
可单独使用，读作"kē"，后通"磕"，表示"取"或"敲
击"的意思，例如"搕烟袋"。但"搕"与"搔"连用时，
读作"è sà"，"搕"同时也有"以手覆盖"之意。"搕搔"
属于上古双音节词的遗存，仍在中国一些地方方言中使用。
举例来说，中国雁北方言中的"垃圾"就发音为"è sà"，
本地人常常写作"恶色"，对应的就是古汉语的"搕搔"。根

据相关资料我们可以发现，《汉语大词典》对"搕撻"的解释为"垃圾，杂物"；宋代普济《五灯会元》卷十九的《径山宗杲禅师》记载，"天何高，地何阔，休向粪埽堆上更添搕撻"；宋代释道元的《景德传灯录》卷二十二《大容徕禅师》记载，"师曰，大海不容尘，小溪多搕撻"；《广韵》中说"搕撻，粪也"。此外，"搕撻"也写作"搚撻"，读作"xié sà"，根据《汉语大词典》的解释，"搚撻"就是"垃圾"。《说郛》卷七十引唐宋若昭《女论语·营家》中说："奉箕拥箒，洒扫灰尘，撮除搚撻，有用非轻。"另外，关于"搕撻"一词，据孙锦标《南通方言疏证》记载，江苏南通读音类似于"腊刷"，更容易联想到"拉蚬"一词。"拉蚬"在《汉语大词典》中的解释是"秽杂"，此解释源自清代翟灏的《通俗编·状貌》："拉蚬，言秽杂也。""拉蚬"见于书面较早，唐代房玄龄主撰的《晋书·五行志中》中即有"孝武帝太元末，京口谣曰：'黄雌鸡，莫作雄父啼。一旦去毛衣，衣被拉蚬欺。'寻而王恭起兵诛王国宝，旋为刘牢之所败，故言'拉蚬欺'也"。后来的元好问《游龙山》诗中也用到过："恶木拉蚬栖，直干比指稠。"但是，关于"拉蚬"与垃圾的直接联系则从无考证。由此可见，"搚撻"与"搕撻"是形义相近的词汇，而"拉飒"与"搚撻"则音义相同，它们三者之间到底有没有必然的联系我们不得而知，但我们可以确信它们均与垃圾有着深厚的历史渊源。

"拉飒"与"拉扱"

垃圾的普通话发音为"lā jī",但在中国很多地区的方言中发音为"lè sè",有时也会写作"乐色"。垃圾(lè sè)虽与"攞捨"(là sà)同音,但从字形上与古汉语中的"拉飒"更加接近。"拉飒"也作"拉撒",读作"lā sà"。清代翟灏的《通俗编·状貌》记载,"拉飒,言秽杂也";元好问《游龙山》诗中也用了这个词:"恶木拉飒栖,直干比指稠。"《汉语大词典》把"拉飒"解释为"秽杂"。"秽杂"与我们今天讲的"杂碎"或"碎渣"有相似之处,在某种程度上确实可以表示垃圾的含义。此外,在张维耿编著的《客家话词典》中提到了"垃涩","垃涩,垃圾:屋门口扫倒好多垃涩,拿来倒撤知"(房门口打扫了很多垃圾,拿去倒掉)。在《忻州方言词典》中收录了表示垃圾的"恶涩土"一词。诸如此类的表述在中国的方言中还有很多,这给我们提供了一个重要的信息,即"lā sà"的历史大概要比"lā jī"更加久远。

"拉扱"则是在音形上最接近"垃圾"的词。"拉"和"扱"两个动词都表示"捡拾"的含义。"拉"与"攞"同音,都表示"牵、扯、拽"等含义。用簸箕攒拾东西的动作叫"扱"。所以"拉扱"的本意就是形容拖拽捡拾物体的动作与行为。我们大可猜想,正是基于汉字会意和形声的演化规律,"拉扱"二字在后来的使用中逐渐被改为"土"字旁,写作今日的"垃圾"。更进一步讲,"垃"中的"立"意为"站立""直立","土"则指土粒、土块,二者结合就表示那些"凸起、站立、多余的土块","拉"也自然改为了"垃"。而"及"常表示"到达之处",即伸手可及、目光所及,可引申为"身边的""周围的""手边的"东西,"土"与"及"合并即可表示"周围触手可及的土块"。这样看来,垃圾一词自然可以被解释为"平整地面上那些散落、独立、多余且突兀的土块"。值得注意的是,垃圾一词强调的是该物具有的散落、独立、多余和突兀等特征,相对于地面的整洁性而形成的一种"格格不入"的混乱状态,并没有肮脏、有毒、有害的含义,这一点在后文中我们将进一步讨论。

垃圾一词最早见于宋代吴自牧的《梦粱录·河舟》:"更有载垃圾粪土之船,成群搬运而去。"又见于《梦粱录·十三诸色杂货》:"亦有每日扫街盘垃圾者,每日支钱犒之。"①因而有学者认为垃圾一词因未见于此前的历代典籍中,是由宋代吴自牧所创的,但该词在宋代的读法我们无从知晓。民国初期,"垃圾"在上海、吴江、嘉兴等地读作"la si",后逐步传播至中国其他地域,读音逐渐由"la xi"取代了"la si"。"垃圾"形成统一的共识同样经历了许多过程。相传1943年以前,垃圾一词在中国北方还未普及,北京民间有时用"脏

---

① 广东、广西、湖南、河南词源修订组,商务印书馆编辑部编《词源》(修订本)第一册,商务印书馆,1979,第598页。

土"指代"垃圾",但垃圾一词却可见于书面当中,学堂中所谓的肮脏污秽杂物叫作垃圾。据 1947 年的《国语辞典》中的记录可知,当时"垃圾"的读音为"lè sè"。在 1953 年的《新华字典》第一版(人民教育出版社)第 196 页中,"垃圾"的读音首次改为"lā jī"。而台湾地区出版的《重编国语辞典》修订本中"垃圾"一词的注音依旧为"lè sè",即"垃圾,秽物、尘土及被弃的东西的统称,亦作拉飒",这也是"垃圾"在港台地区存在不同发音的原因。然而,1962 年《汉语词典》重印本同样将"垃圾"注音为"lè sè",解释其为吴语,是秽物与尘土相混积之称。在 2020 年版的《新华字典》和 2021 年版的《现代汉语词典》中,"垃圾"的解释均沿用"脏土或扔掉的破烂东西",并且其注音均为"lā jī"。

英文世界的"垃圾"

为了对垃圾一词的古今义变迁有一个更加全面的认识,我们对英语中的"垃圾"用同样的方法进行了分析,以挖掘垃圾在英语世界变化的共通性。相比于汉语世界而言,英语世界对垃圾的描述和形塑则更为细致和具体,甚至英语用不同的词汇表述不同的垃圾或者垃圾的不同特点。我们仅以最常见的几个描述垃圾的单词进行探讨,它们分别是 garbage、trash、rubbish、waste、refuse、junk 等,皆可被译为汉语的"垃圾"。在现代英语交际习惯中,这些词虽时常被混用,但对于英语母语使用者而言，却多少可以在语义和语用层面对它们做出区分。如在美式英语中更多使用 garbage 和 trash，而在英式英语中则使用 refuse 或 rubbish，还有人表示 waste 比 junk 的学术性更强等。既然这些英文单词都能表达相似的含义却又有所不同，那么是否我们能够从它们的历史中找到有助于我们深入认识垃圾的有用信息呢？

从 garbage 到 crap

Garbage[1] 一词，有一种说法是源自原始日耳曼语当中的词根 garba-，从最早表示"抓住、够到"的 ghrebh-派生而来，后发展为表示"攫取""拖拽"的 grab-。不难想象，garbage 在现代英语中被用于指代厨余垃圾，这与早期欧洲人在宰杀家禽牲畜时"拽出"内脏的动作有直接关系。现代《牛津词典》对其的解释有三个：一是指"废弃食物"（waste food）、丢弃的纸张等废料；二是指收储垃圾的物品或场所，如垃圾场、垃圾箱、垃圾桶等；三是引申为愚蠢、虚假的言语，如废话、假话等。

Trash[2] 最早是名词形式，从 1859 年开始 trash 被当作动词使用，译为"丢弃"或"将无价值的分离出来"，1970 年曾用于表示"摧毁"（destroy）或"肆意破坏"（vandalize），

---

①   https://www.etymonline.com/search? q = garbage.

②   https://www.etymonline.com/search? q = trash.

1975 年引申为 "严厉批评" (criticize severely)，直到 16 世纪 90 年代又回归名词形式，用于比喻 "无价值或令人讨厌的人或物"。后来，北美地区多用其来表示由于不再被需要而被丢弃的东西，用法类似于 rubbish，也可用于形容那些窝囊废、废物、没出息的人；而在英国，其表示劣质品、拙劣的作品、糟粕、谬论等。如今为了使用方便，trash 多用于表示 "垃圾箱" "垃圾桶"，有时也有 "垃圾处理" 等含义。

Rubbish[1] 源于 14 世纪的英法词 rubouses，显然与 rubble（碎石、碎砖）有某种联系，自 15 世纪开始加入后缀 "‐ish"，表示对某种特征的描述，1953 年首次在澳大利亚和新西兰俚语中表示 "蔑视" (disparage) 或 "粗暴地批评" (criticize harshly)。如今，rubbish 常见于英式英语中，主要有三个含义：一是专指不需要的废弃物，词组有垃圾袋（rubbish bag）、垃圾箱（rubbish bin）、生活垃圾（household rubbish）等；二是在非正式场合用于表示劣质品；三是表示废话、瞎话等，类似于 nonsense（胡言乱语、胡扯）。

Crap[2] 在 1846 年最初作为动词 "排便" 讲，同样源自一组古老的名词，现在是某地的方言并早已过时，用于指丢弃或被丢弃的东西，在不同语境下也可指代不同的事物，如 15 世纪早期的 "玉米间的杂草"、15 世纪晚期的 "渲染的残留

---

[1] https://www.etymonline.com/search? q = rubbish.

[2] https://www.etymonline.com/search? q = crap.

物"、18 世纪黑社会俚语中的"金钱",以及在什罗普郡地区的"啤酒或啤酒渣",所有这些含义都可能来自公元前 15 世纪中期古英语的废物——"谷仓里踩在脚下的谷物、糠秕",也可能来自法国的"筛分",或者来自古老的法国的"糠秕",以及中世纪的拉丁语"糠秕",强调的是与主体脱落或与脱落物之间的关系。所以,crap 与"粪便"概念联系紧密,现在主要指"排便""粪便",或引申为"废话"。

由此可见,garbage、trash、rubbish、crap 虽然在古义词源上存在稍许差异,但在现代英语的语义和用法上已经相差无几,最大的区别可能只剩下英美两个地域的习惯性差异了。

从 refuse 到 junk

Refuse[1] 从老式法语词 refuser 通过逆构词法被还原为 refus (一件被拒绝的事或废弃物),均发源于通俗拉丁词 refusare (意为"倒灌、归还");自 13 世纪开始,作为动词表示"拒绝,忽视,避免";在 14 世纪初开始作名词,译为"被驱逐的人";到了 14 世纪中期发展为"废弃产品""废物""拒绝""否认""抛弃"等含义;14 世纪末拓展为形容词"受轻视的"或"被驳回的";直到 15 世纪初延伸为"质量差的"。如今 refuse 同时沿用了过去动词和名词两种形式,前者表示"拒绝、回绝、推却",后者表示废弃物,类似于 rubbish。

---

[1] https://www.etymonline.com/search? q = refuse.

Waste① 是从古英语和古法语中的 wast/waster 演化而来的。在 12～13 世纪，waste 作名词表示"荒凉地带"，或者作形容词表示"荒凉的""未开化的"的意思，后来被古英语中的 westen 替代，并与之融合。而 westen 则源于拉丁语中的 woesten，意为"沙漠""原野"。自 13 世纪开始，waste 开始用于指代"消费"、"损耗"以及"无用的花费"，最终在 14 世纪时演变为"厌恶之事"（refuse matter）；同时，它还延伸出"多余""额外"的意思，直到 17 世纪 70 年代拓展为"不适用的东西"。于是，waste 在今日可以同时用作动词、名词、形容词。作为动词时，waste 译为"浪费、滥用、消耗、糟蹋"等，如浪费时间（waste time）、浪费钱（waste money）、白费口舌（waste your breath）等。另外，在美式英语中一些非正式场合可用于表示"杀死、干掉、除掉"或者"打败、击溃"等含义。作为名词时，可以表示非充分利用的行为本身，指代"废料、废物"等材料，以及表示"人烟稀少或荒芜的土地、荒原"三层不同的含义。也有习语 a waste of space 形容无用之人。作为形容词时，则是名词的引申，译为"废弃的""无用的""荒芜的"等。

Junk② 一词出现相对较晚，其名词形式始于 14 世纪，是一个出处不详的航海词汇。Junke 表示裁成小块用以嵌缝的

---

① https://www.etymonline.com/search? q = waste.

② https://www.etymonline.com/search? q = junk.

"旧电缆或旧绳子",该词可能源自老式法语 junc（急流、芦苇），也可能源自拉丁词 iuncus（芦苇、茅草），比喻那些没有价值的东西，后逐渐从"船只上的废旧品"（1660s）拓展为"老旧的或各种丢弃的东西"（1884）；在 1762 年有"长途航行中食用的盐渍的肉"的意思，1925 年有用作"麻醉药"的情况。此外，另一种解释是 junk 在 16 世纪初时意思是"巨大的中国航船"，源自 13 世纪的葡萄牙语 junco 和意大利语 jong，更早可以追溯到爪哇语 djong；动词则从"一块块地切掉"（1803）发展为"像扔垃圾似的扔走或废弃掉"（1908）。Junk 在《牛津词典》中的名词解释为"无价值的东西、无用的东西"、垃圾食品（junk food），以及中国式帆船；junk 的动词解释为在非正式场合下"把……当作废物扔弃、丢弃、废弃"。

Punk[①] 一词同样被用于表示"垃圾"，最早见于 1896 年，表示"劣质，低等"；也作为名词使用，意思是"毫无价值的东西"。在 17 世纪 80 年代作为"一个在新英格兰以及其他北部各州和加拿大普遍使用的词"表达"用作打火器的腐烂木材"。这个词也许来自特拉华州（阿尔冈琴语系）的庞克语，字面意思是"灰尘、粉末、灰烬"。也有人建议使用盖尔语"火绒"。后来，punk 更多被用于描述那些"无价值的

---

① https://www.etymonline.com/search？q = punk.

人",特别是年轻的流氓或罪犯。1904年,发展为美国黑社会的俚语(带有"卡塔米特"的含义);1917年,表示朋克小子"罪犯的学徒";1923年,通常用于表示演艺界中的"年轻男孩和没有经验的人"。"年轻罪犯"无疑是朋克摇滚乐的灵感来源——响亮、快速、咄咄逼人和狂暴。最终,受朋克文化影响,punk表示"下等的,坏的"以及"妓女,荡妇"。20世纪50年代后,其意义逐渐从"妓女"转变为"同性恋"。

综上所述,迄今已有1400多年历史的英语,最早是5世纪时由盎格鲁-撒克逊人移民带到英国的一组西日耳曼语支(Ingvaeonic)方言,现在被统称为古英语。1066年由于诺曼征服英格兰,古英语语言与法国诺曼语言交融,其中来自法国的诺曼语主要由英国精英和贵族使用,而下层阶级则继续讲盎格鲁-撒克逊语。诺曼语引入了许多与政治、立法和社会领域有关的借词,最终英格兰的诺曼语发展为盎格鲁-诺曼语。所以,我们所讨论的英语"垃圾"许多都还保留着诺曼法语的影子,在词义和习性上都传承延续了更多古语的特点,在现代正式与非正式的使用上也都更加灵活。值得一提的是,在这些英文词汇的发展演化过程中,"丢弃、抛弃与废弃"与"拒绝、除掉、糟蹋"等行为动作逐渐相关联,形成了一套相似的、一致的、连贯的"事物-行为"表达习惯,这一点与汉语有异曲同工之处。现如今,这些辞藻的演化虽然历时千年，涉及欧洲和北美两个大陆以及多个文化区域，同时受到多个民族语言传统的影响，但最终都融入了不同阶级、背景和文化情景当中成为正式或非正式的语言符号。18 世纪后期，英国通过殖民地和地缘政治统治进一步传播了英语，现代英语的发展呈现国际化和本土化的趋势，所以我们不再针对世界不同国家和地区的英语使用情况进行探讨。

"垃圾"的古今义变

在社会实践与语言系统交互发展的过程中，人与垃圾的关系开始变得复杂多样，垃圾的形象和概念更加趋于复杂，同时人们对垃圾的感知能力也不断提升。基于中英文中"垃圾"名称的演化历史，我们已经能够归纳推测出三种演化的规律，即"垃圾"概念在语言中明确实现了从行为到形象、从具象到抽象、从物到类的过渡。

名称的变迁

从行为到形象

如同很多事物一样，"垃圾"在现代人的语言世界中是人类对某种物质的专门指代，而在古代语言世界中的"垃圾"却源于一系列描述行为的动词。如前所述，汉语"垃圾"的最早形式"擸"，意为"和杂"，解释为"混杂""掺杂"等行为动作。同时,"撤"有"理持""执""揽"之意,表示"分理而握持"。此外,"拉扱"由"拉"和"扱"两个表示"捡拾"的动词组成,"拉"表示"牵、扯、拽","扱"形容用簸箕攒拾东西,"拉扱"的本意就是形容拖拽捡拾物体的行为。相比之下,英文中的 garbage 最早从表示"抓住、够到"的 ghrebh - 派生而来,后又采用了表示"攫取""拖拽"的 grab - 作为前缀;refuse 发源于通俗拉丁词 refusare,意为"倒灌、归还";trash 在历史上曾同义于"摧毁"(destroy)等行为动作。从这一点来看,虽然汉语和英语所属的语系、起源、结构不同,但"垃圾"一词都具备从行为描述演化为形象描述的共同点和相似性。丢弃、捡拾、拒绝等行为和垃圾之间存在着本源和逻辑上的某种因果联系。这种由行为过渡为实体的改变体现了主观世界和客观世界之间的勾连,暗示着人类从实践经验中总结认知客观事物的法则:没有"清理"的因就没有"混杂"的果,没有对物品整理的行为情景就没有把这些"脏乱之物"称为垃圾的文化认知。可以想见,人们在日常语言交流中为便于沟通,逐渐倾向于去除行为表达而只保留具体形象,用"垃圾"隐喻"那些需要捡拾整理的杂乱之物",通过隐藏行为动因进而强调行为动作的物质对象,最终实现了"垃圾"从动词到名词的变迁,以及从行为到形象的转变。当然,这种字面意义上的推断似乎略显草率,毕竟语言的发展演化自始至终都是一个复杂的过程。"垃圾"的动词表达是随着人和人类社会、人与垃圾的互动中一起产生和发展的。人类与垃圾的行为实践是一种集体的、社会的活动，人类祖先在实践过程中最初形成了不同生产活动背景下用于描述"行为"的垃圾的词汇。

从具象到抽象

"垃圾"最终从指代客观物质转变为一种抽象的文化符号。动物对客观事物的反映是以具体形象的感觉，即感性形象出现的，而人的意识则是以抽象的概念，即理性形式为主要特征的。从对事物表象的感性到事物本质的理性，人类的语言发挥了重要作用，我们借助语言把表象的垃圾抽象概括为一种概念，形成了从具体到抽象的转变。这种转变体现为两个阶段：一是作为客观物质的垃圾之"意义"范畴的扩展，二是垃圾向符号象征"意义"的转化。客观世界时刻在发生变化，人类在实践中不断更新对客观世界的认识。新的词汇被创造出来用于指代新的事物，同时该事物在与人新的互动中也被赋予了新的"意义"。譬如，人类借助文化的力量，利用科技手段对自然物质原有的结构、形态、组成进行拆解和重组，创造了大量诸如化学品、塑料、玻璃、金属等前所未有的人造产品，一旦这些新物质被丢弃，即刻被纳入垃圾"衍生词"的行列。同时，很多围绕垃圾管理的新概念也被创造出来，如中国六朝时期的唾壶，后又名爹斗、渣斗，其最初的功能是用于盛装唾吐物。后来造型不断变化，宋代时宴席桌上摆有盛装吃剩下的肉骨头或鱼刺的用具，其也叫渣斗。类似的英语词汇也有很多，1850 年第一次出现了 waste basket（垃圾篓）；20 世纪公共卫生领域得到发展，1872 年出现了 trash man 或 junkman（垃圾清洁工）；1914 年以后，表示"垃圾桶"的 trash can、garbage can、ash-can 相继出现，甚至在 1976 年垃圾研究成为一门社会科学学科，出现了 garbology/garbageology（垃圾学）以及 garbologist（垃圾学家）这样的混合词。大量衍生词的出现，进一步拓展了垃圾的内涵和外延，突破了之前物质集合的边界，实现了垃圾所指物质"意义"范畴的扩展，垃圾开始能动地"覆盖"所有新兴且不再被需要的事物。在人类经验、知识和事物"意义"交互变化的基础上，垃圾的概念逐渐从具象拓展为抽象，由具体变得模糊，从某些描述性词汇转变为符号象征。根据现代中英文的语境，垃圾的定义已经超越了物质实体，开始引申出新的含义，用于"比喻无用的或有害的东西，"或者"比喻没有意义或产生不良作用的人或事物"①。"垃圾"不再局限于"垃圾堆"这些"看得见、摸得着"的东西，而延伸为"垃圾股""垃圾视频""垃圾话"等"虚拟"的事件、思想和现象等。这种"意义"上的延伸建立在事物客观具象（如"脏、乱、差"等特征）与个人主观经验（如讨厌、反对、

①　商务印书馆辞书研究中心修订《新华词典》（第 4 版），商务印书馆，2013。

仇视等）相互作用的基础上，通过比喻或隐喻等方式把客观事物与主观情景"合二为一"。自此，客观世界中一切的冲突、疑惑、不安、恐惧、不确定的情景，以及未知的文化、陌生的语言、格格不入的思想，它们"如同垃圾一样"不能为我们所知，更不能为我们所用，自然成了我们认知客观世界的象征与符号，用于表达"反对"意见，表明对立立场，以及批判"异类"。

从物到类

"垃圾"经历了从指代单一物体到表示复杂混合物质集合的转变。首先，《盐铁论·刑法篇》中记载"商君刑弃灰于道"，此处的"灰"就是指代当时以灰尘、土块为主的垃圾；在晚清小说《二十年目睹之怪现状》第七十二回中亦有"我走近那城门洞一看，谁知里面瓦石垃圾之类，堆的把城门也看不见了"，瓦片碎石即指当时的垃圾。汉语中的"搕"是"乐色"的前身，指尘土、柴草碎屑、粪污、生活废弃物等秽物；同样，"拉扱"用独体字（"土"与"立"，"土"与"及"）根据意义间的关系合成一个字（"垃"与"圾"）的造字法，形象地描述了垃圾作为"平整地面上那些散落、独立、多余且突兀的土块"的含义。同样，英文中的 rubbish 由最早表示碎石、碎砖的 rubble 演化而来，waste 最早指代"荒地"，junk 的本义是"旧电缆、旧绳子"或"船只上的废旧品"等。时过境迁，现代英语和汉语中的垃圾的含义早已不同于往日,"垃圾"通常被解释为秽物、尘土及被丢弃东西的统称,如"脏土和扔弃的破烂杂物"、"脏土或者各种废弃物的总称"、"被倾弃的污秽废物"或"废弃物的统称"①等。垃圾定义中的主语已从一些特定环境区域内的某些具体事物,延伸为指代某些具有共同特性的物质集合的统称概念。垃圾含义的拓展同样与人类的主观行为密切相关。我们在不同时代接触到不同特征的垃圾,用不同的方式与之产生互动,自然形成了对不同情境下垃圾形象的认知。"垃圾"所指代的是个人感知客观物质变化的过程,从单一的尘土到碎石瓦片,从容器里的残羹剩饭到堆满各种物品的垃圾山。

因此,垃圾从物到类的概念变迁过程恰恰印证了这样一个事实:伴随着我们语言系统的发展,人与垃圾之间的互动不断频繁,我们的语言文字对垃圾形象的呈现也越加明确。我们对物质的概念归纳是对不同的时空形式的感知,垃圾的物质层次和时空形式并非一一简单对应。从尘土、废渣到物品,再从单个的废弃物到混在一起的垃圾整体,本身就是一个由小及大、由简入繁的层次化感知过程。但只有当我们能够在准确描述低层次的垃圾的基础上,才有可能去界定更高层次的垃圾。

另类的表达

重新回到汉语世界,我们同样能够找到诸多与"垃圾"

---

① 李行健主编《两岸常用词典》,高等教育出版社,2012,第763页。

相关的同义词或近义词。在某些实际语境当中，我们时常会将"邋遢""秽杂""杂碎""狼藉"这些词汇都视为表示"垃圾"的词。

"邋遢"在汉语中是用于形容个人不整洁、窝囊、脏乱的词，读作"lā tà"，与"lā sà"的音义都很接近。中国泗水方言会说："这户人家搕遍地，浊气熏人，真够攮的。"句中的"搕"作为名词指代日常生活垃圾，而"攮"则引申为形容词，类似于"邋遢"。后来，在中国山东临朐的胶辽官话中，"攮"的含义发生了很大的变化，完全用来形容办事拖拉。如1935年的《临朐须志》中有载："俗谓办事不紧称曰攮，俗作垃圾，读音同'拉撒'"[1]；在《快心编三集》第八回中有载："若像邋遢的妇女，头毛未必便黄，只因不掠不梳，尘垢蓬松"；老舍在《四世同堂》中写道："他不大好干净，可是那都因为他没有结婚，他若是有个太太招呼着他，他必定不能再那么邋遢了"；等等。

"秽杂"是古人对"垃圾"最为形象的描述。"秽"和"杂"二字巧妙精炼地点出了"垃圾"的主要特征。首先，"秽"字源自甲骨文，本义是"荒废"或"长满野草"，如古代的"秽草""秽莽"代表杂草，"秽荒"表示荒芜或杂草丛生等，在《荀子·富国》中有"民贫，则田瘠以秽"的记载。

---

① 许宝华、宫田一郎主编《汉语方言大词典》，中华书局，1999，第3085页。

然而，根据汉代蔡邕《女诫》中的"面一旦不修饰，则尘垢秽之；心一朝不思善，则邪恶入之"可见，"秽"已经开始变成表示"弄脏"或"污染"的动词。所以，在后来的文献中，"秽"逐渐开始表示"肮脏""污浊"的意思。如《玉篇》中的"秽，不净也"、《文选·班固·东都赋》中的"于是百姓涤瑕荡秽而镜至清"、《资治通鉴》中的"除残去秽"等。其次，"杂"的本义是指各种色彩搭配制作衣服，后来引申为掺和、混合的意思。换言之，"杂"的含义由最初的多种颜色而不单一纯净引申而来。

"杂碎"一词的含义类似于"垃圾"，且沿用至今。一是指杂乱零碎。如宋代苏轼的《石氏画苑记》中载："其家书画数百轴，取其毫末杂碎者以册编之，谓之《石氏画苑》"；《后汉书·仲长传统》载："叛散《五经》，灭弃《风》《雅》。百家杂碎，请用从火"；《宋书·礼志三》载："（裴頠）以为尊祖配天，其义明著，庙宇之制，理据未分，直可为殿，以崇严祀。其余杂碎，一皆除之"。二是指代煮熟切碎供食用的牛羊等的内脏，如牛杂碎、羊杂碎等，也叫"杂件"。如《西游记》第七十五回载："老孙保唐僧取经，从广里过，带了个折叠锅儿，进来煮杂碎吃。将你这里边的肝肠肚肺细细儿受用"；清代李斗的《扬州画舫录·小秦淮录》中载："小东门街多食肆，有熟羊肉店……先以羊杂碎饲客，谓之小吃，然后进羊肉羹饭"。此外，在口语中，"杂碎"还被用作骂人的话，类似于"垃圾"的近义词。

"狼藉"的释义为杂乱不堪、乱七八糟的样子。有学者认为"垃圾""狼藉"同出一源，《尔雅翼》"狼藉"条说："狼，贪猛之兽，聚物而不整，故称狼藉。"还有学者认为，"垃圾"这个词是秦汉以后对"狼藉"的一种变音，比如发展成我们前面提到的"撤摇"。实际上，"狼藉"一词多义，一可释义为纵横散乱、乱七八糟的样子，如唐代元稹《夜坐》有诗："孩提万里何时见？狼藉家书卧满牀"；《东周列国志》第一回中的"弓响处血肉狼藉，箭到处毛羽纷飞"；清代翟灏《通俗编·兽畜》中的"（苏鹗《演义》）狼藉草而卧，去则灭乱。故凡物之纵横散乱者，谓之狼藉"；在朱自清的《背影》中也说到"到徐州见着父亲，看见满院狼藉的东西，又想起祖母，不禁簌簌地流下眼泪"。二是指多而散乱的堆积，如唐代陈子昂的《上西蕃边州安危事》中有载："屯田广远，仓蓄狼藉，一虏为盗，恐成大忧"；清代刘大櫆的《乞里人共建义仓引》中有载："故虽粟米狼藉，而终岁之用，犹苦其不给"；等等。三是比喻行为不检点或名声不好。如《后汉书·张酺传》中有载："（窦景）遣掾 夏猛 私谢 酺曰：'郑据小人，为所侵冤。闻其儿为吏，放纵狼藉。取是曹子一人，足以惊百'"；《旧唐书·刘崇鲁传》中有载："前日杜太尉狼藉，为朝廷深耻"；苏轼《上神宗皇帝书》中有载："汉武遣绣衣直指，桓帝遣八使，皆以守宰狼藉，盗贼公行，出于无术，行此下策"；清代宣鼎《夜雨秋灯录初集·珊珊》中有载："邑之仕宦眷属，闻之咸不平，声名益狼藉"；等等。此外，"狼藉"还有形容困厄、窘迫的意思，也有糟蹋、折磨，以及情感泛滥等意思。如宋代司马光《遗表》中有载："今溃败失亡，狼藉如此，而建议行师之人，晏然曾无愧畏，或更蒙宠任"；明代王衡《郁轮袍》第六折中有载："谢贤王肯作媒，劳重恁牵傀儡，可惜狼藉了王阳气力"；清代蒲松龄《聊斋志异·折狱》中有载："世之折狱者，非悠悠置之，则缧系数十人而狼藉之耳"。何垠注："狼藉之，言磨折之至于愈也。"

由此可见，"邋遢""秽杂""杂碎""狼藉"等词的含义与"垃圾"有相似之处，但也有区别，类似之处主要在于"杂"与"乱"，与之前的突兀、多余的状态相一致。那么，我们是否可以得出这样一个结论，即"垃圾"在古汉语中的雏形实际上就是表达无序的、混沌的和多余的意思。同时，根据上述对"垃圾"古今义的展示，"垃圾"的含义并非静止的、固定的，人命名"垃圾"以及对其内涵与外延的理解认知过程本就是一个动态的、变化的过程。

无用之辩

从字面含义来看，垃圾在现代汉语中主要有两个解释：一是指代废弃无用或肮脏破烂之物，如生活垃圾、厨余垃圾；二是由比喻形成的意义，指失去价值的或有不良作用的事物。

垃圾是什么

我们在日常交流时所使用的垃圾基本上都符合以上两种情况。基于垃圾的本意和喻义解释，我们不妨思考这样一些问题：到底何谓无用？何为破烂？什么是"失去价值"？什么又是"不良作用"？……我们似乎是在用一系列的判断去评判何为垃圾，那么我们又如何评判这些判断呢？

我们常说的"有用"和"无用"其实是一对相对的概念，以自己或者某个主体自身的意志进行判断，有用是相对于自己、别人、社会、国家、地球、人类而言的。对此，为便于描述，我们从垃圾的物质和道德两个方面来考虑。一是物质生产层面的"有用"和"无用"。在这个意义上，垃圾可以被理解为失去使用价值、无法被利用的废弃物。一方面，当一个物质对于某个"主人"没有了可利用的价值，不再被原使用者需要或继续使用时就可能成为废弃物，如穿旧的衣物、破损的塑料袋、多余的包装盒、喝剩的易拉罐等。物质层面的这个垃圾是我们最常用以形容某些"不为所用"的物质、事物、物品、实体的称谓。另一方面，人类通过文化与想象机制把"有用"和"无用"延伸于道德伦理层面，即我们把物质层面的"无用"特征映射到用于形容抽象的对象身上，等同于"不良""不善""不好"等不利于主体的价值判断。因此，无论是物质上还是精神上，"是否有用"本身不是一个事实判断，而是我们人类主观意识上的价值判断。在现实生活中，我们通常会以主观的"好恶"、"对错"、"好坏"以及"正义与邪恶"等标准对一切存在进行评判,如垃圾邮件、垃圾话、垃圾股、垃圾时间,也会形容某些道德品质败坏、威胁个人利益的人,称他们是社会群体中的"垃圾"。因主观主义或个人主义不断的蔓延,人类世界一系列可怕的极端"垃圾"出现,它们可能是那些被割下鱼鳍后扔回大海的鲨鱼、被活生生拔下犄角等待死亡的犀牛、被父母无情抛弃在路边的婴儿、被子女赶出家门的老人、被孤立的病毒感染者,以及数以万计的被关进纳粹集中营毒气室里的犹太人……世间万物的生与死仅仅只决定于人类为其贴上一个"无用"的标签的那个瞬间。

还有一种情况,客观物质层面与主观意识上的"垃圾"处于一种主客观和时空之间的模糊状态。垃圾既可以是客观的,也可以是主观的。一个事物如若只是在物质层面表现为"无用",但却在精神层面表现为"有用",其或许也不会成为垃圾。比如,一块历经沧桑不会走动的破损怀表,对于其他人而言在物质层面是"无用"的废品,但它是已故父亲送给所有者的礼物,寄托了父亲对自己的情感,那么这个"无用"的怀表在所有者的心里极有可能是珍贵的"有用之物"。在哲学家杜威看来,我们对垃圾拥有不同的感知和经验,这关系到我们接触垃圾的情景和记忆。那些沉睡在博物馆中承载着人类历史的文物,其价值正在于它们或许已经失去了作为物质本身的"有用"性,但却承担了记录更多关于人类过去所经历的事件、文化、精神和记忆的沉重使命，这种符号化的赋能让"无用"之物成了永恒的"有用"存在。更加常见的情况是，对于某个在所有者看来是"无用"的东西，可能换个情境、换个时间、换个对象就会变成"有用"的。人类学家秉持着文化相对主义的理念对异文化的研究意义即在于此，他们致力于证明某个在本文化中看似荒唐且无用的行为现象背后可能蕴含着对"他者"重要的文化意义和社会功能。

那么，既然"有用"与"无用"只是对是否可以"为我所用"的一种价值判断，那么"我"的需要是否就真的可以作为判定垃圾之所以为垃圾的唯一标准？这种以所有者为主体的确定信念，把"利己"作为唯一评价尺度的思想和行为，充满了个人主义与实用主义的色彩，是否真的意味着"有用"即真理、"无用"即谬误？或者说，这种用"我者"认知判断客观事物实际效果，定义"他者"是否有用、是否正确、是否真实的个人经验主义观，可能正是我们始终难以破除垃圾困境的精神魔咒。所以，可以想象，如果我们从历史、自然、宇宙的角度看，用一种近乎"上帝"的视野审视世间万物，再次询问"什么是垃圾"这样的问题，可能会得出截然不同的答案。鉴于此，当我们谈及"垃圾"时，可能浮现在每个人脑海中的图景是大不相同的，城市居民、动物学家、海洋学家、宇航员、拾荒者、艺术家，每个人都构建了一整套完整的属于自己的垃圾世界观。垃圾的概念因此变得模糊、动态和不确定。

因此，在文化层面，"垃圾"不仅仅是我们脑海中某些简单客观实体的存在与集合，还是可以指涉我们对自己世界之外所有一切不确定性的文化认知。但鉴于本书主要围绕物质层面的垃圾进行讨论，垃圾作为符号象征的其他情景过于宽泛，我们不再过多延伸。因此，在之后的几个章节中所提及的"垃圾"，仅限于客观物质层面，即我们在日常生活中所见到的生活垃圾等客观实体。

· · ·

根据"垃圾"一词在语言文字中的演化情况可知，"垃圾"名称的产生是一个客观物质存在和主观文化认知二者在历时性互动后产生意义的过程，垃圾一方面作为自然世界客观存在的事物，另一方面作为在人类世界有着"文化意义"的主观产物，二者相互统一。人类与客观世界的互动，包括人类与其制造的废弃物的互动形成了我们关于"垃圾是什么"的概念的基础。概念是人类思维活动的结果和产物，是人脑对客观事物本质的反映，这种反映是以词或词组来标示和记载的。概念也是人类思维体系中最基本的构筑单位，会随着社会和人类认识的发展而变化。垃圾概念的形成以及我们对其的感知源于生存环境，尤其是产生废弃物等的互动环境的改变。

无论在何种文明世界，描述垃圾的不同词汇不过是我们对垃圾的认知与意识反馈于自己民族语言文字的一种外化表现。在人与垃圾的不断互动中，垃圾被人类用语言文字的方式进行了符号化改造。在这个符号化的过程中，我们的肉体感官和大脑自然会依次对垃圾产生刺激感应、感觉心理和意识激活。其中，刺激感应是生物最原始的反应形式，感觉则是更高级的反应形式，如我们在视觉、嗅觉、触觉上对垃圾的反应。我们把这些各种感觉联系起来形成对垃圾的统一反应，则是对垃圾的心理反应，如对垃圾的厌恶情绪等。人类在与垃圾的互动实践以及语言对抽象思维的训练基础上，在我们的肉体感官和大脑中自然会浮现出关于垃圾的感知与认知。由于垃圾自身组成、形态和结构具有差异性和多样性特征，我们对垃圾的感知是一个多元统一的过程。我们在语言系统中建构起的垃圾话语就是我们对垃圾多元特征的独特组合而形成的统一符号单元。这些"零散"或"交织"的符号单元最终在每个人的脑海中拼凑出了一个关于"垃圾是什么"的整体形象和概念。语言系统越复杂，所形成的垃圾符号系统越完善，相应的概念也越清晰。这就是为何每当一方在谈及垃圾时，对方总能准确地明白其中的含义，因为在人们的语言的交互系统中已经形成了关于何为垃圾的形象与认知。

进化的垃圾

假如世界上没有人类，也许根本就不会有垃圾。

倘若人类从这个星球上消失或者从未出现，那么城市周边不会出现大大小小的垃圾山，河流、山谷中不会有五颜六色的塑料袋，海鸟不会被各式各样的废弃物缠绕而死……今天一切被我们视为垃圾的物质，也许根本就不会出现。在人类在地球上存在的几百万年间，即使树叶被秋风吹落布满大地，碎石被闪电劈开从山顶滚下，被恐龙和猛兽吃剩的尸体散发着腐臭味……自然界中的一切物质都不能被视为垃圾。所以，我们可以简单地认为，倘若人类从未出现，那么地球上原本就存在的所有物质不能被称为垃圾，甚至更遥远的地球诞生或宇宙大爆炸之前的世界是一个没有垃圾的世界。垃圾因此被视为地球人类纪时代所特有的"物种"。如此一来，倘若垃圾是专属于人类的"创造物"，那么我们讨论的垃圾世界就是人类的世界，垃圾的历史便是人类的历史。

　　从历史的角度来看，垃圾和其他事物一样始终处于一个变化的过程。垃圾的演化历程就是人类文明发展的另一种写照，人类社会越原始，垃圾可能就越简单；人类社会越发达，垃圾可能就越复杂。不同结构形态的垃圾可能是人类文明在各个发展阶段的持续性结果。由于不同的时代和环境，垃圾与人类有着不同的交互活动，在人与垃圾相互对视、接触和博弈的历史中，人类自己也产生了不一样的经验与知识，通过不断更新和调整着自己对垃圾的认知。比如，人类在改造世界的过程中不停地制造垃圾，同时也在由垃圾营造的环境中被动地生存适应，人类世界与垃圾世界在长时间的互动中不断打破平衡、寻找平衡，再打破平衡……最终在进化的垃圾与人类升级的认知之间循环往复。

　　由此我们不禁会好奇，垃圾的进化到底是如何实现的？古人到底是如何看待垃圾的？我们从他们的"垃圾往事"中又能获得什么呢？本章中，我们将从历时性的角度窥探作为物质存在的垃圾在人类不同的历史发展阶段表现出的物性特征，以了解垃圾的进化历程，同时透过垃圾在不同的历史发展阶段呈现的不同符号化的文化性，阐释进化的垃圾与人类的认知二者协同发展的事实。

垃圾的诞生

人类的伴生物

最早出现在人类世界的垃圾是什么样的？它出现在哪里？要回答这两个问题并不容易，因为即使我们能够想象在人类文明萌芽时期的社会图景，仍难以确定原始人类能够像现代人一样拥有感知垃圾的知识和能力。

在人类的进化历史中，无论是尼安德特人还是拥有更高智力的智人，他们都过着采集和渔猎生活，他们担心温饱、害怕野兽、养育后代，在某种程度上与陆地上栖息的其他哺乳动物并无太大差异，并不拥有什么高超的技能可以凌驾于其他物种之上，更无力通过文化手段干预或控制自然环境。因此，对于那些在草原上迁徙的原始人而言，生存是其首要任务。当我们走进博物馆看到那些陈列的史前文物时，我们可以想象自己是一个原始人，外部似乎是一个到处充满着未知、充斥着威胁，以及拥有大量可被利用的自然资源的世界，丝毫看不到无用之物的影子。在人类历史上，以石材为原料进行加工制作的时期被称为石器时代，无论是旧石器时代、中石器时代还是新石器时代，物质的极度匮乏都不足以让人们做出"丢弃"这样的荒唐行为，只要是能被加工利用的东西都是珍贵的生存工具，这一点可以让人联想到电影《荒岛余生》中的场景，一切被用于获得食物、驱赶野兽或具有其他用途的东西都是稀缺的、宝贵的。

在所有的物质当中，粪便也许是我们能想到的最接近于垃圾的事物。因为从大部分哺乳动物的视角来看，可以想象，原始人讨厌粪便的原因大概是其散发的气味，那种远离、厌恶、不屑的态度取决于一种感官上的自然生理反应，就如同我们厌恶动物尸体、沼泽、散发恶臭气体的一切物质一样，而人类发现粪便的利用价值应该是之后农耕文明时期的事。然而，就人类粪便本身而言，这种经过消化系统后排出身体的排遗物，作为生物体新陈代谢的结果，主要由水、蛋白质、无机物、脂肪、未被消化的食物纤维、脱水的消化液、维生素以及从肠道脱落的细胞和死掉的细菌组成，单从其物质组成来看，确实没有对自然界有毒或者有害的物质。事实上，无论是人类还是其他动物的粪便在自然界中都可能是其他物种赖以生存的饕餮盛宴。有趣的是，在现代的考古学家看来，原始人的粪便本身就极具价值，因为从这些粪便化石中提取的 DNA 可以为研究史前人类的饮食结构和生活方式提供重要线索。

除了粪便以外，最早的垃圾可能是原始人遗留的食物残渣。据考古研究发现，他们以采集和渔猎为基本生存手段，以群居方式生活，穿的是动物的毛皮，吃的是果实和野生动物，在其居住过的地方，特别是洞口和低洼地带，通常都会出现成堆的动物尸骨，但我们并不能确定这就是人类最早的垃圾堆。可以想象，尽管人口有限，但原始人以洞穴山林群居为主，每天都会消耗许多食物，留下的残渣如果随意丢弃在洞穴内部，或者定居点附近，他们势必要忍受难闻的气味，招来蚊虫和老鼠，更可能引来其他野兽。所以，原始人集中丢弃那些不再被需要的食物残渣的行为，还不能被视为一种人类的文化行为，而更类似于动物的自然行为，食物残渣能否真的被视为垃圾也就难以确定，毕竟动物尸骨本身就是用来制造各类人造物品的"聚宝盆"。

那么早期的人造物品是否可以被视为垃圾呢？我们都知道，人类的伟大在于其能够借助智慧将自然界的物质加工和改造为新的可被利用的工具，人能将石头打磨成刀，将骨头磨成针，用陶土制成陶具，以及将木桩掏空做成船等。这些工具是自然界中其他物种所无法制造的，是在人类出现之后人类世界所独有的，我们在此将其统称为"人造物"。那些刻有纹路的动物牙齿、雕刻粗糙的人偶、编织精美的饰物……人造物自出现至今，都是人类智慧的结晶，亦是人类文化的象征，但于地球和自然界而言也许其并不那么受欢迎——一旦人造物被丢弃就很可能变成了真正意义上的"人造垃圾"。近代出土的大量历史文物表明，在原始社会人类已经学会了冶铸、稻作、制陶、纺织等多种技术。人造物的原料多是自然界中的石材、木材、陶土等自然无机物，如果这些东西因为破损、遗失、被丢弃而成了垃圾，那么这些垃圾几乎都带有明显的"自然烙印"，它们数量有限且可被自然分解。

令人欣慰的是，原始人并不会像现代人一样拥有汽车、手机、咖啡杯、笔记本电脑、尿不湿、沙发等种类繁多且数量庞大的物品。在人类社会早期，上自部落首领，下至平民百姓，地球上所有的人造物，被用于宗教仪式、生产、战争用途。一切用于生活娱乐的器皿、工具、兵器、配饰等都十分有限，大部分人造物要么是个人生产生活的必需品，要么是身份、地位、财富的象征，几乎不会出现我们今天因物质过度充裕而肆意丢弃的情形。人类社会最早出现的人造物从自然环境中而来，被简单加工、消耗和利用后，最后又回归到自然环境中，这样的物质循环过程就像雨水经过土壤回到河流一样，遵循地球的法则和自然生态循环的规律。原始人与自然界中的其他物种一样，遵循着自然界的生存法则，有着万物有灵的信仰，没有凌驾于任何物种之上，更没有控制自然的能力，始终恪守着作为虔诚的自然"信徒"的本分。那些石器时代的人造物，无论是在它们刚被生产出来的那个瞬间，还是在历经沧桑巨变的 21 世纪，都被人们视作有用且珍贵的东西，它们的命运大概率从一开始就被掌握在一个倍加珍视它们的拥有者手里，在被封存了上千年之后，它们被转交到一个倍加珍视它们的现代人手里，最终被陈列在戒备森严的博物馆当中，或许这些人造物永远也不会沦为垃圾。此外，还有一些现代意义上的垃圾，诸如上一章中提到的尘土、杂草、毛发或者器皿中的泥沙等东西。我们暂且不讨论这些东西既在人类世界中存在，也在动物世界中存在，在物性上都属于自然无机物或有机物，且能被自然界分解的事实。在原始社会中这些物质并无价值，需要专门清理或丢弃，但对原始人而言，与其视其为一种"垃圾"不如视其为生活中的"自然物质"，无异于大地、天空、森林、湖泊，无论是在物性上还是在规模或种类上与现代意义上的垃圾都存在着根本的不同。鉴于此，我们可以毫不夸张地推断，人类的原始社会是一个没有垃圾的世界。

那么原始人是否具有类似于现代人的垃圾观呢？答案可能依旧是否定的。这主要是因为原始人的世界观并不具备产生垃圾这一文化认知的条件。根据人类学家摩尔根的观点，人类文化的产生和发展是与人们对自然的认知、利用和改造同时进行的，即文化是在人类与自然环境的对立统一中产生和发展的。[①] 在人类完全依靠自然资源生存的时代，人们对外部世界的认知极为有限，环境对人类的影响大过人类对环境的作用。尽管在很长的一段时间里，人类的智力和体力都得到了提升，他们在享用着大自然提供的食物和资源的同时，

① 路易斯·亨利·摩尔根：《古代社会》，杨冬莼等译，商务印书馆，1995，第 48 页。

也在努力构建着属于自己的、解释世间万物的思想和文化体系。但只要在人类还没有走到自然的对立面之前，人类就不可能形成后期我们那些关于"洁净"、"卫生"或者"整洁"的一系列分类意识，也就是我们可以称其为文化的思维，自然也就谈不上垃圾观。所以，在原始人的世界观中，那些可能被我们视为垃圾的东西与自然界中的其他事物无异，尘归尘、土归土。

假如我们有机会穿越到史前社会，尝试寻找任何可被当作垃圾的东西，我们可能真的会失望而归。当万物有灵的信仰遍及这个星球上的每一个部落时，人们相信所有的食物和物品都是自然神灵无私的"馈赠"，很难想象什么样的东西会被丢弃，无论是破损的石器、动物的内脏，还是破洞的毛皮。任何资源都是有价值且不会被无视的，任何可以被当作食物、工具、用品的东西都会被珍视，没有东西会被当作废物。甚至，通过之后的历史证据发现，即使面对诸如禁忌的事物，原始人的观念也不同于现代人，他们或许会运用一些更加"神秘"的方式将其再利用，而这个方法可能是来自某个神灵的指引……

垃圾的雏形

众所周知，农业革命是人类文明史上的巨大飞跃。公元前1万年左右，全球范围内的智人逐渐掌握了驯化植物和动物的方法，他们停下了长期在广袤草原迁徙和追赶猎物的步伐，学会选择气候适宜、物产丰富的地方长期定居下来，开始从事大规模的粮食种植和动物饲养活动，以获得源源不断的食物供给。于是，人类从史前文明时代进入了农业文明时代，农耕、养殖和畜牧的生活方式取代了采集、狩猎的生活方式，自由的渔猎采集者彻底变为固定区域内的农民、渔民和牧民，人类的物质世界发生了巨大的变化。农业社会，有时又被称为传统社会，是以农业生产为主的社会，而农业是以土地和水资源为基本生产资料，借助光合作用产生的能源，以植物、动物和微生物等为生产对象，通过劳动，生产人们所需的物质的活动。在此，需要特别指出的是，我们所讨论的农业社会专指工业化之前的农耕文化社会，那时物质生产还没有出现过剩，化肥还没有普及，相应的科学处理技术也还未出现，在长达几个世纪的农业社会中，农民对气候、土壤等自然条件依旧有着强烈的依赖心理，有限的知识迫使人们始终保持着某种对自然的敬畏……

根据现代科学的界定，狭义的农业垃圾（农业废弃物）是指在整个农业生产过程中被丢弃的有机类物质，按成分可以分为植物纤维性废弃物和粪便两大类，主要是指农作物秸秆和畜禽的粪便两种。当时人类依靠耕种农作物、饲养动物实现了物质的自给自足，而农作物秸秆和畜禽粪便确实相较于原始社会更多，但二者从物性上看都是由自然界生成的物质，可以从自然资源中提取并以可识别与可分解的有机物形式存在，所以这些农业垃圾实际上与原始社会中的垃圾并无太大差异。以农作物秸秆为例，那是成熟农作物的茎叶（穗）部分，通常是小麦、水稻、玉米、薯类、油菜、棉花、甘蔗和其他农作物（通常为粗粮）在收获籽实后的剩余部分。由于传统社会的农业生产水平低、农作物产量低，秸秆数量相对较少，农民们除了将少量的秸秆用于垫圈、喂养牲畜，以及部分用于堆沤肥之外，大部分秸秆都会被集中烧掉。对大多数的农民来说，这些秸秆确实是无用的废弃物，需要进行专门的收集和焚烧。由于人们科学文化知识的欠缺，在很长一段时间内，诸如农作物秸秆这样的农业废弃物是无法被有效利用的。但这是否标志着以农作物秸秆为代表的农业废弃物作为一种垃圾正式走进了人类视野当中呢？

早在几千年前，古人便创造了诸多有效地利用农业废弃物的方法。例如，农民将农作物秸秆、牲畜粪便等农业垃圾变成农田肥料、牲畜饲料、取暖和煮饭的柴火等，甚至人类已经掌握了针对人畜的粪尿以及植物茎叶的生物堆肥技术，这些将农业废弃物视为资源进行循环利用的文化行为，可谓"人尽其才，物尽其用，两全其美"。由于农业垃圾是人们在利用和改造自然过程中获得的有机物废料，可以经过改造加以利用，最终回归农业活动中，根本上参与"自然－农作物－自然"的循环。所以，从文化认知上看，相较于原始人对垃圾的"无意识",农业社会的人类在有限的知识和经验支配下,大多会将农业垃圾视为一种可以加以利用的自然资源。至少我们可以想象,农业废弃物能够在农民的情感、观念和实践上被完全接受,甚至这些农业垃圾对农民而言是受"欢迎"的。他们对待农业废弃物的态度和变废为宝的经验,使得农业废弃物并非垃圾的文化理念得以产生,并通过代际、邻里间、村落间的信息流动逐渐在更大的区域内传播,最终形成了农业垃圾资源化的文化传统,并在人们的意识中逐渐构建起了一整套成熟的农业废弃物是资源的观念。时至今日,很多国家和地区的农民依然坚信几乎所有的农业废弃物都是可以被循环利用的,他们也始终保留着原始而传统的农业垃圾资源化的方法。

传统农耕文明时代的农业垃圾再利用现象给我们传递了一个重要的信息:农业废弃物由于不断与农民的生活环境相适应,没有被视为单一的、静止的无用之物,始终作为一种变化的、流动的、可被再利用的资源。换言之,即使农业废弃物在某一阶段被"丢弃",但在其他阶段被利用,就不会被贴上"垃圾"的标签。人类利用传统的本土化知识对农业垃圾进行二次改造、加工和处理的过程,实际上就是人类与农业垃圾建立互动关系的过程,即人们凭借不断认识、挖掘和利用垃圾自身的特点与功能,不断赋予农业垃圾新的"使用价值"的过程。因此,我将这种农业垃圾非垃圾化的文化认知视为人类对废弃物的"第一次认知升级"。这种认知升级不仅是人类对无用之物的重新界定，也是对人类自身生存发展新的解读，更是对人与自然相互关系的一种知识拓展。此外，在农业文明时期长达千年的农业生产生活过程中，农民们积累的那些相当成熟的垃圾回收利用的经验，为之后上百年的人重新认知垃圾、寻求文化精神与物质世界的平衡、探索新的文明发展道路具有极大的启示意义。

生活废弃物

既然农业生产活动中制造的东西可被重新利用，那么"真正的垃圾"到底在哪儿呢？难道人类物质极大丰富的农业时代不会制造垃圾吗？带着这个问题，我们在另一个关于农业废弃物（或农业废物）（agricultural residue）的概念中找到了答案。

广义上的农业废弃物是指农业生产、农产品加工、畜禽养殖和农村居民生活等排放的废弃物的总称。农业垃圾主要包括这几个方面：一是农田和果园残留物，如秸秆、残株、杂草、落叶、果实外壳、藤蔓、树枝和其他废物；二是牲畜和家禽粪便以及栏圈铺垫物等；三是农产品加工废弃物；四是人粪尿以及生活废弃物等。在这个关于农业废弃物的定义中最引人注目的是最后一点——农村居民生活排放的废弃物，也就是我们常常提到的生活垃圾，一些处于农业场景中但没有融入农业活动的物质。从前工业社会的视角来看，相比于传统社会的农业活动，我们将目光转到当时人类的日常生活，情况就没有那么乐观了。

在农业革命光芒的照耀下，人类获得了充足的食物供给，死亡率降低，生育率和存活率提高，地球上的人口总数不断增加，在人类各个文明中陆续出现了社会大分工。第一次社会大分工出现在原始社会后期，农业与畜牧业分离，由此产生了以农业为生的固定居民，解放了大量的劳动力。第二次社会大分工则随着金属工具的制造和使用而出现，手工业和农业分离，产生了直接以交换为目的的手工业，使农耕者脱离了耕地的束缚，宗教、艺术、娱乐生活开始成为人类新的乐趣。第三次社会大分工随着商品生产的发展和市场的扩大而出现，专门从事商业活动的商人出现，工商业劳动和农业劳动分离，由此导致城市和乡村的分离。可以说，社会大分工和聚居的出现直接为垃圾正式走入人类的世界提供了条件，让垃圾被人们看到成为可能，从这时开始人类进入了漫长的垃圾时代。

一方面，非农业生产把人们的日常生活从农业活动中彻底剥离，彻底改变了世间物质的物性。农业革命解放了农村的剩余劳动力，社会生产力发展和社会大分工带来了生产方式和生活方式的改变，建造、纺织、陶艺、木艺、冶金等手工业蓬勃发展，人类所接触和使用的物质种类急剧增加，物质生活更加丰富，而这个星球上的物质世界发生了翻天覆地的变化。这种变化始于人造物的出现。人造物，包括人造材料（又称合成材料），是人为地把不同物质经化学方法或聚合作用加工而成的材料，其特质与原料不同且彻底改变了原料原本的物性。为了不断满足人们与日俱增的物质欲望和社会需求，越来越多的人参与到将自然资源改造为全新物质的活动中，纺织业、手工业、冶炼业、商业在地球大陆的各个地方蓬勃发展。奇形怪状的兵器、琳琅满目的器具、形态各异的服饰、精美绝伦的艺术品、用途特殊的物件，不断有新的自然资源被加工成数量和种类更多的人造物，无论是王公贵族还是普通百姓，无论是物质生产还是经济生活，物质生活的这种进步都让人们兴奋不已。人造物的出现在人类文明发展史上具有里程碑式的意义：人类逐渐告别了靠天吃饭的时代，进入了一个全新的物质消费时代。

人类的物质生活水平提升是否就意味着垃圾的出现呢？确实，不难想见，这些种类繁杂的物品以制造经济支撑起了人类世界多少个辉煌的王朝和帝国。然而，我们也不能回避这样一个事实：任何物品在经过一段时间的使用后会变得老旧或损坏，或者商家为迎合人们持续膨胀的欲望不断推陈出新，投放更多的商品，最终导致了一个自原始社会以来极少发生的现象——丢弃，从此造就了人类世界的"生活废品"。在众多手工制品中，农业时代的金属制品（主要是青铜器和铁器）是由矿石冶炼而成的新型人造物品，因其工艺和自身价值导致其利用率较高，并且废弃之后可以被再次溶解、塑造成新的产品，所以称其为生活垃圾的概率并不大。相较之下，如用黏土、木材、织物、石材或者动物骨皮制成其他生活用品，其种类和数量远远超过金属制品，被丢弃和不可被再利用的可能性都更大……

另一方面，人口聚集让生活垃圾无处"外溢"，人类世界自身并没有"消化"垃圾的能力，这导致了垃圾的涌现。以一个大型的人类聚居地城市为例，作为一个永久的、人口稠密的地方，它具有行政边界，生活于其中的人主要从事非农业工作，如手工业、商业和娱乐业。首先，这些城镇居民无法再像他们的祖先那样，随意将废弃物丢弃在荒野或路边；其次，他们也不能像农民兄弟一样，把一些废弃物再次投入农业生产活动，他们唯一能做的就是将废弃物赠予他人或者将其直接丢弃在自然环境当中。历史上，在很多地方，例如中世纪的欧洲，这样的情况随处可见。可以想象，被人们随意丢弃的废弃物逐渐布满城市各个角落，居民们不得不在一个到处散发着难闻气味、被垃圾环绕的环境中生活。不过，即使城市中可能遍布着令人讨厌的垃圾，城市生活始终激励着大量的偏远地区的人们，就好像当我们了解了垃圾因人类文明的发展而被创造出来的真相之后，依然热衷投身于新的科技革命当中一样，一切因发展而付出的代价都只是人类前进过程中不痛不痒的小疙瘩罢了。由此可见，在农业文明时期长达千年的农业生产生活过程中，农民们逐渐积累了相当成熟的关于垃圾再利用的经验，这些经验直接被运用到生产实践当中，成为人们适应环境、认识世界以及见证文化精神与物质世界相互勾连的有力证据。

事实上，当人类放弃了迁徙，选择在土壤肥沃的地方定居，驯化植物和动物，聚焦村落共同生活，建造更大型的王陵、宫殿和城池的时候，新的生活让人类从原始依附自然的生活方式中"出走"，逐渐远离了田园和山地，地球人口由田间走向城市，这就注定了我们的命运要和生活垃圾紧紧绑在一起了。在宏观上，垃圾出现的文化根源的原动力正是人类文明的存在、发展与延续，人类社会生产力越发展，社会分工越精细，物质生产和物质消费就越发达，生产和消费产生的废物也就越多。一言以蔽之，垃圾产生的过程就是人类所有的生产和消费的过程。这个过程贯穿开发资源、制造产品、消费产品的各个环节，每个环节都可能会产生废弃物。所以，垃圾是人类一切生产生活活动的必然结果，垃圾的进化也是人类社会进化的结果。从某种程度上讲，人类要维持生存和发展就必须面对废弃物的存在和进化的客观事实。这是一个严肃的话题，物质资源是人类生存和发展的基础，我们借助文化手段把自然界中的资源进行开发、改造并加以利用，以实现人类文明的持续发展，人类世界的废弃物就是我们用物质资源换取物质生活的代价之一。在这个过程中牺牲最大的是自然生态环境，由于许多人造废弃物是人工合成物质，或不可被自然界所识别、吸收或分解的"新物质"，所以越来越多的人造废弃物逐渐"异化"为非自然物性的存在。社会越发展，地球资源越消耗，垃圾的堆积问题就越严重。因此，人类走到今天不得不正视这样一个现实：一方面为了文明的延续，必须维系人类世界的生存与发展；另一方面必须解决废弃物激增、环境污染等生态环境问题。如何处理好发展与环境保护二者的关系，成为这个时代人类的新课题。

根据上述信息，我们可以这样总结：在持续上千年的农业时代，人类的世界中存在两种垃圾，一种是作为人类农业生产活动伴生物的有机物，另一种是经过人类加工制作的人工合成物。它们都是农业文明时期人与自然互动的产物，也是人类依靠智慧的力量不断改造自然、成就自己的"战利品"。它们起初并不作为垃圾出现，而是作为一个杰作、艺术品、高价的商品，总之是具有使用价值的创造物应运而生，它们后来被人们当作垃圾，并不是这些创造物自己的选择，而是人类文明发展不得已的选择。人类在从原始社会后期步入农业文明的很长一段时间里，经历了前所未有的物质爆炸时期，人类世界的垃圾由一种农业伴生有机物向人工合成无机物转变，正式拉开了垃圾走入人类世界的序幕。垃圾第一次进入人们的视野中，成为一种无法被忽视的存在，也正是从这时开始。人类进入了漫长的与废弃物共存的垃圾时代。反观垃圾自身，从原始社会一路走来，粗糙、原始的自然资源在匠人们精湛的工艺下被加工改造，不但在物性上发生了根本的改变，而且其数量还在以惊人的速度增长——垃圾经历了的第一次"进化"。然而，关于垃圾的故事才刚刚开始，在之后的日子里，垃圾迎来了"脱胎换骨"的蜕变。

垃圾的蜕变

当 18 世纪英国工厂的机器轰鸣声响起时，人类依靠科技的力量点亮了整个星球。人们离开了乡村，前往充满财富的新家园，他们的选择是再一次的"出走"，这一次他们走得更远，也走得更快，人类文明迎来了又一个春天，新的时代在向他们招手。工业从农业中分离出来，成了一个独立的物质生产部门。过去那些以手工技术为生的工匠们被招募到了一个个巨大的工厂当中，分布在大型机器的流水线上，成群结队的工人、医生、律师、艺术家、教师会聚到一起生活，工商业、冶金业、加工制造业、化工业等新兴产业相继出现，人类的欲望伴随着他们所成就的一切不断膨胀，工业文明带来的诸多"福利"重塑了人和自然的权力与地位，创造了一个全新的世界和人类可以征服自然的世界观，整个星球都被置于人类的脚下……

有人说，工业时代是最具活力和创造性的人类文明阶段。科技革命无疑是人类社会发展的加速器，同时其为自然蒙上了一层阴霾，对垃圾的进一步改造，使其蜕变为这个星球上前所未有的"新物种"。机械化、自动化和规模化的生产比农业时代的手工作坊生产效率更高，科学革命也激发人们创造了千奇百怪的人造物，城市的扩张与国家的形成让更多的人聚集在一起共同生活，人类沐浴在文明的阳光之下显得自信满满。然而，正当人类沉浸在充满财富与喜悦的"黄金时代"中忘乎所以的时候，灾难、战争和悲剧接连出现，人类为他们的自大付出了沉痛的代价，有的战争已经结束，而有的战争仍在继续，其中就包括人与垃圾之间的战争……

人工合成废弃物

进入工业文明时代，人类的社会生产力得到进一步提高，生产方式和生活方式都比农业社会更加复杂和多元，尤其是工业化、城市化和人口爆炸等一系列社会变革，导致人们的物质生产和消费变得更加"疯狂"，大量的原料被运到工厂，大批的商品被摆上柜台，人们忘我地购物，肆意地丢弃……人类成了世界的主宰。同时，垃圾的世界也在不断扩大，更重要的是它们进行了一次"脱胎换骨"的蜕变——垃圾的物性发生了根本性的改变，这彻底改变了垃圾、人和自然的命运。

工业时代首先出现了前所未有的新型人造材料和化学物质，导致垃圾的物性发生了巨大改变，主要表现为垃圾的物性开始趋于复杂化和多样化。在科学革命和技术革新的推动下，人们借助物理、化学、生物等伟大的智慧力量，对物质原有的结构、形态、组成进行了新一轮的拆解和重组。人类可以从自然资源中提取出新的金属物质。我们无须在此列举人类在工业时代的那些伟大发明，仅以人类利用化学合成的方法创造的新工业原材料为例便可知一二。通常，我们将作为劳动对象的采掘与农牧业产品称为原料，把经过加工的原料（如钢材、水泥等）称为材料，二者合称"原材料"。工业原材料包括直接由采掘工业生产的产品，如原煤、原油、原木、各种金属和非金属矿石；由采掘工业生产又经过加工的产品，如生铁、钢材、水泥、煤和石油制品；合成材料，如合成纤维、合成塑料等。除此之外还有合成的建筑材料、纤维、橡胶，这些人造物涵盖固体、液体、气体等方面，更不用说化工产品、电子产品等古人闻所未闻的东西。科学家们把人造物质分为六个类别：混凝土、集料、砖块、沥青、金属和其他成分（包括木材、玻璃和塑料）。集料包括用作道路和建筑物垫层的砾石和沙子。在此之后，随着人类工业化程度的不断加深，垃圾彻底由一种农业伴生有机物向工业人工合成无机物转变，越来越多由复杂多样的新材料制作而成的人工合成废弃物开始出现，垃圾在物性上发生了"质"的改变，其对人类社会的影响也逐渐开始显现。有人会说，这些东西都源自地球上的资源，人类只不过对其做了一点点"改动"，但就是这一点点的不同，却酿成了巨大的灾难。化石燃料的使用让温室气体排放量飙升至80万年来的最高水平，农业和住房使得地球上70%的土地发生了变化。

在诸多人造产品中有一项发明被称为"20世纪最糟糕的发明"——塑料。那是一种通过加聚或缩聚反应聚合的化学手段制造的高分子化合物，介于自然界纤维和橡胶之间，由合成树脂及填料、增塑剂、稳定剂、润滑剂、色料等添加剂组成，甚至有些塑料基本上由合成树脂组成，不含或少量含有添加剂，如有机玻璃、聚苯乙烯等。在日常生活中，大部分的塑料通常在一次性消费使用后即被丢弃。但迄今为止，科学界依然认为，塑料产品由于物理化学结构稳定，在自然环境中可能数十至数百年不会被分解。每年全世界大约生产600亿吨塑料制品。这些化学物质可以扰乱动物的内分泌系统，诱发癌症，改变繁殖方式。电池是人类的另一项伟大的发明，它是指盛有电解质溶液和金属电极以产生电流的杯、槽、其他容器或复合容器的部分空间，能将化学能转化成电能的装置。但是，电池中含有大量的锰、铅、汞等重金属，这些重金属可以水解。如果废电池被弃置在土壤中，土壤就会慢慢被腐蚀，其中的重金属会慢慢溢出，污染土壤和水源，再通过食物链，危害人体健康……

事实上，类似于塑料和电池这样的发明不胜枚举。垃圾的多样性带来的问题远不止我们看到的那么简单。更大的议题是，文明的进步为人类带来了多样性的生存方式，创造了多样性的物质需求，人类只有通过不断地利用、消费各种可以用来维持人类生存发展的物质资料与条件，才能够持续地维持生存发展。人类的生存发展需要需要从自然界的资源中得到满足，人类最终是否会在这种物质需要与满足中迷失自己？这种周而复始的欲望满足是否会造成物质消耗与垃圾围城的历史终结，抑或导致人类因争夺物质资源而重演相互残杀的历史悲剧？

此外，工业化发展同样影响了传统的农业对垃圾的再利用，让许多有机物也沦为了垃圾。譬如，农业工业化和机械化会取代一些传统的农作技术，使得传统农业垃圾"资源化"的技艺再无用武之地。

在农业生产区，大量的水稻、小麦、玉米、高粱、油菜被收割后留下了秸秆。过去，农民们会将秸秆用于生火做饭、饲养牲口或沤肥，算是一种免费的"资源"，农民们家里通了电、煤气或者天然气，牲口吃上了饲料，农田施了化肥，就连犁地的黄牛也换成了联合收割机……秸秆被收割机打碎后四处散落，再也无法像过去一样被捆起来运走，最终成为再也无法被利用的垃圾，只能被集中焚烧，变成缕缕黑烟……

在过去的 300 年中，人口数量已经增加了 10 倍，预计到 21 世纪末世界人口数量将达到 100 亿。地球上 30%～50% 的陆地资源已经被人类占用。与此同时，人类饲养家畜的数量达到 14 亿，它们产生的甲烷对热带雨林产生破坏作用，导致二氧化碳的增加和物种灭绝的加速。人类对土地的耕种和开发利用加速了对土壤的侵蚀，这比自然速率要快 15 倍。工业革命之后，人类用巨大的资源消耗换取了空前的物质满足，导致工业合成物垃圾在总体数量和品种类别上的爆炸式增长，地球彻底进入了"人类世"。20 世纪初，人造物数量占总生物量的 3% 左右。2020 年，人造物数量最终超过了地球上的总生物量，全球所有建筑物和基础设施的数量多于所有树木和灌木丛的数量。塑料的数量已经是包括海洋和陆地在内所有动物总量的两倍。仅纽约的街道、建筑物、桥梁等基础设施的数量就超过了全球海洋鱼类的总数量。同时，由于森林砍伐等原因，总生物量从 1900 年开始逐渐下降到 1.1 万亿吨左右。赫拉利在《人类简史：从动物到上帝》中指出，远古人的采集狩猎生活与现代人的生活相比，最明显的区别在于其极少使用人造物品①，现代人的生活中充斥着各种各样的物品，从指甲剪、高尔夫球、尿不湿、蓄电池，到纺织机、汽车、飞机、太空站。这个时代的垃圾数量已经远远多于过去的任何时期。当然，我们不必去追问造成这一切的原因，因为似乎人类在从田园到城市之后的每一个举动、每一项发明、每一个成就都与之有关。目前，全世界每年大概会制造上亿吨垃圾，各国的城市垃圾累计堆存量更是高达上百亿吨，地球上到底存在多少垃圾已经无法统计。

病菌携带物

你可曾记得 1962 年美国作家蕾切尔·卡逊在其《寂静的春天》中的那些恐怖描述，人类过度使用化学药品和废料导致环境污染和生态破坏，最终给人类带来难以承受的灾难？你是否对 20 世纪在世界范围内兴起的提倡改变公共政策以及个人习惯，以达到可持续的自然资源运用和环境管理的环保运动有印象？或者，你是否对那些气象学家、生态学家、动物学家、环境学家们说出的关于"全球变暖""生物灭绝""环境污染"等生态危机的言辞给予重视？或许，只有当我们看到那些"骇人听闻"的照片时，像是废弃物堆积的垃圾山、体内塞满垃圾的鲸鱼尸体、玩弄废弃针管的幼童等，我

① 尤瓦尔·赫拉利：《人类简史：从动物到上帝》，林俊宏译，中信出版集团，2014，第 44 页。

们才会在心头感到某种不适，因为"垃圾问题"我们表现得不再从容，却感到无能为力。然而，即使是在如此严峻的情况下，在工业时代初期，垃圾始终未能引起人们的高度重视，垃圾还算不上什么大不了的"问题"。直到人类经历了一系列被垃圾"纠缠"的痛苦挣扎之后，垃圾无害的"无辜"形象才逐渐被人类淡忘，成为具有破坏力的始作俑者，以及必须被彻底消灭的"头号公敌"。事实上，人们恐惧和仇视垃圾的主要原因，是垃圾开始威胁到了人类自身的健康和生命。

19世纪中后期，人类对垃圾的认知发生了根本性的转变，这种转变并非一蹴而就的，而是以沉痛和深刻的教训换来的。在人们重新认识垃圾的故事中，病理学、卫生学、生物学讲述的那个"垃圾与卫生"的故事最为关键。在人类历史上，疾病、战争、灾荒是最让人感到痛苦的三大社会记忆。而瘟疫被描述为最令人不寒而栗的"死神"。例如，中世纪的欧洲就曾饱受鼠疫、天花、霍乱、麻风病、百日咳等传染病的蹂躏，这与当时城市垃圾肆意堆放、无人打理，老鼠在街道上横行不无关系。

以生活在19世纪中叶前的欧洲人为例，人们对生活垃圾还没有太多科学和理性的认知，也没有将垃圾视为某种可怕的有害物质，最多只是表现出感官上的厌恶罢了，直到19世纪中后期卫生概念的传播与普及，才促使更多的人开始意识到垃圾的危害。因为在当时科学界出现了许多轰动世界的突破性发现，其中影响最大的是细菌理论。19 世纪末法国微生物学家路易·巴斯德（Louis Pasteur）提出疾病与神灵无关，病菌才是罪魁祸首。每种传染病都由一种微生物细菌在生物体内的传播所致。这种在现代人看来的常识，在当时却是具有颠覆性的。随后，经过科学家的不懈努力，科学最终战胜了神学，巴斯德的理论得到证实，一系列卫生学概念便开始在民间得到更多的普及，最终掀起了波及整个欧洲的卫生运动。科学家不断证实，那些霉变食物类、纸类、织物类等垃圾中的有机质都含有对生物有害的病原体，而在从长期堆放的垃圾中浸出的液体中含有更多有毒和有害成分。自此，民众选择站在了科学的一边，垃圾－细菌－疾病之间相互关联的知识被大众接受，在人们的意识中开始自然地把垃圾与一切肮脏的、有毒的、令人生厌的东西联系在一起，甚至有人坚定地认为垃圾就等同于病菌……最后，在人类的脑海中渐渐对垃圾形成了这样一个的印象：垃圾与病毒和细菌并无区别，垃圾本身就是某种"有毒物质"，是天然携带着瘟疫的"魔鬼"。

　　人类对垃圾的恐惧与担忧并没有到此为止，即使卫生运动让我们意识到了垃圾的危害，但这也丝毫不会阻止工厂机器的运转，因为 19 世纪曾被认为是人类文明的最高峰。也正是在人类坐享工业文明带来的诸多物质"福利"的时候，"垃圾大军"已经在悄然集结，伺机向人类社会发动突如其来的攻势。人类不得不在慌忙之中应对一场又一场突如其来的攻击，土壤污染、大气污染、水体污染、城市污染……人类陷入了排放废气、废水、废物带来的全球性生存危机。这与当时的环境科学家、环保人士、媒体以及政客们对垃圾污染问题的宣传努力有很大关系。特别是在 20 世纪发生的震惊人类的"十大环境污染事件"之后，越来越多的人开始质疑和批判工业化带来的负面影响，反思人类中心主义思想的弊端，秉持新的社会环境伦理价值观，参与到寻求环境主义、绿色经济、健康生活等社会活动中。他们的努力使得"垃圾污染"已经成为所有人的共识，垃圾作为"污染物"的观念已深入人心，人们对待垃圾的态度也从过去的积极温和，变得越发负面和充满敌意。因此，从人类的文化认知视角来看，垃圾逐渐从"无害物"过渡为了"有毒物"，从一种相对友好且中立的角色转变成了人类公敌的角色，我将这种转变视为人类对垃圾的"第二次认知升级"。这种文化认知上的转变虽然在某种程度上打击了人类征服世界的信心，但也引发了人们重新思考人在自然界中的地位与权力。

实际上，科技革命让人类第一次凌驾于地球和其他物种之上，甚至使人们在尝试探索征服其他星球。工业化在给人类社会带来新技术和新物质的同时，也在悄无声息地改变着原有的生产生活方式，人类的物质世界和精神世界出现了严重的脱钩，农耕文化已经难以解决工业时代的问题了，这辆已经行驶了上千年的农耕文明马车，始终无法拉动身后那列出自工业文明的火车……人类获得了改造地球上的一切资源的力量，接受了垃圾自身物性从自然物转变为非自然物的"进化"的事实。一方面，自然界即使具有神奇的自净能力，但在面对大量的工业合成物时仍显得有些乏力；另一方面，人类从农业时代传承下来的技艺难以应对新型合成物所带来的问题，人类逐渐陷入了一个由自己亲手创造的且永远也无法逃脱的困境——被人类所制造的垃圾的世界包围。这个世界连同垃圾仿佛都在人类世界与自然界之外，因为地球对它们无能为力，人类对它们也束手无策。最终，无论是人类还是自然都只能被迫"忍受"，这样的结果对于沉浸在科学福利中的人类而言是始料未及的。

垃圾的重生

进入 20 世纪以后，人类文明进入了因知识大爆炸而呈现高速发展态势的阶段，社会生产力大幅提高，科学革命把人类再一次带入了崭新的电气化时代，在持续几个世纪的科学主义、理性主义、实证主义等新思想的影响下，人们不断揭开自然界中各种物质神秘的面纱。自 19 世纪末 20 世纪初的物理学革命开始，粒子世界的新发现，让分子、原子、质子、中子等新概念把较深层次的考察同更深层次的探索结合起来，物质世界的秘密逐层被揭开，人类对宏观世界的探索进入了微观领域，科学为人类展现了另一幅壮丽的自然图景，微观物理学的发展对整个自然科学产生了巨大的影响。目前，全世界科学界的大批学者、科学家、工程师都开始投身于对垃圾的深入探讨与研究之中。其中，环境科学领域的贡献最为突出，这个时代人们对垃圾进行的全新解读为我们彻底战胜垃圾提供了巨大的信心，也为现代文明重新打开认识物质世界的大门提供了重要的启示，为不久之后垃圾在人类世界"重获生命"带来了曙光。

固体废物

在商品经济高度发达的今天，无论是发达国家还是发展中国家，几乎每天人类都会消耗大量的物质资源，每时每刻都在制造数以亿计的废弃物质，不仅有简单的有机物、废纸、塑料、纺织物、橡胶、皮革、玻璃、金属、渣土等，还有电子元件、电池、建筑废料、化工废渣、混合生活垃圾等，多样性和复杂性已经成为这个时代垃圾的新特征。虽然在日常生活中，人们依旧使用垃圾一词描述我们需要丢弃的那些废弃物，但更加细化的现代分工，让人们越发产生了"隔行如隔山"的感觉。于是，对垃圾的解读也不再停留在过去简单科普的阶段，进而发展为一种更加专业、更加精细的学问。

今天我们面对的垃圾，早已与几个世纪前的废弃物大相径庭，在体量上呈现无与伦比的庞大性，在种类上呈现纷繁复杂的多元化。它们中既有有机物，又有无机物；既有自然物，又有人工合成物；既有单质金属，又有合成金属；既有单一物质，又有聚合物质。任何一个固体废物，既可能是结构简单、由单一成分组成的物品，如粉笔头、吸管、玻璃杯等；也可能是由多种物质构成的物品，如手机、电脑、汽车、化工和医疗废品等。而现代垃圾在物性上的这种超量和复杂性导致了一个现象：普通人要想准确地描述垃圾是什么，通常很难在日常话语中找到相应的词语，人们不得不借助物理学、化学、生物学等知识及专业术语才能恰当地给出一个客观、全面、准确的解释。所以，在现代科学的背景下，越是成分复杂的垃圾，越需要我们拥有专业知识的支撑，借助更加精确的科学话语进行诠释。

在诸多科学话语中，固体废物是一个由环境工程领域的科学家们专门创造出来用于客观描述垃圾的专业术语。固体废物，简称固废（municipal solid waste，MSW），其英文的直译为"多种类似的固体垃圾"的意思。虽然学术界对这个概念还没有统一的定义，但其已经逐渐为各国的官方所接受和认可。我国较早关于固体废物的定义见于《固体废物污染环境防治法》（1995 年颁布，2004 年修订）。我国环境保护标准《环境工程名词术语》（HJ2016 - 2012）对固体废物的表述为："在生产、生活和其他活动中产生的丧失原有利用价值或者虽未丧失利用价值但被抛弃或者放弃的固态、半固态和置于容器中的气态的物品、物质以及法律、行政法规规定纳入固体废物管理的物品、物质。"在我国《环境卫生术语标准》中，固废是"以固态形式存在的有害物质"，而界定废弃物的标准是在原过程中使用价值的丧失，即废弃物"对持有者没有继续保存和利用价值的物质"。也有学者指出，国际上对固体废物较为通用的定义是"无直接用途的、可以永久丢弃的可移动的物品"。所谓的"永久丢弃"意味着废物将不再被回收利用①。综合来看，对固体废物相对比较准确的定义是我国环境保护标准《环境工程名词术语》（HJ2016 - 2012）中的定义。通常，固体废物一般包括以下几种：一是丧失原有利用价值的废弃物；二是虽未丧失利用价值但被抛弃或丢弃的废物；三是置于容器中的有毒有害气态、液态物品、物质；四是法律、行政法规纳入固体废物管理的物品、物质。特别需要注意的是，一些具有较强危害性的气态、液态废物，一般不能被排入大气和水环境中，常被置于容器之中。这类气态、液态废物在我国被归入固体废物管理范畴。

从上述定义可知，固废是人类活动与物质世界相互作用后的物质结果。换言之，人类的不同生产活动和生活活动，包括工厂的"排放"和个人的"丢弃"都能促成固废的产生，涉及气态、液态、固态等不同的物性特征，甚至受到人

---

① 汪群慧主编《固体废物处理及资源化》，化学工业出版社，2003，第 2 页。

类法律规制的影响。首先，固废概念让我们清楚地意识到人类的认知和行为直接作用于某物是否为固废的事实，也让我们承认了人类活动本身的主体性和价值判断的主观性两方面对固废产生的逻辑关联。其次，固废概念同时包含了人类生产活动指向的废渣和生活活动指向的垃圾。固废作为生产活动的废渣和生活活动的垃圾二者的统一，极大地丰富了垃圾的内涵和外延，对垃圾的进化历史具有划时代的意义，进一步提升了人类对垃圾的文化认知水平。

固体废物的出现直接导致了两个结果：一是让垃圾这一简单泛化的物质概念既符合公众对生活垃圾的认知，同时又对人类生活活动产生的废弃物进行条件限制，以区别于生产活动的废渣，二者从属于更全面的固体废物范畴，有助于对垃圾进行更专业、更具体的科学研究和处置应用；二是固体废物作为专业术语，把过去笼统的垃圾冠以更为明确的定义和名称，形成了一种具有"知识边界"性质的科学性话语体系，有利于我们更加深入地回答"垃圾是什么"这一根本性问题。实际上，固体废物概念及相应的科学话语的出现，得益于科学界对固废本身物性的各项研究。现代自然科学的一系列研究成果为人类认知物质世界开辟了新路径，对思想文明的进步起着巨大的推动作用，成了提高人类整体认识世界能力的源泉。那么科学界围绕固废的进化历程到底有哪些新的发现？固废替代垃圾又对我们认知垃圾有何意义呢？

现代自然科学始终致力于满足人类对宇宙世界的好奇心，从数学、物理学、化学、天文学、地球科学、生命科学等维度研究自然界物质的形态、结构、性质和运动规律。不同学科领域的科学家们根据不同的研究为固废建立不同的分类标准以及提供分类方法，仿佛是把整体的废弃物依据不同成分、不同来源、不同类型分割为了不同的模块，以便"因地制宜"地进行"模块化"收集，并采取不同的技术工艺"对症下药"。

通常，根据环境科学的知识，固废按组成可分为有机废物和无机废物，按形态可分为固态废物、半固态废物、液态和气态废物，按污染特性可分为一般废物和危险废物。根据固废产生源头不同，又可分为生活废弃物、产业废弃物、农业废弃物、工业废弃物、有害废弃物、废油、厨余废物等，分别来自人类的生活活动、产业活动、农业活动、工业活动等过程。① 我国普遍采用按废物来源分类的方法，主要把固废分为城市固体废物、工业固体废物、农业固体废物和危险废物四个大类。每个大类又都可根据具体来源分为不同小类，如工业固体废物类别中包含了来自冶金工业、矿业、石油与化学工业、轻工业、机械电子工业、建筑工业以及电力工业等的不同固废。如此看来，本书中我们着重讨论的垃圾，实

---

① 《城市垃圾产生源分类及垃圾排放》，CJ/T3033－1996。

际上仅仅只是环境工程话语中的城市生活垃圾——仅是庞大垃圾宇宙中的一个极小范畴而已。

> 城市生活垃圾是指在城市日常生活中或者为城市日常生活提供服务的活动中产生的，在法律、行政法规中被视为城市生活垃圾的固体废物。[①] 城市生活垃圾的内容极其广泛，包括居民生活与消费、市政建设与维护、商业活动、园林景观、娱乐场所等产生的废物。从严格意义上来讲，城市生活垃圾只是固体废物中的一个类别，可以称之为城市生活固体废弃物，简称城市生活固废。

值得一提的是，城市生活垃圾会受到当地的自然环境、气候条件、城市发展规模、居民生活习惯、家用燃料等各种因素影响，具有国别化、区域化和城市化的特点，如中国人的饮食习惯导致中国城市垃圾中有机垃圾的比重远大于西方国家。当然，针对有目的性的科学研究和现实的环境治理需要，城市生活垃圾会被根据专业知识细分为更小的模块。例如，城市生活垃圾可按照可燃性、化学成分、燃烧热值和容重等专业指标划分，按可燃性可分为可燃性垃圾与不可燃性垃圾，按发热量可分为高热值垃圾与低热值垃圾，按化学成

---

① 《环境卫生术语标准》，CJJ65 – 1995。

分可分为有机垃圾与无机垃圾，按有机物含量可分为高有机物含量垃圾与低有机物含量垃圾，等等。如果说这些更小的模块仅仅代表了环境科学领域对城市生活垃圾基本物性的分类，那么现代基础自然科学的发现则能让我们彻底打开垃圾的"密码箱"。

物质密码的破译

科学家们透过物质的表象深入物质的内部，对物质的物理性质、化学性质、生物性质等进行专业化的"深描"式研究。其中，固废研究领域正是把固废作为研究对象，对其进行完全的"解剖"，进而找到藏在物质规律背后的运行密码，最终获得现在我们关于固废更为透彻的知识。

现代自然科学用显微镜式的"窥探"逐渐褪去了垃圾神秘的外衣。城市生活固废（以下简称城市固废），那个曾经被视为不可知的魔鬼形象，在人类科学主义面前露出了原形，藏在废弃物背后的物性密码则被人们逐一破译。为便于理解，此处仅以城市固废物性中的物理性质、化学性质、生物性质模块为佐证。在物理性质方面，城市固废一般包括组分分数、含水率和密度三个方面。组分分数是指固废中不同组分的百分含量，通常受地理位置、城市区域，甚至季节的影响；含水率就是固废总质量中的水分百分含量，通常与固废中的食物类组分含量成正比；密度是垃圾在自然状态下的单位体积质量，一般为 200～500 千克/立方米。当然，不同国家和地区因经济、科技、文化、生活习惯等因素差异导致城市固废的物理性质也截然不同。城市垃圾的化学性质主要包括化学组成和热值两项指标。化学组成包括垃圾的元素组成、可燃基、灼烧残留量和发热量等，元素包括碳、氢、氧、氮、硫等元素，以及硒等微量元素、铅等有毒重金属元素、硼等稀有元素。热值，又称发热值，是单位质量固废完全燃烧后，残余物温度降至燃烧前的起始温度时所放出的热量（kJ/kg），热值决定了城市固废的可燃性质。在生物性质方面，主要体现为城市固废中含有的生物有机质是否可以被降解。由于城市固废中含有大量易腐有机质和水分，有利于微生物的生存和繁殖，进而影响其中部分有机质发生转化，如有机大分子转化为小分子或气体等，这部分转化的有机质被称为生物可降解有机质，其余部分就被称为生物不可降解有机质。生物可降解有机质一般包括霉变食物类、纸类、织物类以及生物质等，很多有机质都含有对生物有害的病原体，需要进行特殊处理。

此外，科学家们在对城市固废物性的解密过程中发现，固废中存在有毒物质，会给人类和自然环境带来风险和危害，这个过程同样是极为复杂的。有可能固废的化学成分中本身含有一定的毒性物质，也有可能固废在处置不当的情况下会产生毒性物质，还有可能二者同时存在。例如，相比于气态和液态物质，固体废物一般是以固态、半固态的形式呈现，不具有流动性，但经水体浸泡或雨水淋溶，其中的毒性物质能转移至水体中导致二次污染，此类毒性物质主要包括汞、铅、镉、六价铬及其他有毒重金属类化合物、氯化物等。所以，我们已经达成的共识是固废在与自然界直接接触之后会污染大气、土壤、地下水、地表水等自然环境，如散发有毒气体、释放渗滤液以及侵占土地等，我们对这些多种多样和极其复杂的污染过程不甚了解，但可以确定的是，很多固废处置不当都会对自然界的动植物和人类造成不可估量的危害。关于垃圾对自然界和人类生存环境的危害，在后文中会有进一步的阐释，在此不做过多的赘述。

综上所述，进入后工业时代，人类勇敢地举起科学主义的旗帜，尝试用固体废物的新名词取代笼统含糊的垃圾称谓，并围绕固废展开一系列科学话语叙事，这些行为都在向世人昭示着一个事实：垃圾不再是曾经那个让人们因未知而感到恐惧的东西，也不仅仅只是物质世界中一个简单的存在，它们可能是这个庞大世界中极其微小的物质集合，可能是人类过去不可知的领域，也可能是未来发展不可或缺的新资源。不管怎样，人类用智慧的光芒点亮了科学的火炬，用火光驱赶了内心对一切未知的恐惧。面对身边不断进化的垃圾，我们不再像过去那样要么视而不见、置之不理，要么束手无策、顾左右而言他，我们的目光开始坚定地聚焦于垃圾本体，我们学会了用冷静、理性、谦虚的态度去了解垃圾、认识垃圾、研究垃圾……尽管做出这些行为的动力依旧摆脱不了自私的基因，要么是为了净化人类的生存环境，要么是为了维系人类自身的统治，但这种改变至少远离了愚昧、偏见和自大，缓解了长期以来人与垃圾、人与自然、人与非人之间的敌对关系，逐渐在全社会建立起了一种更接近物质真相的价值体系。因此，随着我们对垃圾世界的深入了解，垃圾被视为由废渣和生活垃圾共同组成的固体废物，从本质上扩大了以往我们对垃圾的认识范围，并且可以服务具体的应用与实践，彻底改变了人类对垃圾的传统认知，我们可以把这次改变视为人类对垃圾世界的"第三次认知升级"。

再生资源

美国社会学家丹尼尔·贝尔（Daniel Bell）在 1959 年首次提出了"后工业社会"的概念。他把人类历史划分为前工业社会、工业社会和后工业社会三个阶段，并认为不同社会是依据不同的中轴建立起来的。前工业社会以传统主义为轴心，关注人与自然的相互竞争。蒸汽机出现之前的工业社会则以经济增长为轴心，关注人与加工改造的自然之间的竞争。最后是 20 世纪七八十年代电子信息技术广泛应用之后的后工业社会，主要以知识为轴心，关注人与人之间知识的竞争。我们暂且不讨论这种历史论调是否准确，但不可否认的是 21世纪确实与前工业社会和工业社会完全不同，这是一个充满着合作、竞争、博弈、机遇、挑战以及不确定性的新时代。站在科学巨人的肩膀上，人类开启了一个以信息科技、生物科技、计算机科技等技术化、信息化、智能化为引领的全新纪元。这个时代复杂而多元，科学技术史无前例地迅猛发展，5G、大数据、人工智能、机器人、区块链、云计算、新能源等成为时代发展的新动力。与此同时，现代化与全球化相互碰撞，世界主义、民粹主义、原教旨主义、种族主义、极端主义等各种声音夹杂其间，现代人的世界观、物质观、伦理观发生了巨大的变化，消费主义与极简主义并行，建构主义与解构主义共存，同质化开始向多元化转变。气候变暖、环境恶化、全球性疫情暴发等世界性问题日益凸显，由此强化了人类各文明对共同命运的认识，全球的社会精英开始对资源过度开发、无节制的消费主义、能源危机、能源浪费等诸多现象进行反思与批判，循环经济、绿色经济、低碳经济、生态文明建设等绿色发展理念受到世界各国青睐……在这样的大背景下，一个全新的概念——再生资源由此出现。

再生资源（renewable resources）概念的落脚点放在了资源上，谈及资源就不得不说明我们对资源的新认知，尤其是不可再生资源和可再生资源两个与垃圾息息相关的概念。

不可再生资源，又称为不可更新资源，是指经人类开发利用后，在相当长的时间内不可能再生的自然资源，主要指自然界中的各种矿物、岩石和化石燃料，例如泥炭、煤、石油、天然气、金属矿产、非金属矿产等。这类资源是在地球的长期演化过程中，在特定阶段、特定地区以及特定条件下，经过漫长的时间而形成的。其形成过程与人类社会的发展相比是相当缓慢的，其再生速度与其他资源相比显得极其缓慢甚至几乎不能再生。

可再生资源，亦称再生性资源，是指消耗以后可以在较短时间内再度恢复的资源，主要指动植物、土地和水资源等，这些资源很大程度上受人类活动的影响，是否合理地开发利用消耗这些资源直接决定了这些资源存量的多少。

这里需要注意的是，动植物、土地和水等资源的可再生必须满足诸如繁殖、施肥、恢复和循环等人类活动的科学性与合理性条件，否则这些自然资源的数量和质量会持续下降，直至资源被耗尽。近年来，包括中国"长江流域十年禁渔"在内的各种法令、政策出台，其目的就是保证渔业资源的可再生，避免未来河流中"无鱼可捕"的悲剧发生。此外，污染同样可能会造成可再生资源转变为不可再生资源，这种负面影响或许是不可逆的。例如，土壤肥力可以通过人工干预和自然过程得到更新，若土壤遭到严重污染则有可能永远无法用于耕种。鉴于可再生资源的上述特点，官方、学界和业界对再生资源给出了大体相似的界定。

　　再生资源是指在社会生产和生活消费过程中产生的，已经失去原有全部或部分使用价值，经过回收、加工处理能够使其重新获得使用价值的各种废弃物。主要包括废旧金属、报废电子产品、报废机电设备及其零部件、废造纸原料（如废纸、废棉等）、废轻化工原料（如橡胶、塑料、农药包装物、动物杂骨、毛发等）、废玻璃等。

　　再生资源是可再生资源中的一种，是在人类的生产消费活动中被开发、利用、报废后，还可反复回收加工再利用的物质资源，包括以矿物为原料并报废的钢铁、有色金属、稀有金属、合金、无机非金属、塑料、橡胶、纤维、纸张等。

　　再生资源是指对已经产生的废物，通过各种管理措施和技术手段得到的具有使用价值的或加工后可重新利用的资源或能源。固体废物主要包括固体颗粒、垃圾、炉渣、污泥、废弃的制品、破损器皿、残次品、动物尸体、变质食品、人畜粪便等。

由此可见，再生资源来源于可再生资源，又区别于固体废物。

　　首先，再生资源针对的是被打上人类开发、利用、消费等活动"烙印"的废弃物，可再生资源则是作为人类生产生活等活动物质基础的自然资源。正因如此，生活中很多人会自然地把再生资源等同于固体废物，但二者在自身物性和文化认知两方面存在根本的区别，至少在目前的条件下二者是不能画等号的。从物性上看，再生资源是与人类活动相关的废弃物，本质上属于固废的范畴，但由于现阶段人类回收加工再利用固废的技术有限，还无法对所有品类的固废都完全地资源化，因此从严格意义上讲，再生资源只是固体废物的充分不必要条件。从文化认知上看，固体废物强调"废"，而再生资源则凸显"生"。前者诠释了人类影响下"物质从资源到废物"的流动，即原持有者否定物质的价值产生废弃的过程；后者则侧重于"物质从废物到资源"的流动，即废弃物可以被重新赋予价值，为新持有者所利用的过程。

　　相比于差异而言，再生资源和固体废物的共性则是显而易见的，不但在主体间性上都体现了人类活动与物质之间存在的因果联系，而且在自身物性上都呈现了种类繁多、复杂多样的特点。在现实层面，受经济发展、科技水平、法制化程度等不同因素影响，不同国家再生资源来源于不同渠道、不同层面，形态、成分、物性也大不相同；但一般而言，再生资源和固废在来源上基本相同，主要是社会生产和生活消费两个过程产生的废弃物。而再生资源的分类标准则更多依据不同国家和地区相应的产业技术、环保政策、社会需求等多重因素而定。我们无意对再生资源的物理、化学、生物等特性及其分类做过多赘述，反倒是我们能够从再生资源与固体废物二者微妙的关系中获得更多有趣的信息。

如果说所有的固体废物都应该变成再生资源，而再生资源又都来自固体废物的话，那么我们就可以这样理解：再生资源是固体废物在物质世界的存在目的，而固体废物也可被视为再生资源的存在基础。它们之间的这种从属关系并没有什么特别的，值得关注的是，固体废物具有可以转化为再生资源的可能性。实际上，人们并不关心这种转化在技术手段上是如何实现的，更让人们着迷的是，人类到底是如何想到"废物可以变成资源"的，以及具有这种可能性的智慧之光源自何处。也许，一切的灵感都源自那句人人皆知的"垃圾是放错地方的资源"。请允许我在这里再次使用垃圾这个表述，我们不妨也从这句话入手尝试寻找答案。如果"垃圾是放错地方的资源"这句话成立，那么我们需要思考以下几个问题：谁的垃圾？什么地方？以及谁放错了？假设此处的垃圾泛指所有的垃圾，垃圾的主人和放垃圾的人我们都无法知晓的话，那么只有这个"地方"（空间）值得我们深思——为什么垃圾与空间有关系？

我们在与垃圾长久频繁的互动中发现，垃圾具有明显的时间和空间特性。从时间维度上看，固废作为所有者的附属品遵循"因时而异"的法则——此时的废物未必是彼时的废物。某一固废在特定时间内丧失了部分或全部的使用价值，并不意味着其在此之前或在此之后都没有任何价值。曾经中世纪居民所恐惧的那些有毒废物未必会让现代人生畏，过去那些令人束手无策的垃圾在今天正在不断被证明可被回收利用。这好比人类对自己过去辉煌成就的尊重体现为我们对所有历史信息和文物宝藏的珍视，而我们对固废的重视使我们学会用同样的历史发展的眼光看待今日的废物。从空间维度上看，固废同样遵循着人类"物尽其用"的法则——此地的废物未必是彼地的废物。固废只是对某个所有者来说在某一个空间、领域和过程中，或者在某个方面、功能和作用上失去了使用价值，但却可以对另一个所有者空间赋能并产生价值。在任何生产或生活过程中，所有者对原料、商品或消费品，往往仅利用了其中某些有效成分，而对于原所有者来说不再具有使用价值的大多数固体废物中仍含有其他生产行业需要的成分，经过一定的技术环节，可以转变为有关生产行业的生产原料，甚至可以直接使用。可见，固体废物的概念随时空的变迁而具有相对性。[①] 固废之所以为固废就恰好是因为它在时空上的错位而失去了价值。换言之，只有当固废

① 蒋展鹏主编《环境工程学》（第 2 版），高等教育出版社，2005，第 501 页。

自身"有用的"物性与特定的时间或空间相契合时，该物质才具备了使用价值。而这个特定的时间或空间，正是"垃圾是放错地方的资源"当中的"地方"的含义。原来我们一直在寻找的那个"地方"就是物质在时空的多维度呈现。这不禁让人想起刘慈欣《三体》小说中的"降维打击"，也许正是因为我们长期忽略了垃圾在时间和空间上的动态演化，才无法看清垃圾的全貌！

我们用再生资源指代垃圾的精彩之处除了其强调资源以外，还体现在再生上面。从字面上理解，再生（regeneration）最初只是一个生物学词汇，是指一个事物经历死亡，或者消失一段时间不存在，通过某种手段、方法等，使得该事物再次存活、出现，就是所谓的"死而复生"。再生的本意是指生物体的整体或器官因创伤而发生部分丢失，在剩余部分的基础上又生长出与丢失部分在形态和功能上大致相同的结构，再生的过程是机体的一部分在损坏、脱落、被截除之后重新生成的过程。

在此基础上，再生概念延伸出了有机体"再次获得生命"的新含义，而当再生被环境科学话语体系使用之后，成了描述废品被加工后恢复原有性能成为新产品过程的词语。再生资源概念的提出让很多人有意识地将作为废弃物的垃圾视为有价值的"资源"，这具有跨时代的意义。它既肯定了人造废弃物在客观物质世界本身存在的价值和意义，同时也彰显了人类尝试探索其背后蕴藏的无限潜力，彻底摒弃了过去粗陋地把废弃物划为"非资源"的二元思维，这种人类整体认知的转变是人类从自我欲望沉浸式满足向物质存在本源的回归，从忽视人与物、社会与自然之间的存续，回归到正视人类生存与发展的本质，体现了人类对理性主义、科学主义的坚守。一是人们对垃圾的物性有了更加客观、全面、深入的认识，物质内部的结构、组成和性质以科学化的知识的形式呈现，彻底划清了垃圾与非资源之间的边界，突破了人们废物不可用思维的局限。二是采取正向积极的态度正视人与垃圾的关系，人用科技手段赋能垃圾的价值再造可以拓展垃圾原有价值的边界，并最终服务人类社会的可持续发展。

更重要的是，这一系列从"不可利用"到"可被利用"的思想转变，象征着人类对物质世界的再一次伟大的认知升级，距离我们找到"垃圾的真相"更近了一步。这些迸发于价值与思维上的火光突破了我们以往对物质世界的认知局限，包含了对地球的尊敬和对生命的尊重，是人类迄今为止第一次在探寻"垃圾是什么"这一重要问题上的耀眼时刻，是我们在对自己存在的空间和外部世界探索过程中的一次"质的飞跃"。因此，再生资源有望成为开启人类通过文化手段使得人造物可以被多次重复利用大门的一把钥匙，也是这个时代的人们重新担负起"废物利用"责任的文化符号，足以向世人昭示一个时代的终结和另一个时代的开始——人类物种第一次用实践的方式走入历史——为垃圾是放错位置的资源而非废物正名。

综上所述，垃圾作为自然界中客观存在的非生命物质，呈现极强的时空差异性特征，表现为其本身在形态、结构、属性等物性特征上的差异，如从早期的食物残渣、动物粪便，发展为后来的农业资源，再到各类人工合成物，与人类社会发展协同演化。与此同时，垃圾物性的每一次演化都相应拓展了人的知识边界和认知维度。换言之，人类对垃圾的认知会随着垃圾进化历程相应改变，体现为文化认知的升级，如从传统的农肥、有毒物到固体废物、再生资源的形象转变，从不可控到可控、从不可循环利用到可循环利用等诸多方面。人与垃圾二者在交互过程中相互作用、协同演化。

所谓垃圾的进化就是垃圾物性的自然演化。宇宙和世界都是物质的，垃圾也属于物质世界，是我们意识之外并且不依赖于我们的意识而存在的客观实体。我们从不会怀疑那些垃圾箱里的物质、工厂烟囱中排出的黑色气体、海底沉积的汽油桶等会凭空消失，也不会怀疑我们和垃圾数千年的历史仅仅只是主观臆想。需要特别注意的是，作为物质的垃圾有其动态变化的结构、属性和形态，其变化并不等同于垃圾自身数量的叠加，而是一种结构性的复杂化。旧时代的垃圾没有凭空消失，也没有被新时代的垃圾所取代，真正变化的应该是我们对垃圾的有限认知，用更加理性、科学、发展的视角重新审视它们。所以，我们对垃圾的理解绝不能是静止的，不能始终停滞在过去传统的认知水平，而应该保持一种动态发展的状态。换言之，即使是不断出现的复杂化合物现代新型垃圾，也不过是由不同分子、原子、粒子等元素组成的物质，我们只需要适时地突破过去那种对垃圾就是某种单一结构物质的认知界限，建立复杂结构物质的新认知体系，就像我们祖先那样通过知识更新和认知升级的方式，使我们对客观物质世界的无知与迷茫逐渐消失。

当然，在我们承认垃圾作为客观物质实在的绝对性的同时，也要承认人类主观意识对客观世界认知的相对性。物质不是绝对的、静止的，而是始终处在永恒的运动、变化和发展之中，垃圾也不例外。垃圾自身和人类社会的变迁是在时空互动中协同进行的。如前所述，垃圾的进化经历了不同的阶段，占据一定的空间位置，始终以一定的时间和空间方式表现，而人类关于时间和空间的观念同样体现出持续性、适应性和发展性。所以，随着人类的主观向客观的时空特性不断接近，我们对垃圾的认知越发接近垃圾的真相。

· · ·

我们回溯人与垃圾互动的历史，就是为了明确我们如今所有关于"垃圾是什么"的思想和行动都是建立在以往人类种种实践和活动之上的。从古至今，我们在不同时空中执着地区分着一切有用之物和无用之物、废物和资源，透过垃圾的进化窥见人的行为、思想的转变。对人类而言，垃圾仅仅只是人们在改造客观世界的社会实践过程中同外界事物交互后产生的对某种客观事物的真实反应。自人类祖先学会制造和使用工具伊始，垃圾就已经存在于我们的世界了。人类在不同文明进程中的活动都在有意或无意地制造着新的垃圾，而不断进化的垃圾同时在重塑着人类的垃圾时空观和文明发展观。人类的历史与垃圾的历史始终处于互动、协同、发展的进程。垃圾观的构建过程本身就是人们在与垃圾的历史互动中，通过具体的实践不断更新垃圾知识、解构过去落后的知识结构、创新思维方式，进而将垃圾观不断趋于科学化的过程。

垃圾作为人的伴生物并不总是一成不变的，垃圾的物理结构、化学结构和生物结构等物性特征会随着人类文明的发展协同演化。随着人类文明的向前推进，人所制造的垃圾也在不断趋于多样和复杂。垃圾从微小的尘埃、种类繁多的器具向着更加复杂多样的人工合成物不断演化，这是人类从食不果腹到衣食无忧、从史前文明走向现代文明的必然结果。垃圾在不同的时空中的物性截然不同，始终处于一种动态演化的状态。人类文明从史前社会、农业社会、工业社会一路走来，垃圾在物性上经历了多次蜕变，其中垃圾由一种农业伴生有机物变为工业人工合成无机物，对人类世界的影响最为明显。随后，在几个世纪工业化加速的过程中，各种新型人工合成废弃物相继出现，它们成了这个星球上前所未有的"新物种"。

人对垃圾的文化认知随着垃圾自身的物性进化而不断升级。人类对垃圾的认知总体经历了一个从片面到全面、从肤浅到深刻、从感性到理性的升级过程，并最终形成了一个庞大的科学认知体系，即人类构建的一个系统性的垃圾观。这个认知升级的过程表现在诸多方面。例如，垃圾的形象由最初的尘土、农肥、有毒物，转变为后来的固体废物、再生资源，人们对垃圾的观念从不可控到可控、从不可循环利用到可循环利用。无论是垃圾物性还是人类对垃圾的文化认知，二者在交互过程中相互作用、协同演化，共同实现了质的飞跃。

因此，面对进化的垃圾，我们需要不断地总结与反思此前文明发展中的各种经验、教训，积累和更新对新事物的感知能力，正如我们对垃圾的态度从忽视到重视，构建提升从废物到资源的认知一样，适时地对"垃圾是什么"进行时代性的重新定义。唯有构建一个更加理性、科学、合理的现代垃圾观，我们才能在保证人类自身可持续发展的基础上，处理好人类与自然之间持续互动的关系。

垃圾万象

　　法国学者卡特琳·德·西尔吉在其《人类与垃圾的历史》一书中讲述了一段人类与垃圾之间密切相处的历史。书中描述了垃圾在扼杀、蚕食城市的同时也改变着城市的风景，人们用垃圾为住宅取暖、延续贫困人口的生存、提供千百种"小职业"、养肥群猪、供孩子们玩耍、排解囚犯的孤独、给疯子和艺术家们以灵感……垃圾既是可憎的，又是可爱的，而这种爱恨交织的情感是人类对垃圾最真切的感知。这个故事背后的事实是垃圾的存在给人类带来了灾难，但也赋予了人们把废弃物改变成可用资源的想象力和创造力，为我们进一步讨论"垃圾是什么"提供了另一个思考路径，那就是探讨人与垃圾的互动是否可以产生意义的问题。借用马克斯·韦伯的名言："人是悬挂在由他们自己编织的意义之网上的动物，而人类的文化便是这种意义之网"，我们探究"垃圾是什么"也正是在探讨人与垃圾互动中形成的这类文化意义问题。

垃圾是什么

在人类学看来，我们看到的世界取决于我们"站在什么位置看"。我们想要了解事情的真相，有必要站在当事人的视角用"他者"的认知框架去了解那些本土人独有的"本土知识"。在我们这个由形形色色、各式各样的文化群体组成的人类世界中，除了以社会政治、经济、文化等知识精英为代表的主流文化群体之外，各行各业中还活跃着大量亚文化群体，他们用特别的方式与垃圾互动，语言精练一些。但也正是因为这些具有多元文化背景、社会意识形态、宗教信仰和利益诉求的"异类"存在，我们才有机会从他们的"慧眼"中观察垃圾，形塑另一个不同于主流文化但出乎意料的垃圾世界。

作为人类主观世界对客观事物的解读和深描，在文化相对主义的视阈下，垃圾不仅仅是一种客观存在，还是一种被多元主体赋予了多重意义的主观认知。垃圾既可以是一种"地方性知识"的符号象征，也可以是人类大脑中固有的思维方式。本章中，我们首先将视线转向人类大千世界中的百态生活，透过那些差异化的地方性知识和社会现象，了解垃圾在不同群体建构的多元认知框架中的文化意义，而后再通过文化人类学家对污秽和垃圾的独特诠释，拼凑出我们对垃圾更加全面、深入、完整的形象。

生活百态

人类社会是一个多元文化共存的世界，在这个多姿多彩的世界上很多人过着与大多数人截然不同的生活，有时候大都市的喧嚣淹没了来自高寒峡谷、雨林深处、海洋深处的声音，即使是不同文明、不同民族、不同国家之间，甚至同一国家内部的不同地域内，以及同一个城市的不同角落里，也随时上演着与垃圾相关联的离奇故事。这些精彩纷呈的故事如涓涓细流源源不断，而人类世界中的多彩文化如同宇宙中的点点繁星，光彩夺目，不计其数，我们只能从无数繁星中获取极为有限的星光，从中窥探属于人类智慧光芒的片段。普罗大众在饮食、生活、艺术、交往等各类活动中都能够与垃圾建立关联，在二者相互关联的过程中人们依凭自己的世界观、价值观、审美以及记忆，自然或不自然、刻意或无意地建构着垃圾在生活中的意义。

怪异食物

中国是一个多民族统一的国家，在诸多中国少数民族文化传统中，几乎都不同程度地保留着不同于汉民族的哲学、宗教和文化，延续了属于本民族的传统和智慧，积累了许多不同于现代主流文化的习俗、禁忌、习惯等。从某种意义上讲，少数民族文化属于亚文化。亚文化又称集体文化或副文化，是指与主文化相对应的那些非主流的、局部的文化现象，在主文化或综合文化的背景下，属于某一区域或某个集体所特有的观念和生活方式。一种亚文化不仅包含着与主文化相通的价值与观念，也有属于自己的独特的价值与观念。在这些民族观念当中，有很多将主文化中的垃圾视为非垃圾的本土知识与实践，体现了垃圾非垃圾的朴素生态理念，并将其融入生产生活中，而少数民族由于传统、宗教、地理位置、风俗、信仰的差异，在食物选择上表现出来的文化差异映射出他们对垃圾的独特认知。

以中国的傣族和侗族为例，很多汉族人看来不可思议，甚至无法接受的东西，在少数民族的饮食文化中却成了"美味佳肴"。在我国黔东地区，有一道令不少外地人难以接受，但却深受当地侗族人和苗族人喜爱的名菜"牛瘪"，俗称"百草汤"。同时，在我国云南省普洱市景谷县的傣族聚集区，也有一道风味类似的传世菜肴，名为"牛撒撇"。

百草汤是黔桂交界地的特色菜肴，相传"侗族无牛瘪不成宴"，只有尊贵的客人才能品尝到当地人精心准备的百草汤。百草汤的制作工序相当复杂。首先要选择那些常年食用鲜嫩草料的牛宰杀，在剥完牛皮后，把牛胃取出，割开一个口子，将未完全消化的草料和黄绿色的胃液慢慢溢出，再从胃液中挤出来汁水，经过几道过滤程序后撇去渣滓，放入姜、蒜、辣椒、八角、花椒、西红柿煸炒，而后将汁倒入锅内，加入盐、茶蜡焖煮，再加入牛胆汁和橘子皮、肉桂叶、棰油籽、五香叶等香料，用文火慢熬，最后加入白酒拌匀，汤汁便熬好了。随后加入各种牛杂和牛肉煮沸后，一锅美味的百草汤就做好了。百草汤的制作正是利用了牛作为一种反刍动物，在吃入草料后不能立即消化，而需要不时将半消化的植物纤维反刍至口中不断地咀嚼。当草料在牛胃里尚未完全消化而被取出时，可以获得有特殊味道的汁液。上好的百草汤必须用原汁，不能掺水，调味也要恰到好处。地道的百草汤呈暗绿色，入口清凉，略带苦味，先微苦，后回甘，还伴有较浓的牛骚味，像是喝草药汁一般，但是和侗族的油茶、糯米饭、酸食等搭配食用却别具风味。据说百草汤具有清热下火、排毒通便的功效，当地人很少患胃病，大概跟他们长期食用百草汤有关，百草汤因而也被当地人戏称为侗族的"三九胃泰"。

"牛撒撇"的主要材料是牛肚，也就是牛百叶。它的烹制方法是将牛脊肉用火烤黄切成丝，再拌以煮熟后的牛肚，加入多种佐料后即可食用。有的地方不需要加入牛脊肉，直接食用用料拌好的牛肚。其特点是细腻可口，香味醇厚，色泽诱人，同时还具有健胃、消燥热、增食欲的功能，因此深受当地人喜爱。这道菜之所以出名，是因为其味道特别，散发出一种类似于野草混合着泥土的芳香。有人形容这种气味会让人联想到躺在草地上放牛的情景，或是感受到雨后清晨草地散发出来的气息。"牛撒撇"有特殊气味，在于人们所用的独特的佐料——当地人所说的"牛粉肠水"，即牛胃中已和胃液混合在一起但还没被消化吸收的东西，也就是牛胃中半消化的食物和牛胃液的混合物。为了获得"牛撒撇"，农户在杀牛前大约一个多小时，会给牛喂一些傣族地区特有的五加叶和辣蓼草等野草。五加叶因其周边长刺，也叫"刺五加"，是一种清凉味苦的中草药；而辣蓼草叶形似辣椒叶，味道苦中带辣，具有杀菌的功效。正是这些草药和牛胃液的混合，最后形成了"牛撒撇"特殊的气味，使其成为傣族饮食中独特的佳肴。如今，很多的食客抱着猎奇的心态品尝过这道美食后对其大力宣传，"牛撒撇"已经可以在很多城市的傣味餐厅里品尝到，但是因为城市餐厅难以获得原生态的"牛粉肠水"，因此厨师们只能用五加叶替代，味道虽然类似，但和傣家菜相比逊色不少。

除了上述菜肴之外，在世界饮食文化中类似的例子不胜枚举。那些在某个民族的食材清单中被视为"不能吃"且必须被扔掉的东西，可能在另一种文化中被奉为上好的食材和美味佳肴，很多文化都存有食用昆虫、蛤蟆、蚯蚓、蜗牛，以及各种野生动植物的传统。很多中国人习以为常的食物在西方人看来是不能接受的，如动物的头颅、内脏、血液、禽类的翅膀和脚爪，甚至就连活鱼在西方国家的超市中也很难见到，而活鲜市场则在很多非西方国家热闹非凡。如此看来，那些在一个文化世界中如同"垃圾"一般不可食用的东西，却在另一个文化世界中被当地人视为山珍海味，这足以证明"垃圾与否"受到文化传统、生活习惯、饮食习惯的影响，这种巨大的认知差异在世界饮食文化中显现无遗。事实上，我们之所以"靠山吃山、靠水吃水"，昆虫也好，野菜也罢，不过是因为某个生境下土著对"山水"中蕴含的营养成分，以及更独特的烹饪方式等拥有更加深刻的理解。一切印刻在人类食物上的"可食用"标签其实是人与环境相互适应的结果。人类在饮食观上呈现的文化差异，表面上是不同文化群体对某种食材可食用性的价值判断，实际上则是某种文化心理作用的结果。

然而，相比于人们对天然食材的文化选择，我们对人造加工食品的文化热衷更让人惊叹。如今我们已经彻底远离了茹毛饮血的时代，但在现代人的饮食结构中，几乎所有的食物都不可避免地受到化肥、杀虫剂、添加剂等不同程度的人工干预。我们每天除了摄入大量的天然食物之外，还会食用很多人造加工食品，如方便面、汉堡、薯片、炸鸡、可乐、奶茶等。食品加工业的出现很好地满足了人们对食物的种类和口感的多元化需求，人们通过专业的技术手段把天然食材人为加工成可直接食用的产品。特别是为了改善食物色、香、味等品质，以及为满足防腐和加工工艺的需要，在食品中加入了人工合成或者天然物质——食品添加剂。目前已知的食品添加剂有几千个品种，包括酸度调节剂、抗结剂、消泡剂、抗氧化剂、漂白剂、膨松剂、着色剂、护色剂、酶制剂、增味剂、营养强化剂、防腐剂、甜味剂、增稠剂、香料等，似乎食物已经越发远离"天然"而更加接近"人造"了。有人将这些含有食品添加剂的食物称为"垃圾食品"（junk food），其中一个重要原因正是有些食品添加剂对人类的健康有害，如反式脂肪酸会影响发育、形成血栓、导致肥胖、引发冠心病等。不仅如此，人类现在已经可以完全制造人造的仿生食品，即把人工原料制作成类似于天然食品口味的新型食品，其价格低廉，外形、口味很像天然食品，如仿真发菜、仿真鱼翅、仿生鱼子、人造海参等。

不可否认，对于那些在工业化和商品经济下催生的新物质，无论是加工食品还是仿生食品，我们体内的基因始终都无法抵挡对热量、糖分的诱惑，我们的情绪也无力对抗那些商家对漂亮包装、奇特口感、海量广告的营销手段……我们也不能否认，那些加工食品确实能够满足我们在生理和心理上对营养、便捷、口感、社交等的各种需要：食物已经成为超越生存需要的一种文化符号，关联着我们的社会地位、身份、财富。同样，现代人对于食物的认知已经超越了古人可以想象的边界，那些过去被认为是有益健康的食物如今不见得受欢迎，而那些看似有"垃圾"的食物也不见得没有市场。如此看来，我们不禁要问，相比于全球畅销的加工食品，少数族群与众不同的食物是否能称得上"垃圾食品"？

极简生活

近年来，随着人类物质欲望的快速膨胀，社会剩余物质远远超越自然生态系统的承载极限，进而导致资源浪费和资源枯竭，人类面临前所未有的挑战。在此背景下，我们除了听到世界各国大肆宣扬绿色经济、清洁能源、可持续发展等官方话语之外，在全球范围内的民间话语之中，一些人开始提倡极简主义、零垃圾、断舍离等一系列绿色生活的理念，并且用实际行动践行着这种"将简单做到极致之美"的生活方式，"少即是多""大道至简""去芜存菁"等观念正在被越来越多的现代人所推崇。这种重新思考人与物相互依存关系的新潮流，既是人们为了应对当下消费主义、物质主义、享乐主义带来的冲击而采取的一种文化策略，同时也是通过物质简化换取心灵充实的一种体验——极简主义成为这个时代中难能可贵的一股清流。

"断舍离"曾作为流行语席卷全球。这种从瑜伽修行哲学"断行、舍行、离行"中提炼出的思维方式，被人们逐渐拓展成对日常生活的"整理"的一种"自我探查法"，这完全得益于一位日本女性的人生体验。2013 年，日本作家山下英子撰写的一本名为《断舍离》的书一经出版即在日本社会引起轰动，并且迅速席卷中国和其他国家，单简体中文版系列的印量就突破 200 万册，而她本人也被称为"断舍离"理念的创始人。在她看来，"断舍离"就是通过"断绝不需要的东西、舍弃到处泛滥的废物、脱离对物品的执念，处于游刃有余的自在空间"，达到"让社会上的整个物品都能各得其所"的目标。实际上，"断舍离"理念所关注的就是我们之前提到的"有用与无用之辩"，我们可以通过筛选必需品的方式，把一切不需要的废物扔掉，也不再增添更多不需要的新东西，一切思想和行为的核心都围绕"我"而非物，用"唯我所有"的标准分辨垃圾、整理物品，磨炼自己对"有用"和"无用"的选择力和决断力，这样就能避免受到冗余、繁杂、琐碎的外物侵扰，重新审视自我与人、事、物之间的关系，进而在干净、清爽、自由的空间中解放自我、开拓人生。换言之，"断舍离"针对的并不是物品，而是自己。实际上，"断舍离"的本质是把"精致的利己主义"映射于自己与外物的关系之中，而这种"利己"则是通过"化繁为简"的方式实现的，只有首先清除了所有的"杂"才能引发自我对"静"的察觉。现如今，越来越多的人为了找到自我内心的舒适，主张立足当下，放弃对物质的追逐，转向对自我人生价值的追寻，提倡新陈代谢式的美学思维，并在"给生活做减法"的过程中体验全新的人生乐趣和幸福。"断舍离"理念已经由最初的整理日常物品，逐渐发展为甩开惰性、避免无效社交、健康饮食、刺激思维等一系列"由物到人、由人到心"的极简生活新理念。

"零垃圾"则是诸多极简生活方式中最具理想主义的，也是把"断舍离"做到极致的一种生活态度。"零垃圾"主义抱持一种关心地球就等于关心自己、热爱自然就是热爱自己的理念，通过减少不必要的物质消费，不使用对环境有污染的产品，避免使用无法自然生物分解的包装或保利龙，尽可能以回收与堆肥等方式，达到追求快乐、健康、可持续生活的目标。美国曾经掀起过一场轰轰烈烈的"零垃圾"运动，旨在将城市垃圾数量减少到"零"，直至让垃圾从人们的生活里消失。与其称"零垃圾"运动为环保运动，不如称民间运动更为贴切，因为它不由某个环保组织发起和推进，而完全由个人自发组织，最终因为垃圾分类难以推行，许多城镇与市政府不愿投资以及缺乏相应的设备与机器等而不得不中道崩殂。即便如此，该运动对后来美国城市生活垃圾减量化和资源化发展发挥了积极的作用。令人欣慰的是，现在依然还有很多坚定的信奉者践行着"零垃圾"生活方式。

来自美国加州的 Bea Johnson 一家四口以"零垃圾"的方式生活了十年，开创了"零垃圾家"（zero waste home）项目，被《纽约时报》称为"零垃圾生活的传教士"。据新闻报道，走进 Bea 的家会看到一栋整洁干净、极有秩序的屋子，白色的墙壁配着白色精致的家具，除了基本的生活必需品之外，没有太多生活用品和储物容器，当然更没有垃圾桶，他们一年创造的生活垃圾仅用一个罐子就能全部装下。Bea 的生活向我们展示了极简主义的迷人之处。Bea 表示，"最开始，我并没有打算过上零垃圾生活。那时我的目标是好好整理我的房子，并且更加谨慎对待我们的水电消耗。不过接着，我开始拒绝使用塑料袋了，我去店里购物会带上我的托特包。慢慢地，我觉得我可以做得更多，于是我开始购买散装食品。之后我又更上一层，我会自己带着罐子去装肉、鱼、奶酪以及奶制品"。除此之外，她还会自己动手制作许多居家用品，如清洁用品、办公用品以及美容用品等，也会去购买未包装的预备产品。这样一来，她可以自己储存产品，也避免了垃圾的产生。自从过上这种环保的绿色生活，Bea 一家已经成功地削减掉了 40% 的开支。Bea 也表示，"我不反对消费，但我更希望能够买到能持续使用、对环境无害的优质精品，而不是贪便宜买来就毫不心疼扔掉的垃圾"。有人问起她的孩子是如何应对这种"零垃圾"生活方式的，Bea 认为这对于孩子们来说是一种收获，而非失去，这会是他们铭记一辈子的东西。"我和我的孩子们能够去做大部分人永远无法尝试的事——我们在两大洲间浮潜，我们攀爬冰山，我们蹦极，我们跳伞。我们过上了这样的一种生活：有丰富的人生经历而非物质财富。这样的生活，是建立在我们扮演的角色、我们所做的事之上的，而非我们拥有的东西之上。"Bea 说，"对我而言，人生就是和他人之间的种种联系，创造彼此之间的回忆。而这，就是零垃圾生活赋予我们的"。

2011 年以来，Bea 开始接受许多企业的演讲邀请，已在 45 个国家发表了超过 250 场演讲，试图把"零垃圾"生活方式传播到更多的地方，同时她根据自己的心得写成了《零垃圾家》（*Zero Waste Home*）一书，该书已经被翻译成 20 多种语言。Bea 一家的"零垃圾"生活实践向我们证明了一个事实：物质并非幸福的来源，不必牺牲生活的舒适度、风格以及理智来换取一种更有自我意识的生活。而他们始终坚持"5R 原则"，即"Refuse"——不需要的东西拒绝购买、"Reduce"——不得不买的则减少购买量"、"Reuse"——买回家后反复利用、"Recycle"——无法利用后回收、"Rot"——无法回收再填埋，则更是对我们如何维持物质与生活二者的平衡提出了新的标准。"零垃圾"生活的意义正如 Bea 在采访中所说，"我认为从来没有真正达到零垃圾，但可以非常接近"，不是教我们如何拯救世界，而是教我们在世界中学会拯救自己。

因此，无论是"断舍离"还是"零垃圾"，民间人士发起的极简生活运动，强烈地号召人们挣脱物质主义、消费主义的枷锁，回归人类向往纯净生活的内心满足。他们用崭新的视角、真实的体验，用行动重新诠释了自我与物品、人与垃圾的关系，用自己的人生体验与感悟来诠释人不能执着于物的事实，建立了一个用"必需"取代"想要"的选择标准，引导那些"物化的人"回归"人化的物"。然而，尽管我们看到在这种极简生活的世界之中充满了"less is more"（越少就是越多）的自由，但我们会陷入另一个关系到极简生活与物质文明发展二者关系的悖论之中，即我们到底如何才能在掌控自我的同时，还能确保社会增量和财富创造。

废品艺术

在艺术的世界中，我们看到的是人对一切"美"的向往、对所有人生哲学的思考，以及对我们自己那些崇高、伟大、滑稽的解读……

艺术是一种广泛的人类活动（或其产品），涉及创造性的想象力，旨在表达技术熟练程度、美感、情感力量或概念、观念等。从其定义上讲，艺术具有多重含义，一是用形象来反映现实但比现实有典型性的社会意识形态，包括文学、绘画、建筑、音乐、戏剧、电影等；二是指富有创造性的方式、方法；三是用于形容那些形状独特而美观的事物。人类不能离开艺术，而艺术作品则需要依靠艺术家而存在。艺术家们通常拥有一双超乎常人的眼睛，他们能用这双眼睛发现美。在艺术家的眼中，一切生活都可以是艺术创作的源泉，一切物质都可能是艺术作品的原料，即使是大多数人认为"丑陋不堪"的垃圾，也能被那些雕塑家、建筑师、画家幻化为精美绝伦的艺术品。

在现代艺术领域中，一种用诸如金属、玻璃、木头等废弃材料进行创作的三维艺术异军突起，被称为"废品艺术"。废品艺术，也称新资源艺术、再生艺术、环保艺术等，可追溯到施威特斯（Kurt Schwitters，1887—1948）和立体主义的拼贴作品。在1917年美国"独立艺术家展览"上，法国艺术家杜尚将一个署名为"莫特"的废弃小便池送去展览，还将其取名为《泉》。一大批波普艺术家开始利用生活中的废旧物品进行艺术创造，从啤酒罐、可乐瓶到烂床垫，把杜尚的艺术变成了一场声势浩大的运动，废品雕塑（Junk Sculpture）和波普艺术（Pop Art）开始在国际上流行，最后废品艺术逐渐成为20世纪50年代艺术界的潮流，例如劳申伯格等人用各种破布、日用品做材料创作，以及西班牙的塔皮埃斯和意大利的贫穷艺术等。画家安迪·沃霍尔（Andy Warhol）是美国波普艺术运动的发起人和倡导者，他因在 1962 年展出用汤罐和布利洛肥皂盒组成的雕塑而出名。哈诺·皮文（Hanoch Piven）被国际媒体誉为"以色列最好的混合媒体艺术家"，其作品深受人们喜爱的一个原因是所有的创作材料均是废弃物。

在苏黎世美术馆中，有很多价值不菲、技艺精湛的作品出自一位名叫米洛斯洛夫·蒂奇（Mirslav Tichy）的流浪汉，而更令人难以置信的是，照片是他用易拉罐、厕所纸筒、废弃香烟盒、汽水瓶盖、自己打磨的树脂镜片以及垃圾堆里的其他材料自制的相机拍摄的。"当需要长焦镜头时，他将儿童望远镜放在用胶水或沥青粘贴的纸管或塑料排水管里；当需要黑色颜料时，就从烟囱里弄一把煤灰和油混在一起。他用老套而怪异的方式冲洗照片……"蒂奇发现了垃圾身上隐藏的美，他的作品也只是废品艺术的冰山一角。

除了雕塑和绘画领域之外，在建筑和园林等领域同样能够看到废品艺术的身影。例如，泰国西萨菊省有一座名为 Wat Pa Maha Chedi Kaew 的寺庙，其就是由超过 100 万个回收的绿色和棕色啤酒瓶建造的，从寺庙的水塔到游客的洗手间都是用喜力牌和象牌啤酒瓶建造的。日本建筑师坂茂（Shigeru Ban）

曾使用普通的硬纸筒在法国南部加登河上建造过一座桥梁，它可以承受 20 人的重量，但这座大桥在对外开放使用了 6 个月后，由于雨季的到来不得不被拆除。以制造"亮丽艺术品"而闻名的户外艺术家理查德·特雷西（Richard Tracy）在过去 20 年里，从邻居的垃圾堆里寻找一些丢弃物品，用泡沫塑料板、西红柿筹筐、溜冰鞋等废品搭建了一个壮观美丽的户外艺术走廊，每年能够吸引上千名慕名而来的游客。在美国威斯康星州埃弗摩尔博士的公园之中矗立着世界上最大的金属废品雕像，它由 50 ~ 100 年前一个完整的海事营救机械组件构成，其中最大的金属废品雕像高 50 英尺，长 60 英尺，宽 120 英尺，重量为 320 吨。现如今，许多国家的城市中的旧工厂倒闭或搬迁，废弃的厂房仓库吸引了很多艺术家入住其中，逐渐发展为文化艺术产业的聚集区，如北京 798 艺术区、巴黎左岸、伦敦东区、柏林米特、美国纽约的格林尼治村和苏荷等。艺术家们把废弃的厂房改造为自己的工作室，有的直接一头扎进废品中，潜心于废品艺术的创作……

实际上，我们很多人或许对废品艺术一窍不通，也很难透过这些用垃圾制作的艺术作品准确体会艺术家们创作的初衷和立意。但是，不论废品艺术家们的动机是倡导绿色环保，还是表达其他更加深刻的美学或哲学意义，透过这些艺术杰作以及艺术家们的行为本身，我们能获得一个明确的信息——垃圾在人类艺术的殿堂中并非一无是处。废品艺术家们用自己的天赋、智慧和实践重新阐释了垃圾存在的意义，宣示着一切物质无论如何都具有存在价值的客观事实。这颠覆了人们对垃圾"丑陋无比"的认知，赋予了垃圾新的美学价值、文化价值、经济价值和社会价值。废品艺术通过对废弃物的循环利用和创意设计，挖掘及表现其潜藏的艺术生命力，重新以艺术作品方式使其获得生命力。废品艺术的魅力正在于人类的文化行为有能力将情感体验、审美活动、意识形态等意义赋予垃圾，使其成为我们感知世界、讽刺他人、反思自我、探索未知的寄托和通道。只不过为了实现这个目标，需要我们首先拥有美的心灵，这样才可能有能力把美赋予其中。这不禁让人联想到哲学家斯拉沃热·齐泽克（Slavoj Žižek）在其《爱垃圾》短片中所宣扬的观点，他敏锐地觉察到身处人工技术环境中的人类正在与自然疏离，我们绝不能陷入一种只做懂得剥削自然的工程师和理论家的想象之中……他号召大家尝试在垃圾身上重新创造美感和美学维度，只有这样才是真正爱这个世界，因为爱不是将对方理想化，只有我们学会了在不完美之中看到完美，才能懂得爱垃圾也是我们爱这个世界的方式。

互惠分享

社会经济的发展让人们告别了过去缺吃少穿的焦虑，但也让现在丰衣足食的人们陷入了一个困境——对闲置物品左右为难。

我们每个人都有过这样的经历：不管是冲动消费还是理性购买，家里总会有很多闲置物品，把这些物品直接丢掉会感到很可惜，但放在家里既占地方又有些碍事。在物资匮乏的年代和地区，旧衣服、旧家具、旧电器等闲置物品总是可以很好地处理和贱卖，但现在已经很难在都市中听到那些走街串巷收购废品的人的吆喝声了……于是，很多都市现代人不得不将那些自己不再需要但仍旧具有较大使用价值的东西，如废旧的手机、台灯、电器、过时的衣物、更新换代后的餐具、玩具、家具等各种各样的闲置物品直接当作垃圾扔掉，这种极度浪费的行为会使我们的内心产生巨大的内疚感，但这也是一种束手无策的无奈之举。面对这种物资浪费的现象，许多人开始尝试用各种办法让这些本不该成为垃圾的闲置物品找到能够让其物尽其用的新主人。

在社会心理学领域，社会交换理论（social exchange theory）是一个解释人与人之间关系质量变化和发展的重要理论，该理论的核心观点是人与人在交换过程中遵循的互惠原则是社会交换持续产生的重要前提。所谓的互惠，本义即互相给予好处，描述的是一种构筑给予帮助和回报义务的道德规范。互惠规范就是各方在交换过程中一系列被大家所认可的准则，即一方为另一方提供帮助或给予某种资源时，后者有义务回报给予自己帮助的人。互惠具有三种特征：一是互惠各方的相互交换决定了互惠是否产生，即一方在接受另一方的给予之后回报对方；二是互惠存在于民俗当中，即社会价值观体现了人们的付出应获得来自他人的回报；三是规范和个人导向能够影响互惠的产生和频率，即不履行互惠义务的人会受到惩罚，而且个人的互惠导向能够影响互惠结果的好坏。在互惠原则的基础上，人们在原始时代便开始交换彼此的闲置物品，从最开始面对面的"以物易物"逐渐发展为现如今在互联网平台上通过易物网站交换闲置物的全新方式。

旧货市场是当下更加常见的闲置物品处理场域。这种市场最开始主要出售的商品多是人们多余的物品和旧货等，通常由许多个摊位组成，市场规模有大有小，几乎在每个城市中都能找到。旧货市场又被称为二手市场，在欧美等西方国家俗称跳蚤市场（flea market）。现如今，跳蚤市场出售的商品旧货，小到衣服上的装饰物，大到完整的旧汽车、录像机、电视机、洗衣机，一应俱全，应有尽有。由于跳蚤市场的管理松散，没有严格的准入机制和价格监管机制，因此许多经营者从各处低价收购人们的废旧物品，再以新货价格的 10% ~ 30% 出售，物美价廉成为跳蚤市场经久不衰的原因。旧货市场的形式也更加多元，它们可能以固定场所的定期旧货市场形式出现，也可能是一种没有固定场所、不定时组织的旧货集市。例如，很多大学每年毕业季都会举办跳蚤市场活动，毕业生可以将自己闲置的书籍、自行车、生活用品等贱卖给刚入学的新生。在互联网技术的加持下，旧货市场开始由线下转为线上，各类二手闲置交易平台受到年轻人的追捧，同时，网站的管理也更加规范，有的支持各种同城及线上的担保交易以确保交易的规范和安全。于是，面对那些令人头疼、难以处置的闲置物品，越来越多的人开始考虑将其放到旧货市场上出售，这种交易方式要比"以物易物"更加高效。

    关于跳蚤市场的起源主要有两种说法。一种是 flea market 最初源于美国纽约的 fly market，fly market 是纽约下曼哈顿地区的一个固定市场，这一市场从美国独立战争（1775 年）之前一直延续到大约 1816 年。Fly 这个词来源于该市场的荷兰语名称 vly 或 vlie，这个词在荷兰语中的意思是"山谷"，很巧的是，它在荷兰语中的发音正好和英语中的 flea 一样，所以就形成了英语中的 flea market。另一种说法是旧货市场起源于 19 世纪末的法国。1884 年巴黎政府为保持市容整洁，曾立法禁止沿街乱倒垃圾并责令 3 万名靠捡破烂为生的贫民把市区堆积的垃圾搬运到郊区一个废弃的练兵场上，于是贫民们在垃圾堆里挑挑拣拣并就地随手出售。到了 1886 年这种"现拣现卖"的方式居然在巴黎圣旺形成了一个固定的专门卖便宜货的集市，即 Le Marche aux Puces（意思相当于英语中的 market of the fleas）。由于这儿的旧衣物上常带有跳蚤、虱子等小虫，于是人们将这样卖旧货的地方称为"跳蚤市场"。

当旧物交换成为一种时尚的生活方式之后，旧货摊、二手旧货商店、汽车摊等多种多样的旧货市场形成了规模巨大的旧货行业。目前，这种围绕闲置物的经济形式对社会经济的健康发展意义重大：一是可以使经济发展水平不同的地区和收入水平不同的消费者的需求得到较好的满足；二是有利于充分利用社会资源，一定程度上能够减少资源浪费并保护环境；三是旧货行业门槛低，可以为失业人员提供就业岗位，消化一定的富余劳动力进而扩大就业，并促进社会稳定；四是有利于扩大社会需求，促进商品更新换代，旧货流通可以促进新商品源源不断地进入市场，促进企业开发新技术和推进产品的更新换代等。

当然，互惠原则除了推动以营利为目的的旧货交易之外，也催生了很多由民间爱心人士和机构自发组织的以公益为目的的社会活动。例如，巴黎市政府和法国慈善机构 Le Relais Emmaus 合作，在巴黎街头及近郊设置衣物收纳箱和纺织品收纳箱，将旧衣物分类处理，把一些可穿的旧衣物资助给穷困人群，同时将较新的衣物通过旧货商店出售，把那些十分破旧的衣物交给回收工厂加工处理，转化为建筑清洁物或做成隔音材料，而含羊毛、绵或丙烯酸等的旧衣物则经过打磨、碾碎后可以制成地毯等。我国近几年也在各大城市社区中推广"旧衣回收箱",回收公司则负责定期收集回收箱内的旧衣物,而它们通常与具备环保资质的再生处理机构合作,进行分拣加工和低碳环保处理。以北京市某再生资源回收有限公司为例,该公司共设有200多个回收箱,每个月都能收到几十吨的废旧衣物,回收的衣物中可清洗后穿着的衣物大概有20%会被加工并销售,其余的会交给再生利用企业,把这些废旧回收布料加工成墩布、保温材料、各种工业织物等。

2016年在伊朗首都德黑兰,一位匿名者涂画了一面"爱心墙",墙上写着"如果不需要请留下,如果需要请带走",和"不让任何一个无家可归者在寒冬里瑟瑟发抖"。"爱心墙"上有许多挂衣物的挂钩,号召路人和附近的居民将不需要的衣物挂在墙上,给那些需要这些东西的乞丐或者穷人。伊朗的"爱心墙"通过互联网被更多的人熟知,于是生活在不同国家和地区的人们开始竞相效仿,在世界各大城市的街头、地铁站、居民区里都出现了各式各样的"爱心箱"、"爱心屋"和"爱心站",一时间这种旧物免费共享的活动成了当时的全球性文化现象。但令人惋惜的是,由于疏于管理,很多"爱心墙"最终沦为了倾倒废弃物的"垃圾墙"。

　　我们不得不承认，无论是闲置物交换、"爱心墙"还是由社区居民、回收公司和回收工厂等多个社会主体共同参与完成的旧衣物回收活动，都体现了人类在发展过程中对废弃物时空特性的深入思考。废弃物有可能作为一种拉近人与人之间距离的渠道而存在，成为互惠道德在社会资源流动中的标志。在人与垃圾的互动历史中，我们为闲置物品所做的种种努力，把自己不需要的东西分享给更多有需要的人，这是我们在探索如何更好地对待"无用之物"时的智慧性创造。我们所取得的成就真正减缓了那些处于使用或闲置状态但仍保持其基本或全部使用价值的物品变成垃圾的进度，很大程度上终结了过去衣物与厨余垃圾等其他生活垃圾混合后被焚烧或被掩埋的命运。在未来，我们期待有更多种类的闲置物能够被投入不断发展的互惠空间，有更多的政府、企业和个人参与到对旧物的清理、维修、加工、改造、销售等新兴领域，把物尽其用进行到底，达成节约资源、垃圾减量以及保护环境的终极目标。

环保宣言

　　随着环保主义在全球的传播，绿色的生活方式成了社会的主流。

　　围绕生态主义、绿色主义、环保主义等新兴的理念在民间话语中涌现，并逐渐发展为一种权力话语和政治力量。在文化多元化的今天，社会群体分化为拥有不同政治立场、文化观念、利益诉求的多元社会群体，其中出现了许多比普通民众更加在意环境污染、动物权利、资源浪费等议题的亚文化群体，虔诚的环保主义者们秉持着保护自然生态环境和保障地球生命权利的理念，全身心投入各类生态环境保护公益事业，用身体力行的方式去捍卫地球的权利，最终凝聚为一股强大的社会力量，他们甚至被誉为"环保斗士"。

现如今，在西方社会政治领域中，那些来自不同行业、不同阶级却拥有相同环保理念的社会活动者已经自发组成了各种各样的民间环保组织，其已成为政府与企业之外的第三方政治力量。此外，在一些具体社会公益事业领域，也活跃着一些以维护地球正义为名，针对各种破坏生态环境的决策提出抗议的人，他们不惜牺牲自己的利益勇敢发声，成为这个时代直言不讳的"环保英雄"。在全球范围内围绕垃圾开展的诸多环保行动，比如之前提到的"零垃圾"运动等集体行动就曾多次走到社会活动舞台的中央，引起了政府和民众对垃圾治理的格外关注。

黄小山，人称"驴屎蛋"，是中国知名的民间环保人士，多次参加并组织反对垃圾焚烧的环保运动。2009年，他作为唯一反对派居民代表，获邀参加了北京市政市容委组织的垃圾考察团赴日本、澳门考察垃圾处理情况，从此声名鹊起。"绿房子"是由他自筹资金 14 万元投资建设的垃圾分类回收设施，是一个占地面积 10～15 平方米、全部采用环保塑料材料搭建的房子，可以摆放在小区或单位的院子里。房子内部安放了具有储存、转运、纸张/塑料压缩打包和餐厨垃圾机械处理功能的设备，以及防止环境污染的装置。纸张/塑料压缩打包机可将分选出的纸张和塑料等物品压缩，以便运输和储存。其底部与市政污水管网相连，可以及时排放废水。按照"驴屎蛋"的设想，"绿房子"是对即将焚烧的垃圾进行"预处理"的系统，志愿者可以帮助居民通过"绿房子"进行垃圾分类，把"湿"垃圾脱水，污水排入下水道。对此，他向北京市政市容委提交了《"绿房子"工程》提案。政府对该项目的具体内容与黄小山进行了探讨，表示会全面支持这种基础设施的研发和推广，并在社会进行试点。

相关学者曾指出，废品的回收已经开始与环保新生活、中产消费和可持续发展等后工业价值联系起来，废品甚至逐渐成为一种舆论力量（ethical force）[①]。环保人士可以借助社会现象和新闻事件等对废品垃圾的收集治理等议题通过社会

---

① Hawkins, Gay and Stephen Muecke (eds.), *Culture and Waste: The Creation and Destruction of Value*, Hanham, MD: Rowman & Littlefield, 2003.

性话题进行讨论，在各种现实和虚拟空间发表不同的环保宣言，利用舆论的力量向民众传播自己的政治立场和环保主张，激发全社会关注、参与、改进相关公共事务的动力。

中国纪录片导演、摄影师王久良在 2008 年创作的平面摄影作品《垃圾围城》连续两年在连州国际摄影年展、宋庄美术馆展览上展出，他凭借该作品获得第 5 届连州国际摄影年展年度杰出艺术家金奖。2011 年他又发布了《垃圾围城》系列摄影作品，并担任同名纪录片的导演，该片入围 2012 年 CNEX – AOC "明日家园" 主题纪录片影展。2016 年起，他花费 3 年时间拍摄了纪录片《塑料王国》，该片揭露了 "洋垃圾" 产业链、粗放式回收处理、垃圾污染、消费主义等一系列问题，最终获得第 29 届阿姆斯特丹纪录片电影节新人单元评委会大奖和第 54 届台湾电影金马奖最佳纪录片提名。《塑料王国》的获奖引起了媒体和政府对垃圾问题的极大关注，在某种程度上对我国之后开展的 "绿篱行动"、"限塑令" 落地、固废行业治理等相关产业的转型发挥了积极的作用。

从文化研究的视域来看，垃圾实际上代表着一种意识形态的文化符号，它被当作民间环保话语宣扬生态中心主义和反对人类中心主义价值观的工具。环保主义者们出于对环境伦理学的执着，站在生态系统和生物共同体的立场，呼吁人们调整现有的生产消费方式，改变社会结构及人与垃圾世界的互动方式，达成诸如保护自然生态环境、维护野生动植物生存权利、适度资源开发，以及提高城市环境质量等一系列目标，进而宣扬一种构建人与自然新型关系的生态价值观，即人与自然的协调发展观。从这个意义上讲，垃圾是破坏生态环境的罪魁祸首，是人类满足私欲的代言人，是坚守人类中心主义发展观的结果。垃圾治理就是人们捍卫地球、生态、生命权利，为彻底清除垃圾而殊死一搏的生存之战。

　　然而，我们心里非常清楚，垃圾污染会影响我们的生态环境，而环境恶化会威胁所有人的生存和健康，但大多数普通民众对垃圾围城、白色污染、动物灭绝等环保问题并不十分关心，他们宁愿把这些沉重的民生问题留给政府官员、媒体、研究人员以及工程师解决。确实，环境保护是一个复杂而宏大的社会发展问题，个人的努力是极其微弱且有限的。我们中的大多数人并没有如"环保斗士"那样坚定的战斗信念，也没有坚持践行绿色生活方式的决心和毅力，但我们绝不能因此而忽视这些民间环保人士的声音。正是因为有了他们坚持不懈的行动，才让绿色生活、绿色经济、绿色发展等从口号变为现实。同时，不可否认，某些环保组织或个人的政治诉求不一定都出于维护正义的目的，他们所宣扬的理念也不完全符合科学的发展规律或时代的需要，而一些借机煽动民众发起对所谓"非正义事件"的对抗抵制行动的人则完全有悖真正意义上的环保精神。因此,人类构建生态中心主义价值观、践行环保主义的道路曲折而漫长。

民俗习惯

综观全球,相比于发达国家频繁的环保运动,大多数发展中国家的民众对垃圾的态度其实非常单纯。我们暂且不论那些身处贫困境遇中的人们是否具有环保意识,世界范围内还有很多人依靠捡拾垃圾维持基本生计的事实谁也无法回避,关于拾荒群体与垃圾的故事我们会在后文中专门讨论。值得注意的是,垃圾在民间生活中被很多民俗习惯形塑出新的意义。

民俗又称民间文化,是指一个民族或一个社会群体在长期的生产实践和社会生活中逐渐形成并世代相传、较为稳定的文化事项,可以简单概括为民间流行的风尚、习俗。中国是一个历史悠久的民间文化大国,迄今很多地区依然延续着正月初六"送穷鬼"的岁时风俗。

穷鬼,又被人们叫作"穷子"。据宋陈元靓《岁时广记》引《文宗备问》记载:"颛顼高辛时,宫中生一子,不着完衣,宫中号称穷子。其后正月晦死,宫中葬之,相谓曰'今日送穷子'。"相传穷鬼乃颛顼之子。他身材羸弱矮小，性喜穿破衣烂衫，喝稀饭。即使将新衣服给他，他也扯破或用火烧出洞以后才穿，因此"宫中号称穷子"。正月的晦日，穷子死了，宫人把他埋葬，并说："今天送穷子。"从那之后，穷子就成了人人害怕的穷鬼了，所以需要进行送穷。如今的垃圾象征着过去的穷鬼，正月初六当天把家中积存多日的垃圾扔出去就是"送穷鬼"，也有把门上的挂笺摘下来同时扔出去的，叫作"送穷神"。广东的客家人则保留着"大年初三'送穷鬼'"的传统。他们在除夕那天要把家里彻底打扫一遍，因为大年初一和初二这两天是不能扫地的，尽管家里或门庭堆满了鞭炮纸碎片等生活垃圾也不能去清扫，因为如果在大年初一和初二扫地、扔垃圾会扫走家中的财气和运气，所有的垃圾必须等到大年初三才能扔，而除夕当天把屋内外的垃圾清扫干净则预示着把上一年所有的坏运气都清扫出去。中国各地的送穷方式各不相同，但却寄托着人们相同的愿望，过去送穷是为了表达来年能够摆脱贫穷的愿望，如今人们则是为了辞旧迎新，送走疾病、送走霉运、送走烦恼，迎接福气的到来，表达了人们对未来美好生活的向往。

相比于传统的民俗，我们更多见到的是人们围绕垃圾形成的社会习俗和个人行为习惯。社会习俗亦称社会风俗习惯，是人们自发形成并被社会大多数人经常重复的行为方式。而习惯则是指积久养成的生活方式，也泛指一些地方的风俗、社会习俗、道德传统等。习惯可以是在一定时间内逐渐养成的自动化的行为方式，也可以包括思维情感的内容。其实，无论是社会习俗还是个人的行为习惯，某种程度上均来自我们对自己历史、文化和经验的共有记忆。对此，回到如何看待垃圾的问题上，现在已经步入耄耋之年的 40 后，以及在新中国成立初期成长起来的 50 后群体也许最有发言权。即使他们生活在如今这个物质充裕的年代，许多人依旧长期保持着勤俭节约的生活习惯。尽可能地减少消费、节约用水用电、不浪费一粒粮食、舍不得丢弃任何废旧物品……这些习惯不仅仅是为了省钱，更多是因为他们始终保留着儿时和过去的历史记忆、集体记忆和社会记忆，那些关于国家一穷二白、百废待兴、物资匮乏、久旱饥荒的记忆已经深深地印刻在他们每个人的心里。在他们看来，任何废旧物品"总有一天会用得上"，把闲置废旧物品储存起来可以"以备不时之需"，而轻易将废弃物丢弃则在其心理上是很难接受的：垃圾不是废弃物，而是一些物资储备罢了。不知道他们这种对物质生活的珍视、对勤俭节约的执着，以及对消费的理性，是否还能在新一代年轻人身上延续下去，无论如何，我们都必须时刻铭记如今的物质生活得来不易，那是前辈们用自己的青春和热血换来的。

除此之外，民间真实的垃圾世界远比我们想象得更加精彩，充满着智慧和意想不到的乐趣。许多看似不太起眼的行为往往能够体现人类非凡的创造力。曾为海洋生物学教授的特雷弗·诺顿用戏谑笔法完成了一本名为《九十九种垃圾加一记妙想：一部发明家和发明的古怪历史》的书，书中描述了发明者如何通过改造垃圾来创造新事物的历史。正如书中所写："托马斯·爱迪生说过，一个发明家只需要两样东西：垃圾和想象力。今天的世界是由这些伟大的发明组成的，明日的世界也将如此，发明者理应得到书写。"的确，我们时时刻刻都能发现生活中总有许多细心人，他们能够发现各种废弃物的其他功能和用途，将其变成一个个独具匠心的小发明。我们在此通过一篇名为《有才啊！民间高手的废物利用妙招》网帖，以展示人们对垃圾别出心裁的全新设计。

天然的除味剂——刚刚装修好的新房子、刚买来的新车或者刚刚从商店运到家里的冰箱有异味，可以找一些菠萝皮、柚子皮放进去，不用过多久，异味会自然消失，比化学香精更安全、更经济。

果皮是洗洁精——将削下来的丝瓜皮、冬瓜皮、黄瓜皮、土豆皮等果皮放在水池里，浸泡片刻，便能很好地去除油污。

变味牛奶除污渍——将变质的牛奶涂在衣服上的污

渍处，1小时后用清水即可洗净。

旧长筒袜做靠垫——将穿破的长筒袜筒部剪下，里面塞满棉花或剪碎的海绵，然后将一个个袜筒接缝起来，盘卷成圆盘状，用针线缝好，上面再加一些小装饰，就成了美观实用的靠垫了。

泡沫塑料网罩代替百洁布——泡沫塑料网罩质地柔软，用它擦拭家具、锅灶等，不会擦伤物品。

废报纸擦玻璃光亮无比——先在报纸上喷些水，然后仔细擦拭，最后用干报纸再擦拭一次，即可使玻璃光亮无比。

旧浴帽避免提包被弄脏——将旧浴帽套在提包的底部，特别是浅色帆布或布质包底部，放在自行车前筐或其他地方，可让包不被弄脏。

废旧海绵的妙用使花木能长时间得到充足的水分——将废旧海绵放在花盆底部，上面盖一层土，在浇花的时候，海绵可以起到蓄水作用，能较长时间地供给花木充足的水分。

旧伞面制衣架罩——伞面一般比较美观，而且纹路密实，适合做衣架罩。在旧伞面布的中心裁去一块直径约2厘米的伞面布，再用斜布条在裁口上滚一条边，这样，衣架罩就做成了。

旧皮带延长刀片的使用寿命——每次刀片用完后，

在旧皮带背面来回蹭几下，又可再次使用了。

淘米水浆衣服——沉淀后的白色淘米水，煮沸后可用来浆衣服。

废牙刷制挂衣钩——废牙刷去掉刷毛，将牙刷头部置于1杯开水中，待其软化后，迅速用手将牙刷柄弯成钩（冷却变硬后再松手），然后钉在适当的位置，就成挂衣钩了。

苹果皮使铝锅光亮如新——将新鲜的苹果皮放在变黑的铝锅中，加水煮沸一刻钟，再用清水冲洗。

口香糖渣粘鞋——鞋子脱胶时，可将嘴里已挤干糖分的口香糖渣吐出，把它塞进开口的鞋帮缝隙里，然后用力撳几下，鞋跟与鞋帮就会紧紧地黏在一起，其黏合牢固度甚至胜过一般的胶水。

淘米水使混浊的水变清——把一定量的淘米水倒入水池内，混浊的水会变得清澈明净。经常往鱼池里倒淘米水，不仅可以增加鱼的营养，而且可以使池水保持清洁。

旧浴帽防止坐垫被淋湿——雨天将旧浴帽套在自行车坐垫上，可保证坐垫不被淋湿。

废瓶盖去鱼鳞既快又安全——将五六个啤酒瓶盖或饮料瓶盖，交错地固定在一块木板上，留出把手，用它来刮鱼鳞，既快又安全。

蚊香灰作肥料——蚊香灰内含有钾的成分，可作为盆花的肥料，只要在蚊香灰上略微洒些水，便可将其施入盆中，很容易被花木吸收利用。

以上这些废物利用妙招不失为民间智慧对"垃圾是什么"的重新定义。实际上，我们每个人都能成为这样的"发明家"，因为物质的使用价值或功能并非必须由它的生产者决定，我们完全可以根据我们的实际需要重新定义；废弃物是否存在价值也与垃圾本身无关，而是取决于我们如何将物质的功能与生活需求相联系。然而，这些小妙招一直无法成为社会文化的主流，这里既包含我们自己的内心无法摒弃喜新厌旧的欲望，也包含自己的情绪无法摆脱商品经济的广告宣传影响，还包含自己的思想难以逃离消费主义的挟持……如果我们能够有意识地把自己的主观价值和创造力施于客观物质，赋予其区别于最初使用价值的其他意义，那么我们就能用新的标准和量尺衡量垃圾。

综上所述，我们对世间所有关于怪异食物、极简生活、废品艺术、互惠分析、环保宣言、民俗习惯的描述，无非就是为了展现人类多元文化群体面对垃圾所呈现出来的多元文化认知。无论是艺术家、旧货店老板，还是信奉极简主义、环保主义的信徒，他们对垃圾的认知已经超越了物性原本的边界，垃圾既可以象征本民族文化的认同、生活方式的标志、理想信念的寄托，也可以被符号化为一个诉求空间、一种记忆情景、一个无形的充满乐趣的场域……我们每个人都生活在这个场域之中，依靠"在场"来打造少数人"无垃圾"的生活方式；同时，我们中的多数人也受制于"在场"的束缚，不得不面对垃圾带来的侵扰而无法脱身。我们和他们的区别只在于如何看待这个场域，以及到底是应该"在场"还是应该"离场"的问题。无论何种生活，垃圾始终会如影随形，包裹我们的一思一言一行。从本质上讲，我们身边的一切"地方性知识"所代表的只是庞大社会文化群体当中的一部分，而有这少部分"非主流"文化群体的存在，就足以证明多元文化差异对人类整体的影响和意义。这些看似微不足道的差异很可能预示着人类的未来：倘若这些来自传统的、独特的、民间的文化持续传承，如今"非主流"所拥有的强大生命力足以使其最终取代当下的"主流"。

文化思维

在文化研究的学术领域，文化人类学（cultural anthropology）是人类学中对人类的全貌视野进行研究的一个分支学科。文化人类学将"文化"视为有意义的科学概念，主要在于研究比较人类各个社会或部落的文化，借此找出人类文化的特殊现象和通则性。不同于社会学家，文化人类学家通常会从文化和"他者"的视角，关注作为文化生产和文化再生产生物的人类，其主要的研究对象是弱势族群和少数团体，以及较为蛮荒的部落的行为、思想及情感模式等议题。在文化人类学庞大的研究领域中，符号和象征研究是最为活跃的领域之一。例如，象征人类学把文化视为一套由象征与意义构成的象征体系，符号人类学通过观察和解释人类各种行为的心理动机、意义、现实符号及其意义来认知人类文化。

在人类学家看来，由于自然环境和生存方式的差异，以及人的观念、信仰、兴趣、行为、习惯、智力发展方向和性格的不同，会形成特定的文化类型，即具有相似文化特征或文化素质的地理单元。在不同的文化类型中，文化分类是导致不同主体间认知差异形成与发展的原因，即社会主体依凭自己的心理活动建构对所感知的客观世界进行解释的过程。人类学家道格拉斯对"洁净与污秽"的研究成果，为我们从文化心理层面深入理解垃圾是什么，以及解构垃圾与人类社会、垃圾与自然界间的复杂关系提供了重要的启示。

本节主要以人类学家道格拉斯围绕"洁净与污秽"概念提出的一系列理论观点作为研究社会主体对垃圾形成不同认知体系的理论范式，从文化心理学的角度阐释垃圾作为人们文化心理活动和思维分类的"认知结果"，进而解释因社会文化因素而导致的不同社会主体根据各自的思维分类方式构建出截然不同的垃圾认知的现象。

洁净与污秽

玛丽·道格拉斯（Mary Douglas）是继本尼迪克特和米德之后最伟大的女性社会人类学家之一，被认为是一位涂尔干的追随者与结构主义分析的提倡者，是少数几个对整个人文学科产生重大影响的英国人类学家之一。道格拉斯早年师从人类学家埃文斯－普理查德（E. E. Evans-Pritchard），由于深受格拉克曼（Max Gluckman）、福特斯（Meyer Fortes）的影响，其理论主要来源于英国社会人类学的经验主义传统、法国涂尔干传统的比较社会学以及法国列维－斯特劳斯的结构主义。她对比较宗教研究（comparative religion）具有强烈兴趣，以其关于人类文化和象征主义的著作而闻名。

道格拉斯的研究领域十分宽泛，涉猎范围包括刚果、扎伊尔的部落文化，社会学关注的"制度"问题，经济学的"货币"文化，以及资本主义"风险"文化等。她试图把人类的认知、分类体系和仪式与社会秩序的建构相结合，关注分类体系与社会秩序的相互关系，揭示社会运行的象征逻辑，把"象征"与"社会"作为研究的关切点加以考量。她在非洲对勒勒（Lele）人进行田野调查时，运用社会结构分析方法描述了勒勒人的食物系统和分类体系，这奠定了她象征人类学的理论基础。同时，正是勒勒人对污秽的特殊态度引起了她后来对社会观念中的"异常物"（anomalities）的极大兴趣。这种"异常物"往往被社会定义为"不纯"（impurity）和"危险"（danger），"异常物""不纯""危险"不但具有思维结构的含义，而且还具备一定的社会功能，是维系社会秩序（social order）的手段，她力图通过日常生活中那些较为隐晦的行为和意义来解释社会秩序的建构过程。最终，她的成名作《洁净与危险》于1966年完成，该书被认为是社会人类学的重要文本，对世界人文学科发展产生了深远的影响。

《洁净与危险》一书主要采用结构主义的分析方法，首先阐释了不同文化的亵渎规定和食物禁忌现象，围绕宗教仪式中存在的"洁净"和"污秽"概念深入研究不同社会和时代背景下的诸多禁忌，试图证明人们用分类的方式确定什么是"异常"，以及他们对"异常"问题的处理起到了怎样的作用。其中，她认为属于禁忌范围的物体都是带有两义性而无法被明确归类的东西，即在许多社会中意义的两可性通常被视为禁忌。这一观点强调了任何特殊的分类象征都不能被孤立地加以理解，必须将其与该文化中分类体系的整体结构相联系才能产生意义。

道格拉斯最杰出的贡献是对属于西方"神学"领域的《圣经》文本进行分析，得出了动物是否纯洁或是否可以吃，不取决于动物本身的洁净或肮脏，而是要看它是否符合宗教文化的分类系统的结论。例如，《旧约·利未记》

中关于食物的描述：地上一切走兽中反刍且分蹄的可食用，但骆驼不可以吃，因为它反刍但不分蹄；水中可吃的只包括有鳍和鳞的东西，而无鳍和鳞的都不干净，不能吃。因为在《旧约·创世纪》中，整个世界被分为陆地、海洋和天空。每种动物都被适当地安排于其中，任何一种动物如果不能被归为陆地、海洋和天空中的一种，不管它是介于两类之间，还是缺少任何异类明确的特征，都属于被分类系统所排斥的"异常"的动物，是对神圣的亵渎。因此，那些不能被明确归类的动物都会被认为是"不纯洁"且不可食用的。当然，文化对物的象征性影响不仅仅存在于西方文化中，莱利人[①]同样将那些无法被明确归类的动物视为畸形的，因而其都是不可食用的。

其次，道格拉斯还分析了人类文化中的分类体系对社会秩序建构的作用，以及禁忌在社会秩序建构中的意义。她从社会分类系统的角度对比了不同文化中的污秽观念，试图澄清在不同社会和时代之中那些介于神圣、洁净与不洁净之间的物品的差异，分析了污秽与社会秩序之间的关系以及由此带来的各类潜在危险，最终从根本上揭示了污秽乃至宗教和文化的本质。

———————

① 莱利人即本书所说的勒勒人。

最值得我们注意的是，道格拉斯仔细考察了肮脏及其与人类经验的其他领域相关联的问题，即透过肮脏的文化含义阐释分类体系之外的事物及其禁忌与社会秩序的关系。道格拉斯认为，基于卫生学意义的欧洲仪式和基于象征意义的原始仪式之间存在着强烈的相似性，前者寻求杀死细菌，后者则是为了辟邪。具体来说，现代人对脏的防范只不过是卫生学和美学意义上的禁忌，但防止脏的污染在不同文化中起到了类似原始仪式禁忌的某种作用。因此，仅仅把欧洲仪式和原始仪式之间的区别局限于卫生意义是不够的，现代社会中的污秽其实是细菌的同义词，除了在致病性方面，人们几乎很难想到污秽。但如果除去关于细菌和卫生的知识的影响，剩下的就是污秽的象征意义了。简言之，人们对肮脏的看法都是高度结构的，关系到有序与无序、存在与非存在、形式与非形式、生命与死亡。这一观点对我们从文化的更深层次认知垃圾的内涵提供了极为重要的启示。

总之，道格拉斯的研究提出了这样一个观点：一切的污秽都是人脑和想象中的某种文化分类机制产生作用的结果，是一种秩序心理的副产品。"污垢从本质上来讲是混乱的无序状态。世界上并不存在绝对的污垢：它只存在于关注者的眼中。"[①] 一旦事物的位置错乱（out of place），不再处于有

---

① 玛丽·道格拉斯：《洁净与危险》，黄剑波、卢忱、柳博赟译，民族出版社，2008，第2页。

序状态，污秽就产生了。也就是说，事物的洁净与污秽并不由事物本身决定，它取决于我们人类自身在心理上对各种事物如何分类、如何排列、如何构建秩序的思维和认知。例如，摆放在餐桌上的鞋子、掉落在衣服上的树叶、洒落在卧室中的餐食，这些东西都会让人觉得多少有些"肮脏"而令人不适。但是显然无论是鞋子、树叶还是餐具本身都并不肮脏，区别不过是它们所处的空间发生了变化，只是由于它们所处的空间与我们分类思维中默认的空间不同罢了，鞋子不应该出现在餐桌上，树叶也不应该和衣服在一起，这种失序感会导致人们在心理上产生厌恶，于是习惯性地将那些空间错位的东西视为一种肮脏之物。由此可见，洁净或者肮脏是相对的想象结果，二者的差别只在于我们各自脑海中的文化分类体系对事物所处的位置的认知模式。因此，在道格拉斯看来，洁净意味着一切符合人们文化分类认知的情形，反之就是肮脏。

思维分类

　　基于道格拉斯的观点，垃圾的本质不过是我们自己对事物的一种想象，即物质在人类思维中出现失序状态的认知结果。垃圾和污秽一样，不是脱离主观认知的客观实体，而是被物"困扰"的文化概念。

　　我们对世间一切物质的主观想象来源于人类独有的想象

力和分别心。人类学家很早就指出，"人类的心灵是从不加分别的状态中发展出来的"[①]，我们获得对外部世界的认知就是从习得分类思维开始的。在道格拉斯看来，"我们每一个人都建造了一个稳定的世界，在那里事物都具有可辨认的形状"[②]，分类心理为我们提供了一个可被分类的、确定的外部世界，由此我们产生了安全感和舒适感，同时其有助于人们规避一切因不确定性而产生的焦虑。人们从刚出生就开始学习各种分类事物的标准，爸爸和妈妈、白天和夜晚、大的和小的、远的和近的、对的和错的、合理的和不合理的……因为人们始终对宇宙世界有一个系统的期待，希望世间万物都能井然有序、条理分明，所以我们不遗余力地对所有我们知道的事物进行分门别类。可以说，人类缜密的分类思维是人类进化出来的以区别于其他物种的智慧，成为人们赖以生存的情感基础。人类天生倾向于把所有事物都划分为我们自己认为的合理与不合理、有序与无序：当所有的事物都处于一个庞大且有序的系统当中时，有序、合理、洁净的状态能够令人感到舒适，明确的"一是一、二是二"的"非黑即白"二分世界能让我们理智且清醒，同时可以获得极强的可靠感

① 爱弥尔·涂尔干、马塞尔·莫斯：《原始分类》，汲喆译，上海人民出版社，2000，第5页。
② 玛丽·道格拉斯：《洁净与危险》，黄剑波、卢忱、柳博赟译，民族出版社，2008，第46页。

和安全感；而当事物打破观念中已有的认知秩序，违背某种心理预期的合理关系准则时，我们就会因无法分类、杂乱无章、不合理的失序状态而感到迷茫、焦虑、恐惧、厌恶。

我们可以把具象化的垃圾，无论是那些冗杂的废弃物，还是违背道德伦理的行为与言语，统统视为某种抽象的污秽的外化形式。如果说事物只有处于相对应的位置时才具有意义①，那么要想从根本上理解垃圾是什么，就必须把垃圾与其所处的分类体系的整体结构联系起来，因为垃圾的意义是人类通过内在心理的文化分类所赋予的，并不取决于垃圾自身，而完全取决于我们自己具有何种背景、处于何种立场以及以何种分类体系对其进行判断，我们的"丢弃"行为也只是一系列心理失衡的表现罢了。我们都有过这样的一种经历，当面对眼前某个不需要或者废旧的物品时，我们会自然地在脑海中考虑它的"去留"，思考应该将它安放在何处较为合适，是否需要保存下来……这些判断就是我们的大脑对该物质进行分类排序的过程。如果想到了它日后可能会被用得到而将其保存下来，那么我们的分类思维就为它找到了合理、正确的位置；如果无处可放，也想不到留下来有什么用，那么这个物品就会成为我们内心分类系统中多余的异常物，我们自然不得不将其直接丢弃。而整个保留或丢弃的思考过程

---

① 马岚：《洁净与社会秩序——兼评道格拉斯〈洁净与危险〉》，《中央民族大学学报》（哲学社会学版）2010年第2期，第56～59页。

通常来说只有几秒钟，由此我们就能决定这个物件的最终归宿，甚至当丢弃成为一种习惯时，人们是不需要做出思考的。在消费主义的刺激下，当我们需要在两件相似的东西中做出抉择，而在思维的分类秩序中只有一个位置时，通常我们会先清除掉旧的、脏的、有缺陷的那个，喜新厌旧、更新换代成为现代人最基本的行为习惯。消费主义的思维和做法促使那些处在有用和好用、新的与旧的、有趣和更有趣之间的"模棱两可"的物品越来越多，它们在我们的世界中无处安放，最终沦为了垃圾。

从这个意义上讲，文化分类是每个人都具备的主观的认知能力，垃圾就是一个极为私人化和主观化的产物，由于受到不同主体的知识结构、文化背景、社会情景等影响，因而才会在人类世界中呈现多元文化对同一物质截然不同的容忍度和包容性。这种相对主义解释了上文中不同文化群体和文化结构呈现的关于垃圾认知的天壤之别。实际上，污秽也好，垃圾也罢，不过是我们自己思维世界的游戏罢了。也就是说，你认为什么是垃圾，它就是垃圾。总之，我们生活在一个由象征的符号所建构的世界中，人类社会只是这个象征符号表达的统一体。无论是无法被自然分解的人造物、难以被主流社会秩序接纳的群体，还是那些当下被认为不可理喻的宗教、信仰、言论、观点，所有一切我们"无处安放"的异常物与其本身毫无关系，都是我们自己的想象。

厌恶心理

有人也许会好奇，为何处于错位或失序状态的事物会让人产生厌恶的感觉？道格拉斯对"中性物"的解释有助于我们加深理解。在现实世界中，总会有一些不规则的具有黏性的物质，可以同时属于两种不同的分类秩序。例如蜜糖、沥青、沼泽、泥浆等物质介于液体和固体之间，既不能被归为液体，也不属于固体，而是以一种液固体的"两义性"状态存在，还有可以同时生活在水里和陆地的两栖动物青蛙、人类中的同性恋和变性人群体等。由于其并不处在主流社会对自然物种或性别观念的合理分类秩序之中，所以很难用二分法的思维对其进行分类，同时其"两义性"间的交替变换加剧了其自身的不稳定，因而我们身陷沼泽时的感觉绝不同于掉入水中的感觉，我们在划分同性恋的性别时也会产生疑惑。正是这种黏性物的"两义性"导致我们无法将其有序排列而使其被认为是"异常物"，最简单、最直接的做法就是将其排除在系统外，以保持原本分类系统的完整性与合理性，使人重新找到舒适和安全的感觉。而对于那些被我们排除在已知分类系统之外的"异常物"，它们身上所具有的不确定性必定会让我们对其感到不解、困惑和排斥，甚至产生恐惧。所以，这些感觉是我们意识和内心当中对"不合时宜""不合常理""不合规矩"的东西和现象产生的某种情绪。

对于大多数现代人来说，他们往往会将清理垃圾的各类行为视为卫生学领域或者是艺术审美之类的事，也就是说，清理垃圾在个人心理上属于私人生活之外的公共议题，并不直接影响个人的成长和发展，相关责任更多地应该由统治者、政府或社会承担。现代人对垃圾的观念始终与近代出现的卫生学的发展密切相关。19世纪出现的关于垃圾会滋生细菌以及传播疫病等卫生学的发现引发了医药史上的革命，深深地影响了现代人由废弃物和细菌关系而产生的卫生观，导致现代人已经很难不受病原学知识的影响而看待生活垃圾。甚至在很多人看来，生活垃圾与病菌无异，垃圾堆就是病菌滋生的聚集地，垃圾污染则是疫病的象征。这种对生活垃圾的普遍认知虽然基于某种科学实践，不是一种社会整体的认知偏见，但不免显得有些以偏概全，毕竟不能完全忽视当前不同场景中生活垃圾的复杂性。

如此一来，我们就不难理解当我们面对那些沾满污渍的旧衣物、覆盖着食物残渣的纸盒等垃圾，以及一切不属于我们内心中分类认知系统的言语、行为、现象时，我们内心所产生的种种厌恶情绪。但就物质层面的生活垃圾来说，这种来自人类心灵深处的不适，不仅仅受到了现代人已经熟悉的来自卫生学知识的影响，而且还包含了我们对由多种物质混合而成的生活垃圾自身的"黏性"特性的排斥。这些夹杂着不同类型物质的生活垃圾，很难被人们简单归置于某个确定的秩序之中，而这种无法归置、模棱两可的不确定感直接导致我们产生了对生活垃圾的排斥和厌恶，更不用说在更大意义上的非物质世界，我们对那些我们所不熟悉、不理解、不认同的观念、思想、意识形态的对抗。这种文化上的区隔体现在个人对"他者""异文化""失序状态"不确定的敌对态度。

在某些特殊社会情境下，垃圾的形象已经远远超出自然界中的物质存在，越发成为人类主观世界中的一种符号象征。物质本身的价值与该商品的实际功能和使用价值无关，价值更多在于该商品的文化附加价值带给人们的心理上的满足。这样一来，个体界定某物是否为垃圾的标准就完全依据个人的世界观、价值观和消费观等个体化的思维分类法则，从一种客观的事实判断彻底转变为一种主观的价值判断。垃圾完全被一种相对的、抽象的、文化的秩序所支配。举例来说，消费主义的盛行直接促进了产品更新和丢弃行为的产生，普通民众被驯化为听话的消费者，沉浸在消费主义营造的美好生活中而很难回归节俭的本性，这加剧了利用与无法利用、有价值和无价值、有序和无序在空间上的分割。垃圾的一面是熟悉的、有序的、可以被人欣然接受的商品、消费品，另一面则是人们财富、身份、地位的象征。

对于个体消费者而言，购买更多陌生、新奇、升级后的新产品以获得更好的体验，自然会导致更多不需要的东西被丢弃。每个个体都承认和具有垃圾对环境产生影响的集体意识，但也都在个人的行为实践上与之背道而驰，这种双重标准会让大部分人感到困惑，很难说他们是主动选择这样做，还是被动的无奈之举。但是站在人类整体的发展角度看，我们暂不深究这种通过激发生产消费的文明发展模式是否符合自然界的运行规律，但至少我们应该对那些在消费主义观念支配下随时被淘汰和被丢弃的废弃物的命运予以关注，尽可能地朝着人与自然和谐发展的道路前行。此外，现代人对物质还保有着某种"处女情结"，通常体现在我们对二手物品的态度上。许多人认为二手物品具有某些依附于原主人的从属性，虽然这些物品在时空上已经脱离了原来的拥有者，也可能失去了原有的功能和价值，但在新拥有者的心理上其还保留着原主人的痕迹，至少它们或多或少还残存着原主人的气味、体液、指纹，甚至记忆。这些使用的痕迹让新主人在心理上摆脱不了对旧物的厌恶，即使清洗、打磨、修理也于事无补，他们很难在内心找到一个可以安放它们的位置。如此一来，废旧物品给我们带来了另一个困惑：人类在热衷于创造新事物的同时，却难以接纳旧事物，结果则是随着越来越多的新事物变成旧事物，被废弃的事物也就越积越多了。

无差别化

"没有差别的地方就没有污秽"①，这是道格拉斯对污秽的终极描述。同样，没有差别的垃圾也就不算作垃圾了。这里的所谓"无差别化"其实就是对一切事物采取一种同等的、没有区分的、标准一致的方式加以对待。结合上述道格拉斯对"分类秩序"的观点，可以将物的这种"无差别化"理解为所有物质均处于自然界秩序之内且被理想化分类，即自然物质和人造物质之间的无差别。这种状态由于不符合当前人类对物的分类标准，导致物与物之间"有差别"的失序，从而产生了经过个性化价值判断而予以特殊对待的垃圾。

实际上，早在人类诞生之前，地球就处于这种物质间的无差别状态，地球上的所有物质都处于某种平等、和谐的状态，有机物和无机物、动植物和自然环境之间都能在自然生态循环中实现能量的流动、物质间的相互转化，物与物、生命与生命、自然和环境等和谐共生，呈现彼此依赖、物尽其用的状态，这种在地球子民之间自然形成的无差别的状态在某种有序的自然分类秩序中得以保持平衡。但在人类出现之后，伴随着从原始人打磨石器到现代人制造工业品的开发、生产、加工等一些创造性活动，人类开始把天然物改造为人

---

① 爱弥尔·涂尔干、马塞尔·莫斯：《原始分类》，汲喆译，上海人民出版社，2000，第195页。

造物，把无差别的自然资源改造为有差别的人类资源，彻底打破了地球物质世界的无差别化平衡。

垃圾的出现就是这种平衡失序的独特表现。人类不但肆意制造、消费和丢弃这些有差别的物质，彻底使人与自然、人造物与自然环境之间的相互转化变得不再可能，而且没有建立起人造物内部的自循环，最终人类垃圾的差别化对地球造成了巨大的伤害。换言之，面对复杂的垃圾世界，人们只是单向度地把它们放置在某个想当然的静止自然秩序中置之不理，或者简单粗暴地将其排除在秩序之外视而不见，这种做法必然会让垃圾在地球秩序中的失序状况不断恶化，最终使人类自己陷入一种越发被动的境地。就好比人们遇到某个不知该放在何处的东西时，会习惯性地将其随意丢到某个偏僻的地方，或者将其封存在记忆之外的某个角落，彻底在这些"不伦不类"的东西上贴上无用的标签……不但忽视了该废弃物自身演化的可能，也切断了它们与外部世界的所有关联。

不可否认，拥有理性思维的我们确实习惯于一切条理分明、井然有序的和谐状态，固化和不变的确定感会使我们感到舒适和安全，而那些由混沌、杂乱、变化所导致的不确定性则会让大部分人手足无措、乱了阵脚。然而，人与垃圾共存的历史表明，人们在从平原和洞穴向村庄和城市的迁徙过程中，肩负着把各类天然资源改造为多种人造资源的使命，竭尽全力地凭借技术的力量创造出新的物质。人类文明跨越了不同的时代和空间，创造了无比辉煌的成就，必然会遭遇新物质无法适应旧秩序的困境，也势必会导致人们思维和认知上的困惑，同时造就一大堆无法被自然生态系统有序归类的冗余物质。但是，战胜无知带来的恐惧是人类文明前进的动力。

回顾人类上千年漫长的历史，人类确实长时间沉浸于自己发明创造的各种工具、先进技术、伟大工程的喜悦中，与此同时，人类也在经历了垃圾污染和垃圾围城等各种磨难后开始反思自己的行为，或吸取教训，或总结经验，始终在探究事物的演化规律，积累关于垃圾如何演化的知识，并在生产和社会结构中做出相应的、适当的调整，试图在世界中为废弃物寻找正确位置与合理秩序，努力避免一切因垃圾失序而导致的整个生态系统崩溃的悲剧发生。过去人类与垃圾持续千年的博弈历史表明，每当人们遇到因新物质出现而造成的垃圾困境时，总能把社会对废弃物认知的水平提升到一个新高度，同时设法构建起一个又一个可以容纳这些物质的新秩序。如今人们清楚地意识到只有不断拓展我们对物质世界的认知范畴，形塑出具有跨时代烙印的分类思维，才能真正理解宇宙物质的真相，实现把差别化物质转变为无差别物质的改造，使人类摆脱垃圾带来的困扰。

如果说去差别化是人类应对垃圾的终极方案，那么我们不禁要问：为什么现在的垃圾是有差别的？我们说现有的和已知的所有生活垃圾都是差别化的，既不能被科学合理地放置在自然界或人类世界中某个正确的位置上，也无法在自然和人类秩序之外无害地"独善其身"，其原因可以有多种解释。我们可以说是由于垃圾的数量太多、组成结构过于复杂，也可以归咎于其偏离了自然物属性而无法被自然分解，甚至可以直接解释为垃圾并不符合人类建立的卫生学标准等。归根结底，造成目前垃圾差别化的根本原因，是垃圾自身内在的结构、形态、成分的复杂物性。这种复杂性在于我们所谓的垃圾其实是由多种单一物质混合形成的多重物质集合，不同于自然界中由单一物质组成的东西，因而其从根本上无法很好地适应外部自然界和人类世界的分类秩序。对于这一点，只要翻看一下我们的垃圾桶就能得到证实。我们周围的生活垃圾中混杂着各种物质，包括纸张、玻璃、塑料、金属、化学品等各式各样的有机物和无机物，这种多重物质集合是难以被任何单一物质秩序所识别的，更不用说将其分门别类且无差别地归置在某个现有的秩序当中。所以，作为多重物质集合的生活垃圾因其复杂的内部结构而被赋予了其"无所适从"的"多义性"，这种"多义性"要比道格拉斯所说的黏性异常物的"两义性"更加复杂。

到底什么样的垃圾才算得上是"无差别"的呢？如何才能实现对垃圾的无差别化改造呢？毋庸质疑，分类收集的垃圾相比于混合状态的垃圾更容易区分，那么倘若把衣服与容器、食物与用品分类精细到有机物与无机物、塑料与金属，甚至是铝与铁、硅和镍等为微观的层面呢？在根据物理学知识，已知的物质都是由微小的粒子组成的。我们的茶杯、钢笔、沙发、电视机、汽车都是由那张悬挂在化学教室墙上的元素周期表中的多种元素构成的。在科学家的努力下，人们得知分子是物质能独立存在并保持该物质一切化学性质不变的最小单位。分子由一种或几种元素（具有相同原子核电荷数的原子的总称）依一定的数目和方式结合而成，而这种在漫长宇宙演化历程中形成的物质结构内部还包含着质子、中子和电子。质子和中子组成了原子核，而电子则围绕着原子核旋转。原子核周围的电子与其他原子中的电子结合并形成复杂的排列，在更小的尺度上，质子和中子内部还存在着上夸克和下夸克等更加微小的组成部分。总之，正是这些肉眼无法看到的物质构成了我们周围形态和性质各异的大千世界。我们日常生活中的所有物质几乎都是由不同大小的、极为微小的粒子组成的，时刻遵循着造物主精心设计好的秩序和法则，不同物质之间的区别仅仅只是这些粒子的排列组合形式的不同，这些排列规则的结构就好像生物体内的 DNA 大分子聚合物呈现的双螺旋结构一样。

如此一来，我们不妨大胆想象，如果人类可以通过某种方式改变包括垃圾物性及其内部分子序列，正如我们利用生物工程技术改变生物 DNA 序列这样类似的做法，就能让多义性状态下的垃圾回归到最简单、最原始，也最接近自然属性的状态，在此种无差别状态下的垃圾就已然成了具有"自然资源"属性的物质资源，彻底消灭垃圾的理想也就实现了。倘若人类能够成功地将垃圾进行这样的无差别化改造，那么作为分子或粒子存在的垃圾就不再是由多重物混合的物质集合，具有原始分子结构的垃圾将彻底被"洗白"，从而摆脱它们之前被赋予的不可识别性、多义性、异常性，甚至完全切断和原主人之间建立的一切联系，变成可被重复加工利用的可循环材料，说不定其还能优于那些直接从自然界中开采的资源。从逻辑上看，无差别化的过程是一个"反向生产"的过程：不同于过去把原料制作为成品的"从无到有"的生产过程，是一个完全相反的把成品还原为原料的"从有到无"的过程。一旦废弃物被改造为全新的物质原料，废弃物就不再是无用的垃圾了，垃圾的概念也就荡然无存了，地球将彻底回归到一个没有垃圾的世界。关于"反向生产"的内容会在后文中详细描述。

当然，在当前的技术条件下要想把垃圾分解为粒子形式的物质结构并非易事，甚至把所有垃圾都还原为基本粒子的想法听上去像是天方夜谭。但事实上，人类正在朝着这个方向努力，数以万计的物理学家、生物学家、化学家仍然在孜孜不倦地从事着这项伟大的事业。他们始终充满好奇地对宇宙世界、自然界和人类社会中所有已知和未知的物质按照种类、等级或性质等排列标准进行识别、界定、命名和分类。科学家们对物质世界的终极探索，使得其尽可能地理解整个宇宙世界运行的规律，找到某种宇宙中最完美的无差别化的模型。我们和新物质共同建立的未来世界始于我们今人郑重且庄严的认知升级。相信在不远的未来，我们在探索宇宙奥秘的行进中一定能发现另一个更广阔的世界，我们对客观物质世界的探索让我们的未知世界逐渐缩小，我们也在这个认知升级过程中不断发起对未知世界的更多探索……时至今日，在这项史无前例的宏伟计划中，我们每个人都能做到的，也是最简单的事，就是把混合的生活垃圾初步分类，这是我们实现最终完全消灭垃圾的终极理想之行动基石。

综上所述，垃圾万象的出现借助人类文化多样性激发了人对垃圾及其他物质世界的认识多元化创新。少数群体具有的多元差异认知为人类社会整体更加深入地理解物质世界提供了更多的可能性，有助于人们能够从"他者"的视角窥探事物的真相，进而修正那些不完善的价值观念和社会结构秩序。一旦文化规则发生了改变，那么划分事物是否为垃圾的标准将随之改变，垃圾的内涵和外延也会跟着改变。从这个意义上看，垃圾的出现和演化并非一件坏事，反而提升了人类智慧水平和人类对地球资源的利用率。根据道格拉斯的观点，无序是创造秩序的原因，垃圾既是扰乱环境秩序的破坏者，也是构建新的"垃圾－环境"新秩序的动因。

在此基础上，正是人类文化的多样性造就了各种变废为宝的奇迹。文化多元化让"他者"的智慧光芒在芸芸众生中熠熠生辉。俯瞰整个人类世界，垃圾确实可以被视为人类社会秩序框架中的"异类"，它们一方面在不断破坏人们在客观物质世界中建立起的正常有序的物质环境，同时也在时刻颠覆人们长时间构建起的关于人与物相互关系的认知。然而，秩序意味着只能对现有的所有物质做出有限的选择，而无序则可以打破这种僵化局面，探索新的认知边界。"尽管无序的混乱会扰乱模式，但它也会提供模式的原材料。"① 正如道格拉斯所言，清除污垢和整理杂物的过程并不是一项消极活动，其目的不是要逃离或者回避污垢，而是要在承认和接纳污垢存在的基础上，积极地重建周围环境的秩序，使其符合一种更加合理的观念。

· · ·

莎士比亚说，一千个读者眼中就会有一千个哈姆雷特，大概一千个人的眼中也会看到一千种垃圾的模样。

人类社会本身是由多元文化组成的整体，社会主体、意识形态、文化传统各不相同，文化群体的差异化导致人类在与垃圾在不同时空互动中形成的文化认知也各不相同。垃圾万象的出现是世间百态的必然结果。人类社会的文化多样性

---

① 爱弥尔·涂尔干、马塞尔·莫斯：《原始分类》，汲喆译，上海人民出版社，2000，第119页。

形塑了垃圾的多元认知、多元解读现象。在现实生活中，主流社会群体通常都会以同质化的标准、法则、秩序去界定什么是垃圾和什么是资源。但实际上，少数亚文化群体会依据其各不相同的思维认知与分类方式做出截然不同的判断。在他们的文化认知和价值体系中，垃圾并非无用的废弃物，而是拥有独特味道的美食、精彩绝伦的艺术品、传递生活方式和表达政治诉求的工具，是他们用于表达自己身份认同、文化认同的媒介。垃圾的意义和价值已经超越了物的概念，在这些本土知识的解构下，彻底成了一种彰显亚文化的符号与象征，为我们打造人与垃圾和平共处、和谐共存的世界树立了典范。各不相同的社会主体、意识形态、文化传统在时空中与垃圾相互碰撞，为我们打开了一个精彩纷呈、别有情趣的新世界。

人类学家玛丽·道格拉斯对"洁净与污秽"的深入解读加深了我们对"垃圾是什么"的理解，揭开了垃圾在人的心智和文化层面的本质。垃圾是人脑思维体系中的一种高度抽象的文化分类活动的产物，即垃圾是人类大脑中对客观事物的一种思维上的"失序结果"。不同群体和个人对垃圾不同的理解、界定、解读，是由个体在社会地位、意识形态、文化经验、宗教习惯等文化心理和思维方面的差异造成的。也就是说，人类群体自身的文化多样性造就了个体思维和心理上存在差异的多元垃圾观。实际上，垃圾与污秽一样，不过是人们在实践中的一种"文化想象"。垃圾认知多元化现象是个体在社会地位、意识形态、文化经验、宗教习惯等文化心理和思维分化影响下产生的结果。群体和个人看到的垃圾之所以不同是因为我们只看到了自己意识中想象的垃圾。这种心智层面的垃圾观分化为我们打开了一扇多视角、多维度去观察、审视和理解垃圾的大门。

此外，关注垃圾和解决垃圾问题的过程本身就是一项有利于人类文明发展的创新性活动。因为在应对垃圾的过程中，人们会调整过时的知识来重新界定垃圾，将新的垃圾观和当下的社会秩序相关联、相适应，这一方面可以消除因失序带来的诸如垃圾无处安放等危险，另一方面可以大大增强新秩序对新型废弃物的包容性和灵活性，保证了社会整体系统分类结构的平衡和稳定。正是因为我们每个人都在用自己笃定的方式思考和生活，用不同的标准来理解和定义垃圾，才促使我们始终能打破常规性的思维的局限，不断做出一些表面上看似"不合理的、不合实际"的行为，最终突破传统知识的盲区，探索出更多具有创造性的垃圾应对文化模式。

第二部分　垃圾怎么办

当我们认识了"什么是垃圾"之后，自然要开始思考"垃圾怎么办"这一现实问题。

回顾历史，在处理人和垃圾关系问题上，我们走了许多弯路。不同时代的人竭尽全力地用自己已知的知识和能力去改善生存环境，或逃离垃圾，或驱除垃圾，或摧毁垃圾，但最终都未能取胜。

我们试图干预和管理垃圾的历程，正如我们管控自己世界的历史一样，无不映射出人类的野心、偏执和无畏，在一步步成为"世界之王"的过程中，无论人类在万物面前露出怎样一副不可一世的样子，最终还是要为自己的傲慢与无知付出代价。不管是垃圾围城还是垃圾污染，我们都无路可走。

既然垃圾是无法被摧毁的，那么我们为何要执着于始终站在它们的对立面，何不尝试用另一种方式去感化它们、拉拢它们，试着站在它们的立场，以一种关怀

"他者即我者"的胸怀去包容它们、理解它们、帮助它们，帮它们找到那个"正确的位置"。

我们只有在伟大的自然之力面前感到敬畏，承认自己的无知、渺小与狭隘，才有可能清晰地看到人类在世界中的位置，才能拥有一颗平等、友善、包容的心，与天地万物和解，与垃圾和解……

人类与自然是不可分离的生命共同体。垃圾是人与自然交互之后的产物，我们如何治理垃圾就是如何与自然相处。人类自身同样是多元文化和多元价值的共同体，在垃圾治理过程中平衡好各方的利益，是我们人类文明持续发展的关键。

垃圾治理的对象，其实并不是垃圾，而是蠢蠢欲动的人类自己。

垃圾困境

地球是迄今宇宙中已知的唯一适合生命体生存的星球，我们称其为地球家园。在人类诞生于地球之初，垃圾并未对地球造成任何伤害，但随着世界人口爆炸式增长、城市扩张、现代化等社会大发展，数以亿计的废弃物出现并进入大自然，留有人类痕迹的垃圾随处可见，我们已经很难在地球上找到一块没有垃圾的净土了，我们独有的地球家园遭受了前所未有的危难。

垃圾的产生与进化和人类文明的发展紧密相关，获得更多自然资源、创造更多的物质始终是人类为了自身的延续而不懈奋斗的目标。当我们面对文明发展带来的废弃物过剩等一系列问题时，不自然地会陷入社会发展与环境保护的矛盾之中，如何平衡发展和污染二者的关系，找到一条既能保持社会生产力发展，又能解决垃圾污染困境的折中道路，这是我们一直在思考的。

本章中，我们将关注环境、人类和动植物因为垃圾过量和污染所遭受的伤痛，同时聚焦人类世界中那些以垃圾为生的拾荒群体，透过他们与垃圾的密切互动，揭示人类面对"垃圾怎么办"这一问题时所收获的认知与经验。特别需要指出的是，在这部分中我们会同时提到"垃圾处理"、"垃圾管理"和"垃圾治理"三个容易混淆的核心概念，这三个概念虽然只有一字之差，但含义和侧重点却相差甚远，我们会在后文中分别进行阐述。

地球之殇

自 20 世纪以来，人类的数量在地球上呈现爆炸式的增长。短短 100 年间，世界人口数量就从 17 亿增加到了 60 亿。人口的剧增导致了人类生活区域的蔓延，人类聚集地的扩张彻底让地球的图景发生了翻天覆地的改变，被我们称为"地球之肺"的森林、"地球之肾"的湿地、"地球之心"的海洋，还有那些一望无际的原野，逐渐被由高低错落的建筑、错综复杂的交通网拼凑而成的城市所占据，即使是在少数极端酷热的沙漠或极为寒冷的冰原也能见到人类活动的踪迹。地球的生态环境不再是人类眼中不可战胜的超自然存在，而是一个可被任意支配、索取的聚宝盆，在地球物种进化的历史中人类赋予了自己至高无上的权力，凌驾于所有的生命体之上。在智慧文明创造出诸多引以为傲的成就背后，凸显的是人类为了满足自己的需要而不得不做出牺牲和付出沉重代价。为了尽可能地扩大生产、增加社会物质总量，人类不得不消耗大量的自然资源，同时向外界排放更多的废气、废水和废弃物。综观整个宇宙，无论是地球上的陆地、海洋、大气层，还是外太空，人类废弃物的踪影无处不在。人类发明多少新产品就可能制造、排放多少废弃物，这些废弃物很多本身含有毒物或放射性物质，若我们不加以干预的话势必会对自然生态环境、动植物和人类的生命健康造成巨大的危害。本章中我们将讨论，那些因为人类垃圾的持续扩散和无限蔓延所导致的垃圾污染和垃圾围城现象，以及在人与垃圾相互抗争的过程中造成的一系列悲剧。

垃圾污染

从字面含义来看，所谓污染是指弄脏、破坏、损害环境，也有沾染、玷污、感染之意，以及因有害物质的传播而造成危害等含义。环境污染则是指因自然的或人为的破坏，向环境中添加某种物质超过了环境的自净能力而产生的危害。环境污染是一个极为宽泛的概念，按照不同的标准可以分为不同的类型。例如，按环境要素可分为大气污染、水体污染、土壤污染、噪声污染、农药污染、辐射污染、热污染；按属性可分为显性污染和隐性污染；按人类活动可分为工业环境污染、城市环境污染、农业环境污染；按污染性质来源可分为化学污染、生物污染、物理污染（噪声污染、放射性污染、电磁波污染等）、固体废物污染、液体废物污染、能源污染等。总体上，环境污染是一种由于人为因素使环境的构成或状态发生变化，环境素质下降，从而扰乱和破坏了生态系统和人类的正常生产和生活条件的现象。

我们所关注的垃圾污染不过是诸多环境污染现象中的一小部分。由于垃圾本身是一个极宽泛的概念，如我们可以把废气、废水、废弃物都视为某种广义上的垃圾，所以垃圾污染同样会涉及环境污染的方方面面。而狭义的垃圾污染则是指垃圾侵占土地、堵塞江湖、有碍卫生、影响景观、危害农作物的生长及人体健康的现象。同时，垃圾污染被分为工业废渣污染和生活垃圾污染两类。从官方解释可知，垃圾污染主要侧重于环境污染中的固体废物污染。但是，站在垃圾与环境相互关系的文化视角来看，垃圾污染可分为直接污染和间接污染两种，前者是指垃圾自身会对环境产生负面影响，如化工废弃物能够破坏土壤肥力等；后者则是指由人为因素导致的垃圾对环境的破坏，主要是因垃圾处置不当而造成的各类环境问题。因此，讨论垃圾污染现象其实是在讨论人－垃圾－环境三者的关系，而几乎所有的垃圾污染现象都是人类活动的结果。因此垃圾本身的有毒性与有害性并不会直接对环境产生影响，而只有在人为因素的影响下造成的垃圾污染现象才是真正值得我们深思的。在本节中我们无法涵盖垃圾污染的各个方面，因此，为便于讨论，主要从人与垃圾的互动视角出发，选取人类处置生活垃圾的方式这一对象和维度对垃圾污染进行简单描述。

破坏生态环境

过去，人们缺乏足够的科学知识，并没有意识到将垃圾放任不管或直接排放到自然界的做法有什么不妥，直到现代科学知识的普及，我们才逐渐意识到之前的种种行为有多么愚蠢。许多人类精心设计的垃圾处置方式实际上存在着种种弊端，甚至在某种程度上还会加剧垃圾污染。这一点通过因日常生活垃圾的填埋和焚烧的错误行为而造成的环境污染便可知一二。

首先，垃圾填埋不当会污染水环境。生活垃圾中含有一定量的病原微生物，在堆放腐败过程中会产生高浓度的弱酸性的垃圾渗滤液，从而会溶出垃圾中含有的重金属，包括汞、铅、镉等，形成有机物、重金属和病原微生物三位一体的污染源。而垃圾渗滤液中含有一些溶解的有害物质，主要有需氧的有机物、需氧的化学物质和氮三种。如果将生活垃圾随意填埋，垃圾渗滤液会随着雨水污染地表水体，或者流入地下水体中造成地表水和地下水的水质污染。例如，那些有害物质流入鱼塘内会造成鱼类因缺氧窒息而亡；一旦流入稻田则会使禾苗狂长或缺氧枯萎，后期还会引起贪青；人如果饮用了污染水源常常会引发腹泻、血吸虫病、沙眼等疾病。

其次，垃圾处置不当会污染大气环境。被随意丢弃的生活垃圾中的粉尘和细小颗粒物会随风飞扬，而且垃圾中的有机物会由于微生物作用而发生腐烂降解，释放出大量硫化氢、二氧化硫、二氧化碳等无机气体，具有很强的温室效应，容易引起火灾、发生爆炸事故。此外，填埋气中含有甲烷、甲硫醇等上百种挥发性有机气体，会释放出大量有害粉尘和细小颗粒物，严重污染大气。特别值得一提的是，直接焚烧垃圾会产生黑色的浓烟和难闻的气味，这些烟尘多为有毒物质，如一氧化碳、二氧化碳、苯的化合物等。这些气体如果直接排放到大气当中，有毒物质不但会直接威胁人类和其他动植物的生命健康，还会导致温室气体增加、臭氧层遭到破坏，对自然环境造成严重的二次污染，严重的还会引发大规模的污染事件。对此，历史上许多国家曾一度放弃垃圾焚烧的处理方法，大量焚烧工厂被关停或停建。现在，当我们谈及垃圾焚烧时，很多人都会联想到二噁英①。二噁英被称为"地

---

① 二噁英是由 75 个分子不同的有机氯化物组成的含氯有机化合物。简单来讲，其就是存在氯元素的物质在所有燃烧过程中的副产品。大气环境中的二噁英主要源自人类活动，钢铁冶炼、有色金属冶炼、汽车尾气、火葬，以及化工厂废物焚烧、垃圾焚烧、燃煤电厂中的焚烧等各类焚烧生产都会产生二噁英。二噁英会自然地吸附在粉尘粒子上，几乎世界上所有媒介如土壤、沉淀物和食品上都发现有二噁英的存在，尤其是乳制品、肉类、鱼类和贝壳类食品中最多。因为二噁英对脂肪具有很强的亲合性，动物脂肪和乳汁，以及肉、禽、蛋、鱼、乳及其制品最易受到污染，并且其可通过食物链（如饲料）富积在动物体中，人体（转下页注）

球上最强的毒物"，会对环境和人体造成很大伤害，对人体的危害主要是致癌和致畸形，许多人把垃圾焚烧直接与二噁英等同看待，甚至达到了谈"噁"色变的地步，这也是很多人公开反对垃圾焚烧、抵制垃圾焚烧工厂建设的根本原因。

再次，垃圾处理不当会污染土壤环境。随意堆放或简易填埋的垃圾，不仅会侵占大量土地，而且诸如塑料袋、废金属、废电池等中含有的有毒物质会遗留在土壤中难以降解，严重的会腐蚀土地，导致土壤污染。那些长期堆积垃圾的土壤通常质地会发生变化，农业物理性质变坏，从而导致土壤肥力降低，甚至沙漠化、渣土化最终难以垦殖。有些重金属还会随垃圾肥进入土壤中，通过食物链污染农作物，进而危及人体健康。

最后，垃圾处理不当会交叉污染环境。垃圾中含有大量病原微生物，在垃圾腐败过程中会产生大量的酸性和碱性有机污染物，许多人造工业垃圾中所含有的汞、铅、镉等重金

（接上页注①）中90%的二噁英都是通过食品而非大气进入体内的。其中，含铅汽油、煤、防腐处理过的木材以及石油产品、各种废弃物，特别是医疗废弃物在燃烧温度低于300℃～400℃时极易产生二噁英。二噁英是一种强毒性的有机化学物质，在自然界中几乎不存在，只有通过化学合成才能产生，是目前人类创造的可怕的化学物质，被称为"地球上毒性强的毒物"。其毒性相当于人们熟知的剧毒物质氰化物的130倍、砒霜的900倍。大量的动物实验表明，很低浓度的二噁英就会对动物产生致死效应。暴露在含有二噁英的环境中，人体会受到严重危害。

属会随之溶出，进入大气、土壤和水体中；也会通过蒸发、沉降、扬尘、沉积、渗透等方式相互传播，形成交叉污染，破坏环境，同时威胁人类生命健康。以电池为例，作为一种便携式能量储蓄器，电池在社会日常生活中发挥的作用日益突显，与此同时产生的废旧电池量也日渐增加，这些废弃的电池如果处理不当，会给人类和自然生态环境带来严重危害。一节一号电池如不经过处理，直接丢弃在田地里，会导致 1 平方米的土壤永久失去农业价值，一粒纽扣电池可导致 600 吨的水受到污染。

影响人居环境

时至今日，世界各国或多或少都在遭受着垃圾污染的侵害，甚至出现了许多垃圾污染最严重的地区，如伊拉克巴格达、文莱达鲁萨兰国、乌克兰切尔诺贝利、巴基斯坦卡拉奇、印度新德里。这些地区的生活环境极度恶劣，空气污浊，污水横流，白色垃圾随处可见，居民因污染患上了各种生理和心理疾病，当地人如同生活在一个巨型的垃圾场里，日常生活苦不堪言，孩子们以捡拾、变卖垃圾为生……除了这些地区，在印度尼西亚北加浪岸、孟加拉国达卡、柬埔寨金边周围、太平洋岛国图瓦卢……当你去到这些地方，就会看到那些七八米高的巨型垃圾山、大面积漂浮在湖面上的白色垃圾，这些场景就算是隔着屏幕都会让人感到不寒而栗、触目惊心。不仅如此，那些令人神往的地方也未能幸免于难。

　　波黑以其丰富的旅游资源和低廉的物价在《孤独星球》推出的"2016世界十大物有所值旅行地"评选中荣登榜首。如今曾被评为世界上最物有所值的旅游胜地之一的波黑，却因垃圾堆积而逐渐变得满目疮痍。这里的大部分河流，比如德里纳河、博斯纳河等都因其清澈透明而闻名于世，可如今这些清澈的河流之上漂满了各种垃圾，更让人意想不到的是波黑境内最美的德里纳河上游的上万吨垃圾被困在当地唯一的水力发电厂附近，形成了漂浮的垃圾岛。德里纳河流经的波黑段没有设垃圾回收站和垃圾回收公司，倒入河中的垃圾因堆积而导致河流堵塞，造成当地居民吃水困难。目前当地政府已经介入处理，希望能尽快拿出方案，让这一旅游仙境早见天日！

　　倘若垃圾处理不当，除了会通过污染水、空气、土壤、农作物等间接将有害物质传入人体之外，还会通过其他途径危害人类。垃圾中往往有充足的食物和适量的水分，如果对垃圾放任不管或填埋不严，那些裸露的垃圾就会成为蚊、蝇、老鼠、蟑螂和多种病菌活动、滋生和繁殖的温床，这些害虫又会导致疫病的进一步传播和蔓延。在人类历史上出现过许多起骇人听闻的污染事件，这些事件或多或少都与垃圾处理不当造成的污染有密切的联系。

1930 年发生在比利时的"马斯河谷烟雾事件",导致 60 多人在一周内丧生,许多人因此患上了心脏病,或死于肺病;美国洛杉矶多次发生"光化学烟雾事件",1943 年的污染事件导致大量居民患上了红眼病和头疼病,1955 年的类似事件致使 400 多人中毒身亡,1970 年又使大部分的居民受感染;美国的宾夕法尼亚州在 1948 年发生"多诺拉烟雾事件",致使半数以上的居民出现眼痛、喉咙痛、头痛、胸闷、呕吐、腹泻等状况,10 多人因此丧生;自 1952 年以来,英国伦敦发生过 12 次大的烟雾事件,一时间很多人患上呼吸性疾病,5 天内就有 4000 多人死亡,两个月内死亡人数上升为 8000 多人;日本"水俣病事件"导致上千人中毒和死亡。日本富山县的一些铅锌矿在开采和冶炼过程中会排放废水,居民长期饮用含有重金属镉的水,以及食用被含镉河水浇灌的稻谷后患上了严重的"骨痛病",出现骨骼严重畸形、剧痛,身长缩短,骨脆易折;1984 年"印度博帕尔事件"导致近两万人死亡,受害 20 多万人,5 万人失明,孕妇流产或产下死婴,受害面积 40 平方公里,数千头牲畜被毒死;1986 年的"切尔诺贝利核泄漏事件"导致31 人死亡,237 人受到严重放射性伤害,大面积土地受到核污染;1986 年"剧毒物污染莱茵河事件"导致顺流而下的 150 公里内,60 多万条鱼被毒死,500 公里以内河岸两侧的井水不能饮用，有毒物沉积在河底，使莱茵河因此而"死亡"20年……

威胁野生动物

垃圾对野生动物造成的伤害是潜在且不可估量的。如果说垃圾污染给人类带来的是健康威胁，那么给野生动物带来的则是致命伤害。通常，我们看到的只是垃圾对自然生态的影响，却忽视了垃圾污染对野生动物生存造成的威胁。那些远离人类城市的生灵所遭受到的来自遥远人类世界伴生物的摧残是我们所无法体会和想象的。事实证明，无论是在热带雨林、非洲大草原，还是在宽广的海洋里，几乎所有的物种都会不同程度地受到人类垃圾的影响与迫害。

我们以海洋垃圾为例，海洋垃圾是指海洋和海岸环境中具有持久性的、人造的或经加工的固体废弃物，其中那些被遗弃的渔网、渔具、缆绳、塑料制品是杀害海洋生物的主要"凶手"。单是太平洋上的海洋垃圾面积就已经达到350万平方公里，超过了印度的国土面积。人类每年生产约3亿吨塑料，现在至少有5万亿个塑料碎片漂浮在我们的海洋中。我们知道，塑料垃圾被自然完全降解需要几百年，而且降解过程中产生的毒性同样会造成环境污染。环保人士警告人们，海洋塑料垃圾问题将在未来几十年内成为地球上的最大难题。更恐怖的是，这些每年流进海洋的塑料垃圾并不会马上消失，有的会漂浮在海面，有的会被卷入海底。在海水潮汐力的作用下塑料垃圾会被击碎，以几毫米至几厘米大小的碎片随洋流运动到达地球上的每一片海域，塑料分解产生的大量塑料微粒正在进一步毒害海洋生物和人类。在墨西哥湾和地中海这片海域中每立方米的海水中竟含有 0.7 个塑料制品。源源不断的塑料垃圾进入海洋，对于吞吐海水的大型海洋动物而言是个致命的威胁，甚至把大型海洋动物逼到了灭绝的边缘。

2013 年 3 月 7 日，西班牙 Granada 地区的南部海岸惊现一头死亡的抹香鲸。这头抹香鲸重达 4.5 吨，海洋生物学家在它的胃内发现了 17 公斤的垃圾，其中包括床单、塑料垃圾等。2018 年 6 月 2 日，在泰国南部海岸附近出现一头奄奄一息的巨头鲸幼崽，尽管救援人员对其进行了紧急抢救，但最终没能挽回其宝贵的生命，解剖尸体后人们在其腹中发现了 80 多个塑料袋，重量达到 8 公斤。2018 年 11 月 20 日，印度尼西亚 Kapota 岛附近海域有一具 9.5 米长的抹香鲸尸体被发现，据当地环境与林业部消息，这头抹香鲸的肚子中有大约 5.9 公斤的塑料垃圾。2018 年，人们在西班牙南部海岸发现了一具体长 10 米、体重约 6 吨的抹香鲸尸体，并在其体内发现了 29 公斤的塑料。2019 年 3 月，菲律宾一家博物馆的工作人员在该国达沃市东海岸发现了一头死亡的柯氏喙鲸，经解剖，工作人员在其胃中发现了近 80 斤塑料垃圾。

除了大型海洋动物，其他海洋动物受到的海洋垃圾的折磨有过之而无不及。把塑料称为"人类二十世纪最糟糕的发明"一点不为过，塑料方便了人类的生活，却给动物们带来了灭顶之灾。塑料制品在动物体内无法被消化和分解，误食后会引起胃部不适、行动异常、生育繁殖能力下降，甚至死亡。海洋生物的死亡最终会导致海洋生态系统的紊乱。水母是海龟最喜欢的食物，海龟经常会把海洋中的塑料袋误认为是水母吞食，进入海龟体内的塑料袋会阻塞其消化道，导致海龟死去的过程缓慢而痛苦。每年因为被塑料制品卡住鼻腔、堵住呼吸道和食道而死亡的海龟不计其数。毫不夸张地说，现在几乎所有的海洋物种体内都含有这种人工合成的高分子聚合物，包括地球上最脆弱和那些终其一生都远离人类的动物。2020 年，英国科学家的新发现不容乐观，他们在马里亚纳海沟距离海底 7000 米的深海生物体内发现了塑料微粒。

美国广播公司（ABC）曾经报道过塑料垃圾对太平洋海洋生物圈的严重危害，摄制组在一具海鸟尸体的胃袋里一共找出了 175 块塑料垃圾的残片，占尸体重量的 5% ~8%。更可怕的是，当成年海鸟把海洋漂浮垃圾误认为是鱼类直接吞食之后，有的还会满心欢喜地喂给幼鸟，耐受能力更差的幼鸟会在不知不觉中吞下垃圾残片，在呼吸受阻的情况下挣扎求助。而成年个体哺育幼崽的正常行为就这样变成了一场对幼崽的屠杀……

除了塑料之外，海洋中那些废弃的渔网被渔民们称为"鬼网"，它们有的长达几英里，在洋流的作用下，这些渔网绞在一起，成为海洋动物的"死亡陷阱"。它们每年都会缠住数千只海豹、海狮和海豚等，致其淹死。海狮经常会被海洋中的渔网、塑料绳、鱼线等套住脖子，当它们成长发育以及因季节性体重激增、脂肪层变厚时，脖子上的塑料绳会越勒越紧，许多海狮日复一日地被塑料绳活活"切割"而死。

现如今，只要我们留意自然界其他物种的生存现状，就会意外发现许多令人心痛的事：用塑料筑成的鸟巢、头顶塑料瓶盖的寄居蟹、被石油裹住身体的海鸟、翻找垃圾的北极熊、被毒死的鱼类，还有那些因误食了垃圾而丧生的不计其数的动物……种种血淋淋的事实都传递出这样一个信息：人类的垃圾就是野生动物们的噩梦。面对人类肆无忌惮地向自然界排放的垃圾，无辜生灵们只能默默地承受所有的痛苦，并在无望的挣扎后死亡。在海洋、森林、草原、沙漠、湿地，人类的垃圾正在吞噬着人类以外的地球公民们赖以生存的家园。

对此，我们暂且不论人与自然之间是否存在"生态伦理"的问题，人类是否可以赋予自然真正的道德意义和道德价值也不得而知。要求人类放弃算计、盘剥、掠夺自然的传统价值观，将某些道德关怀从人类社会延伸到非人的自然存在或自然环境中，并且呼吁人类把人与自然的关系确立为一种道德关系，几乎是一件极其困难的事。但是，生态伦理主义者所倡导的那种与自然共生共荣、命运相连的可持续发展价值观是值得我们追求和努力的。我们不应该自私地把所有物种共有的地球视为人类私有的财产，仅仅只因为我们拥有更高等的智慧，以及自诩拥有更高尚的文化和道德。不可否认，只要是在人类中心主义驱动的世界中，自然界就处于人类生存与发展的对立面：人类的一切行为活动都可被视为会直接或间接影响自然界中的空气、水、土壤和动植物的人为因素。然而，人类的发展，尤其是社会生产力和科学技术的发展，犹如一列急速行驶、不可阻挡的列车，所有人不过是这列车上的乘客，面对列车行进的方向和时快时慢的车速无能为力。这种无力感既包含对前方未知景象的憧憬和向往，也有对身后错过的美景的遗憾和惋惜。

垃圾围城

当人类逐渐告别了物质贫乏的传统经济社会，工业大发展时代进一步促进了城市工商业迅速崛起，新兴的市场经济社会彻底改变了大多数人的生产和生活方式，越来越多的人逐渐从传统农业耕织和大规模工业厂房中获得解放，并开始涌入城市，从事金融、教育、服务、娱乐等更加依靠脑力和创造力的第三产业。大部分人的居住环境从过去的乡间木屋变成了高层建筑中的小格子，工作环境也由乡间田野和一条条生产线变成了狭小的电脑桌，而他们所创造的社会物质财富却远远多于过去任何时候……这些改变让人类不再为生存和温饱问题等担忧，衣食无忧的物质生活造就了大批的企业家、公司白领、学者、艺术家、自由职业者，他们有更多的悠闲时间去思考如何让自己的"蛋糕"变得更大。在整个 20 世纪到 21 世纪伊始，工业化、现代化、全球化的飞速发展，让消费主义、享乐主义、工具理性等思潮成为人类社会文化的主流，人们追求物质的欲望到达了某种疯狂的境地，消费时代同时也让人类社会染上了一系列的"现代病"，比如贫富差距扩大、能源和气候危机、土地资源短缺、生态环境恶化等。

随着数量庞大的人口不断快速向城市聚集，城市在规模、建设和管理等多方面的压力不断加大，如果城市的发展速度不能满足大量人口的需要，如基础设施的供给滞后于城市人口数量的增长就会引发一系列的问题。通常，在城市化发展的过程中，如果人口的过度集聚超过了工业化和城市经济社会发展水平，就会发生某些发展中国家出现的"过度城市化"或"超前城市化"现象。如拉美地区在 20 世纪中叶进入工业化发展阶段后，城市人口迅速集聚，城市人口占总人口的比重甚至超过西方发达国家，导致城市化速度远远超过当地的工业化发展速度，住房短缺迫使许多人不得不选择住在贫民窟当中，同时还伴随着资源短缺、交通拥堵、环境污染、就业困难、治安恶化等其他问题，这一系列发生在人类大型聚集地的矛盾和问题都被统称为"城市病"。

在各种各样的城市问题当中，城市生活环境恶化是最值得关注的一个全球性问题。由于城市公共卫生设施不足而引发的城市中空气及水源污染的问题也许并不普遍，但几乎世界上所有国家都面临着大型城市因为大量废弃物难以有效处置而造成的垃圾问题，人们生活在垃圾蔓延的世界当中。城市生活垃圾问题出现的原因是极其复杂的。从文化层面来看，城市生活垃圾的出现意味着在消费主义支配下人类对于人与物之间相互关系的某种取舍方案，人们可以凭借物质满足来获取多重愉悦感，而挥霍、浪费、更新消费品的行为则隐性地被市场逻辑所鼓励。这种在全球大流行的生活理念让很多人认为社会财富是取之不尽、用之不竭的，于是人们开始肆无忌惮地陷入一种"生产－消费－抛弃－生产"的生活模式当中，城市中生产消费的东西越多，被丢弃的东西也就会相应增加，最终被人们丢弃的东西足以把整个城市淹没，垃圾会逐渐把城市包围起来。垃圾围城是除了垃圾污染之外，人类的制造物给人类自己带来的又一伤痛。

垃圾是什么

为了处理掉城市每天出现的大量垃圾，各国领导人和城市管理者们想尽了办法，最常见的是焚烧和填埋。过去传统的焚烧和填埋因为设备太过简陋因而并不环保，所以必须建造无害化的垃圾焚烧厂或卫生填埋厂。于是，大部分城市采用这样的方式处理垃圾：在把城市各处的生活垃圾集中收集之后，要么运往设有专业垃圾焚烧炉的工厂将其烧掉，要么在城市周边寻找空地将其掩埋，只有少量的用于堆肥。但无论是哪种选择人们都必须付出高昂的代价，不仅仅涉及巨额的资金，还需要大量的人力和物力等社会资源。更重要的是，世界上的超大型城市几乎都是"寸土寸金"的，像东京、上海、纽约、伦敦等都出现了严重的土地资源紧缺问题。一切被用于垃圾收集、堆放以及处理的建筑都必须占用城市有限和稀缺的土地，更不用说工厂的存在还会引发居民和商户反对等问题。当然，还有一些办法不需要那么大的投入，如一些国家将部分有价值的垃圾作为商品卖给其他国家，直接把处理垃圾的成本和责任转交给购买国。

如此一来，人类虽然似乎都生活在被垃圾包围的世界中，但在面对垃圾围城的体验上，生活在富裕国家的城市居民与贫穷国家的居民截然不同。富裕国家依靠其拥有的完整的垃圾处理系统可以保证城市居民远离垃圾的侵袭，而贫穷国家则因为无力建设这套昂贵的系统，不得不让垃圾把自己的生活包裹起来。时至今日，地球上的许多地区依然沿用着过去祖先遗留下来的方法处理垃圾。在非洲、南美洲、东南亚以及一些海洋岛屿等经济欠发达的国家和地区，由于受限于资金、技术、政策等多方面的支持和保障，城市的垃圾已经堆积如山。如果从空中向下鸟瞰会发现，成片的垃圾环绕在人们生活区域的周围，呈现了一个真实而可怕的场景——垃圾围城。那些成片状分布在城市周边、大大小小、高矮不均的垃圾山被人们称为地球上"最丑陋的景观"。在世界上诸多的垃圾山中最有名的要数太平洋一个岛国上的"冒烟山"（Smokey Mountain）。

　　冒烟山，也叫垃圾山，是位于菲律宾首都马尼拉市郊柏雅塔斯（Payatas）的一个大型垃圾场。它已经运转了40多年，由超过200万吨废物堆成。因不时局部燃烧而冒着烟雾，得名"冒烟山"。垃圾在如此高的温度下因分解而着火，使得其名副其实。事实上，垃圾山的火已经造成多起死亡事件。这个臭名远扬的垃圾场，成为菲国贫穷的标志。垃圾山周围有着大量的居民，据估计有三万多人居住在垃圾山贫民区。他们没有别的生活来源，靠整日捡垃圾为生。他们的简易住处，是用在垃圾山随意捡来的木板、铁皮、硬纸壳及塑料袋等搭起来的，"屋顶"用旧轮胎压着。更令人难以置信的是连刚刚满4岁的孩童也会自发从早到晚随家人到垃圾山去捡宝，以改善家庭条件。这些孩子根本没有时间及心思去接受教育，物质那样匮乏（没有自来水，没有稳定的电），三餐不继（有时候白饭配盐巴充饥）……

垃圾围城的出现是这个时代人类在走向现代化过程中面临的诸多挑战的一个缩影。那些每年产生于各个大陆的上亿吨的垃圾，不仅散发着令人无法忍受的恶臭，背后还预示着随之而来的对现代物质文明的侵袭。人们似乎做好了接受全球化给予的奖励的准备，却没有准备好同时接受相应的惩罚，这种现代和传统的碰撞在马尔代夫的故事中体现得淋漓尽致。和地球上许多岛屿国家的情况相似，马尔代夫作为印度洋上的一个岛国，早期保持着原始的自给自足的采集渔猎生活方式，虽然当地人从自然中获取的物质资源有限，但生活废弃物产量较少，影响也相对较小。随着现代商业资本的发展和全球旅游业的兴盛，国际资本大量涌入这片世外桃源般的净土，原始丛林和部落变成了供外来人休闲探险的旅游胜地。当地民众最终没能抵挡住丰厚利润的诱惑，纷纷热情迎接来自世界各地的游客，但让他们始料未及的是，随着资本和游客一同而来的，除了那些来自"外界"的进口商品、基础设施、文化时尚等之外，还有无数废弃的生活垃圾。

马尔代夫的旅游业是该国的支柱产业，每年都有大量的游客前去游玩，因此会产生大量的生活垃圾。由于马尔代夫土地资源有限，不能将垃圾掩埋，政府就特地在附近建造了一个人工岛屿，用于专门堆放塑料垃圾。每天都有大量的固体废物和有毒物质从马累的豪华酒店被卸载到此。该岛位于马尔代夫首都马累西部几英里处，曾经是一个珊瑚礁，现在却成为世界"著名"的垃圾岛。当地人称其为"斯拉夫士"（Thilafushi），垃圾岛的称呼就此诞生。掩埋在斯拉夫士地下的垃圾种类繁多，包括游泳圈、钥匙链、塑料杯、铅酸蓄电池和石棉瓦，这些垃圾有的危害性极强，必然会对地下水和海洋产生污染。当垃圾岛被曝光后，在社会舆论压力和环保人士的管理下，垃圾岛的状况有所改善，部分土地被用于建造工厂和仓库。

太平洋岛国居民面对这些人造垃圾所表现出来的无奈与窘迫，与其说是因为当地政府对公共卫生环境的管理不当，缺乏足够的资金支持以及设施和技术保障，不如说是因为当地人在毫无准备的情况下根本没有意识到垃圾潜在的威胁，而他们那些祖先留下来的关于如何处理垃圾的知识无法应对眼前如洪水般涌入的外来新型垃圾所带来的问题。更令人沮丧的是，即使很多人已经意识到自己的生活环境遭到了污染和破坏，但他们再也回不去了，现代文明所带来的一切物质福利已经深深地印刻在了他们的灵魂之中。马尔代夫的遭遇并不会就此停止，类似的故事仍然在地球上的其他地区上演，在非洲大草原、南美洲丛林以及其他的海岛国家还存有为数不多的、与世隔绝的原始部族，他们也正在经历着外界现代文明对自身古老文明的冲击，通过商贸、旅游、文化交流等方式，塑料、玻璃、橡胶、化工制品渐渐流入他们的世界中，就仿佛是一个现代人带着行囊穿越时空回到古代。他们也许压根就不需要任何从工厂流水线上制造出来的物品，即使这些东西更漂亮、更便捷、更实用，现代人引以为傲的物质生活可能对他们来说毫无魅力，正如我们光辉灿烂的人类文明对于这个星球来说也许黯淡无光。

消费主义

在资本主义全球化急速发展的趋势下，人类为追求快速发展的社会生产力，力求最大限度地开发和利用自然资源，并配合以无限度的消耗和无节制的消费作为与之相适应的生存策略，获得了充裕的物质生活，人类社会的物质文明达到了空前的高度，垃圾污染、垃圾围城等环境问题的出现，作为人类成就的一种副产品其实不足为奇。在所有的环境问题之中，那些垃圾带来的困扰，阻碍或者影响人类前进脚步的事件，虽然已经引起了科学界的重视，但目前为止还不足以令全人类对改造世界这项宏伟事业的热情减退。尽管如此，一些关于发展与保护、开发与恢复并重的适应性调整，以及各种关于环境保护、绿色能源、可持续发展等的论调开始进入主流话语，这已经足够让人感到欣慰了。

无论是自然界，还是人类世界，任何违背物质变化规律的现象都能被造物主察觉和感知，并且用他自己的方式予以矫正。从文化的视角来看，垃圾是由资源在人类的干预下，通过开采、加工、消费和丢弃的过程形成的某种不再被人类接受的物质，所以在大多数情况下垃圾产生的条件和逻辑都是围绕人类中心主义形成的，不论垃圾的原物主是微观的个人，还是宏观的全人类。从这个意义上讲，"垃圾主人"的认知及行为共同建构了垃圾在自然界和人类社会当中的空间价值和文化意义。我们表面上可以决定哪些东西已经再无用武之地，哪些东西需要被丢弃，哪些东西并不属于合理的秩序范围等。实际上，在我们追求更多物质欲望，表现出喜新厌旧的人生态度的同时，我们早已经走向了被物质包裹的欲望深渊，成为被消费主义支配思想和行为的奴隶。这是一种彻底的文化偏离——从发展到消费的转向让人类忘记了曾经走出非洲大草原时的初心。

很多学者坚信垃圾是工业化和现代化的必然产物，尤其是全球化时代的到来让物质流动更加频繁，社会整体的生产消费情况也变得更为复杂。现代人对加工品的消费刺激了更多的生产和加工，所以"人类生产和消费过程的每一个步骤

都是固体废物的产生源"。对此，美国学者苏珊·斯特拉瑟
（Susan Strasser）在其《废物与需要：垃圾的社会历史》中指
出，现代人用科学对垃圾进行界定是很晚的事，农业社会中
的垃圾通常都能物尽其用，在很长的一段时间里，几乎所有
的农业垃圾都可以被回收再利用。直到工业社会，人类生产
生活中的物质流系统才成为一个单向的系统。① 经济全球一
体化带来的物质流动增强了人造物质的复杂性，也让人类的
生产生活活动充满了更多的不确定性。某一个商品可能是由
不同国家共同合作生产而成的，然后再从一个大陆出售到另
一个大陆……持耗散理论的学者认为，人类从自然界中获取
其生产生活所必需的生产资料和生活资料后，却无力完全消
耗和利用从环境中获得的物质和能量，即社会性消费和生活
消费过程中存在"耗散"②。许多哲人对此感到疑惑：我们真
的需要那么多东西吗？为什么我们一直都在制造更多的东西？
是不是因为人类实在太聪明或者太过自大，就连喝水都需要
使用一根吸管才能更加方便？关于这些问题，也许很难有一
个明确的答案，更难以在短时间内轻易改变现状。但是，我
们依旧不能逃避现实，更不能忽视我们为满足物质需求的

---

① Strasser, Susan, *Waste and Want: A Social History of Trash*, New York: Metropolitan Books, 1999.
② 韩宝平主编《固体废物处理与利用》，华中科技大学出版社，2010，第2页。

"疯狂"。

不可否认，消费主义的出现是导致人们痴迷于生产更多商品的一个重要驱动力，而消费主义在鼓励制造的同时也在默许挥霍和浪费。通常，"消费"一词可追溯至 14 世纪，意同挥霍、用尽。消费主义是指导和调节人们在消费方面的行动和关系的原则、思想、愿望、情绪及相应的实践的总称。在许多情境中，消费被视为一种获得愉悦的活动形式。然而，到了 19 世纪中期，伴随"消费者"一词替代原来的个体化的"顾客"，"消费者"已转变成中性词，用来指涉相对于"生产者"的抽象实体。而到了 20 世纪，这种抽象的用法进入日常的生活领域，成为大众的代称，且具有支配性的意涵，大众的需求是由满足他们需求的一方所创造的。于是，在后现代语境中，消费主义已经不再指涉过度购买的行为。社会学观点认为，消费主义是在物质极大丰富的前提下，人们处理物与人的关系的方案之一。

消费主义的出现受到凯恩斯主义、理性主义、工具主义等现代社会新思想的影响颇深，可以说这是这个时代发展的结果，是人类文明发展的阶段性产物。在资本主义和市场经济出现以前，物品是劳动的直接成果，而物品的生产与交换通常在一地之内完成。那时的物品价值主要是指其"实用价值"而非"交换价值"。在市场经济情境中，因为交换行为的出现和市场的形成，物品的"价值"在交换过程中被评估。消费主义的基本形态是市场关系，也就是在所有的人际关系中，市场逻辑成为指导原则，公民的基本权利需要通过消费来享有。如此一来，体现劳动的实用价值被极大弱化。在消费主义的洗礼下，人们开始追求体面的消费，渴望获得更多物质带来的良好体验，甚至追求无节制的物质享受和消遣，把获得更多、更好的物质当作生活的目的和实现人生价值的途径。这其中不仅包括想要拥有更多的物质，还包括想要获得更多更新的信息、知识、权利、感受等，人们开始变得喜新厌旧、永不满足。最后，消费主义、拜金主义、享乐主义气息开始在整个人类世界弥漫开来。

无论是物质欲望的激发，还是过度的消费，都是资本主义发展的源泉和动力。资本主义鼓励人们对财富的追求，只有生产者扩大生产和消费者扩大消费才能增加社会物质财富总量，对市场中的每个人来说获得更多的物质既是正义的，也是合理的。马尔库塞、弗洛姆、鲍德里亚等学者早就意识到，鼓励人们消费和扩大国民的消费需求成了资本主义良性运行的条件之一。为达此目的，消费者的欲望、需要和情感便成为资本作用、控制和操纵的对象，并变成一项欲望工程或营销工程。因此，今天的生产已经不仅仅是产品的生产，还是消费欲望的生产和消费激情的生产，是消费者的生产。只有"生产"出一批有消费欲望和激情的消费者，产品才能卖得出去，商品生产的目的才能实现。消费本身能够体现消费者的身份，消费的也不仅是商品和服务的使用价值，还有它们的符号象征意义。

现如今，普通民众必须要成为一名积极的消费者才符合现代商业逻辑下"好公民"的标准。消费主义已经成为一种文化现象，消费主义文化潜移默化地影响着所有人的世界观和价值观，一部分有经济能力的人将消费主义价值观体现在现实的行动上，而那些尚不具备高消费能力的人则朝着更高的消费努力，这导致很多人处于自身有限的经济条件与高消费欲望的矛盾状态中，极力追求或模仿超出自己经济能力所能承担的高消费生活方式。如许多青年人高举着"活在当下"的享乐主义大旗，不惜预支大量超出自己偿还能力的贷款，仅仅只为了满足内心对于所谓美好生活的欲望。如果说有消费就有丢弃，有丢弃就形成了大量的垃圾，那是否意味着只要消费主义一日不消亡，垃圾问题就永远都无法解决呢？

文化偏离

从人的心智根源角度来看，垃圾困境的产生直接与人类整体的文化偏离有关，即人类文明的发展理念偏离了自然界的客观规律，根本上是人类中心主义偏离地球中心主义的结果。例如，以消费主义为代表的价值观、生态观诱导个人和集体在心智和行为上构建了一种错误的生产生活价值取向。表面上，垃圾困境是人类在寻求良性发展道路过程中在生产消费和环境保护之间权衡利弊的结果，即我们以牺牲环境为代价，选择通过扩大生产、增加社会物质总量以及满足物质需求等方式促进物质文明发展。人类借助工具理性，热衷于物质实践，痴迷于技术更迭，迷失在生产主义和消费主义等价值理念之中，最终受制于自己过度的开发和浪费，彻底忽视了生态平衡和环境利益。实际上，这种做法得不偿失，既违背了大自然法则，又违背了客观的发展规律。一方面，我们不断忙于构建自己庞大的文明帝国，毫无节制地从自然界索取资源，无意识地将人类本性中的贪婪无限放大；另一方面，我们陷入了对技术崇拜的盲目境遇，不仅忘记了人类作为自然界生物的属性，也忽视了人类对真实、美好、简单生活的审美能力。我们既丧失了对物质以外的其他事物纯粹而真挚的热爱，也未能阻止自己陷入在无限膨胀的欲望中无法自拔。

现代人之所以拥有欲壑难填的物质需要，是因为我们今天社会的高度文明，还是因为是我们这艘文明的航船已经偏离了宇宙规律的航道？倘若人类的血液中确实包含了自私的基因，那么无论我们有多么强烈的欲望想要依靠自己的能力"消灭"垃圾，就如同我们有多么努力地想要成为"世界之王"一样，最后必然会失望而归。因为无论是个人、政府、国家还是整个人类文明，根本无法在自己和环境二者的利益中做出一个非此即彼、你死我活的抉择。因此，我们与其将环境问题归咎于技术更迭、市场逻辑和经济理性，以此批判科学主义、理性主义和消费主义，不如回归自己的内心，重新找回人类走向文明殿堂的心灵智慧。对此，我们可以从人与垃圾的博弈历史中了解到，真正改变垃圾"物性"的，不是任何英雄，而是人类自己的心智根源——利己主义。过去所有的历史事实证明，我们最终战胜垃圾的武器不是作为"术"的科技力量，而完全取决于作为"道"的道德文化。换言之，真正使得垃圾成为人类文明史中一个棘手问题的原因，不仅仅是来自消费主义、理性主义、工具理性、生产主义等方面的因素，更重要的决定性因素是在人类中心主义的影响下人类难以正确地认知垃圾。如果能够使其"为我所用"——当人类充分地把自私的基因与垃圾的价值相联系，就能把人与垃圾的关系从对立转向一致。

因此，当前我们面临的垃圾污染、垃圾围城等发展困境，根本上是"发展没有被看作是一个文化的过程"①。在人类的物质文化中，消费品显眼而废弃物隐而不见，这本身就是我们在发展过程中的一种文化僭越。社会中的个体与群体确实都在为创造人类的物质财富付出努力，也确实都在探索宇宙奥秘的路上负重前行。虽然人类看到了自己身上强大的力量，明白了生存道路上的艰难险阻，但是依然能保持勇敢前行的

---

① 阿图罗·埃斯科瓦尔：《遭遇发展——第三世界的形成与瓦解》，汪淳玉、吴惠芳、潘璐译，社会科学文献出版社，2011，第49页。

决心和毅力，凭借的就是唯有人类才拥有的智能——对未知世界的好奇、想象、探索和认识。面对垃圾世界带给人类世界的伤与痛，我们也应尝试构建真正把自己的生存发展与垃圾的存在价值相联系、相适应、相结合的新理念、新价值、新文化，从根本上改变人类对于垃圾的厌恶、恐惧、无奈和无知。

拾荒之歌

在大多数普通人的眼里，那些堆积如山的废弃物似乎百无一用，甚至是巨大的麻烦；但在另一群人眼里，它们却散发着耀眼的光芒。"农村的某些垃圾场成了收集爱好者、职业回收人员或临时拾荒者相遇的场所：失业人员、退休人员、艺术家、头脑活络的修理者聚集在那儿争论、闲聊，所有内容都是有关垃圾的最新话题，他们也进行物物交换或者订货。"① 垃圾场对于大多数人来说是令人厌恶的地方，但却是激发另一些人生存智慧的新天地。

在许多欠发达国家和地区，尤其是一些贫穷的发展中国家，总会看到一些衣衫不整、形形色色并且穿梭在城市之中翻弄各式各样垃圾箱的人。他们可能居住在城市周边或者垃

---

① 卡特琳·德·西尔吉：《人类与垃圾的历史》，刘跃进、魏红荣译，百花文艺出版社，2005，第31页。

圾处理厂附近，成日依靠捡拾和变卖垃圾为生，人们称他们为城市中的"拾荒者"。在中国，拾荒者有很多名字，他们被叫作收破烂的、捡垃圾的，除此之外还有如野宿族、露宿者、拾荒人、游民、街友等。国外有学者将垃圾拾荒者定义为在垃圾堆放场所、街道等公共场所将可回收利用的物品捡拾出来并将其分类卖给资源再生收购站的一个特殊群体①②③。

他们与城市里的垃圾之间形成了某种关联，恰好契合了经济社会中的某些供需关系，一些地方的群体性拾荒行为已然成了某种非正式的"职业"，而在越来越多的从业者加入后，拾荒已经被视为一种"非正式经济"而存在。不可否认，拾荒行为大多夹杂着迫于生存的压力和无奈，拾荒者群体始终是社会中的弱势群体，拥有不同于其他主流社会群体的社会身份、生活经验、生存方式。但是他们仅仅依靠有限的劳动力和智慧，以及具有亚文化特征的经验和认知，为人

---

① Yujiro, Hayami, Dikshit, A. K., and Mishra, S. N., "Waste Pickers and Collectors in Delhi: Poverty and Environment in An Urban Informal Sector", *Journal of Development Studies* 2006, 42 (1), pp. 41 – 69.

② Batool, S. A., Chaudhry, N., and Majeed, K., "Economic Potential of Recycling Business in Lahore, Pakistan", *Waste Management* 2008, 28 (2), pp. 294 – 298.

③ Ojeda-Benitez, S., Armijo-de-Vega, C., and Ram' rez-Barreto Ma, E., "Formal and Informal Recovery of Recyclables in Mexicali, Mexico: Handling Alternatives", *Resources, Conservation and Recycling* 2002, 34 (4), pp. 273 – 288.

类从根本上解决"垃圾怎么办"的问题提供了最真实的思考路径。在人类悠久的历史中，人们在世界各地用各种各样的方式用垃圾换取生存必需品，很大程度上是在用行动证明无用之物之于人类的意义。

时至今日，世界上的很多国家依然存在着人数众多的垃圾捡拾者，他们在社会物质财富的洪流中艰难地前行，似乎只是为了在丢弃物和废品的夹缝中寻得一丝希望，但他们的所作所为却总是或多或少地为每一座城市焕发整洁的荣光贡献自己的力量。

拾荒者

也许有人会好奇，这些人为何要以捡拾垃圾为生？为何不选择去做其他工作？他们是被迫的，还是自愿的？带着这些疑惑，我试图通过走进拾荒者群体的世界找到答案……

拾荒者自古有之，并非现代社会才出现。很多国家历史上都曾出现过大规模拾荒者占领城市的情况。

在 13 世纪的法国，拾荒者的法文译名为"楼各界"，随后发展为"巴界埃"、"德里埃"和"西佛尼埃"，这些名称的前缀部分均表示破布、旧衣服等废旧纺织物品。在纽约，他们被称为"拾破烂人"，在苏雷曼大帝时代的伊斯坦布尔被称为"阿拉迪蒂岩"。奥斯曼在其回忆录中这样写道："巴黎属于法兰西，并不属于土生土长的巴黎人和选择巴黎为居住地的人，更不属于那些居住在租赁房屋里面的流动人口，那些通过运用投机取巧投票施压以便误导选举真意的游牧族群"[1][2]。

拾荒者到底是一群什么样的人呢？这个问题其实很难回答。综观全球，拾荒者群体表现出极强的复杂性和多样性。他们可以出现在城市或乡村的任何区域，在居民区、在城市周围的垃圾场、在城郊接合部、在我们大多数人能够想到或想不到的地方。不同国家、不同区域、不同城市因经济发展状况和社会结构的差异，使得拾荒者群体间也具有国别化和地区化特征。有的国家的拾荒者群体涵盖了各个年龄段，男女老幼皆有；有的国家则以失业者、孤寡老人、残障人士等劳动力缺失人群为主，他们一般难以在城市中找到一份"体面"的工作，不得不依靠捡拾垃圾为生；有的国家则主要以妇女和儿童居多……不管怎样，群体性的拾荒者背后多少隐藏着来自政治、经济和社会方面在贫富差距、社会保障性福利等上的问题。

---

[1] 卡特琳·德·西尔吉：《人类与垃圾的历史》，刘跃进、魏红荣译，百花文艺出版社，2005，第57~58页。

[2] 卡特琳·德·西尔吉：《人类与垃圾的历史》，刘跃进、魏红荣译，百花文艺出版社，2005，第44页。

在亚什兰2013年的独立电影节上上映的纪录片《纽约拾荒客》（Redemption）展现了纽约的街头拥有不同族裔背景的拾荒人群，因为公司破产、丢失工作、没有收入来源等问题不得不过上"拾荒生活"的故事。剧中所拍摄的拾荒者每天在纽约街头捡拾各种易拉罐、啤酒瓶、饮料瓶，然后投到自动回收机或送到废品回收站换取微薄的收入。当记录到一位母亲的时候，她说道："多亏了这些瓶子和罐子，我们才不会被饿死……人们看不惯我们翻找垃圾，但我们该做什么，没有工作可做……每个瓶子值5美分，不算多，但不管别人怎么说，这是份正当的工作，我们可以抬起头做人。但有时觉得很难受，我希望给孩子一个更好的家……"

当然，拾荒者群体并不都以上述的形象出现，我们偶尔会在媒体报道中看到一些"伪拾荒者"，比如那位"世界上最富有的拾荒者"。

美国人菲利普斯从小喜欢安静，年轻时就和其他人格格不入，他酷爱大自然，也反感城市的喧嚣，所以选择住在乡下的他，经常独自去森林里散步。某一次，当他走到某个很少有人的森林时，居然发现了一根巨大的鹿角。菲利普斯把捡到的鹿角带回了家，之后他就经常去那个森林……就这样，在长达50年的时间里，菲利普斯一共捡了16000多个鹿角，这些都是麋鹿、马鹿等换季时脱落下来的。他捡拾的鹿角据说价值上亿美元，他也被媒体冠以"世界上最富有的拾荒者"头衔！

在中国，拾荒者作为一个庞大的群体，无法统计其具体的人数。除此之外，拾荒者群体内部的关系也很复杂。譬如，在某个区域内的拾荒者可能会因性别、年龄、籍贯、语言的不同，直接决定了他们在该群体中的地位以及他们之间的关系。他们彼此之间等级森严、规则明确、层级鲜明、分工明确，严格恪守着各自的"工作职责"，各自为政，彼此互不干涉。

一般而言，根据拾荒者的生存状态和工作性质大致可以将其分为以下三种类型。

第一类是集中于城市周边的大型垃圾处理厂、城市街道、商场、车站等公共场所，以个人捡拾垃圾为主要方式的捡拾人或走拾人。走拾人是最常见也是最底层的拾荒者。他们游走于城市各处，通过翻捡垃圾桶、捡拾废弃物的方式收集能卖钱的垃圾，有时会在群体内部各自划分不同的"领地"，或是城市的某片区，或是某个商场，也可能是某个居民小区，然后在每天最佳的时间点去捡拾垃圾。其中，夜间走拾人是最为底层的拾荒者，他们只有夜间才敢出门，因为没有固定的捡拾地点，白天会被其他拾荒者以"侵犯领地"为由驱逐。

第二类是穿梭于城市各个角落以从居民那里收购废品为主要方式的流动采集人（或游走采集者），只针对某些特殊的废旧物品各处寻觅，如旧手机、旧木头、旧电器，甚至是理发店的头发等。相比于流动采集人，还有一些定点采集人，俗称"二道贩子"。他们通常以家庭为单位，有专门存放废品的场所，或在自家门前，或有专门的院子，他们会将收集来的废品分门别类地装在大大小小、形状各异的麻袋里，或者捆绑成可以直接售卖的样子。定点采集人从走拾人手里收购东西，再卖给更大的收购站或者回收工厂，从中赚取差价。

第三类则是通过从第一类和第二类的手中收废品的定点采集人、废品收购商以及物资回收企业经营者。他们是较为高级的拾荒者，他们有的骑着三轮车走街串巷，从居民手中购买废旧商品，有的直接去工厂、企业、单位等定时定量收购，甚至建立了专门的联络人网络。拾荒者群体的顶端是大型废品收购站老板，他们收购采集人和小型收购站的货物，将其进行整理、装载，运往回收加工工厂等。通常，这些收购站都以公司的形式运作，被纳入市场监管的范围。"他们是垃圾场上的灵魂人物，是政府、公司、拾荒者和当地村民之间衔接的结点。"①

---

① 周大鸣、李翠玲：《垃圾场上的政治空间——以广州兴丰垃圾场为例》，《广西民族大学学报》（哲学社会科学版）2007年第9期，第31~36页。

　　以上三类人群虽然都是"以变卖垃圾为生"的，我们有时会将三者混为一谈，但实际上，只有第一类捡拾人作为社会地位最低、收入最低的弱势群体，算得上真正意义上的拾荒者，毕竟在成功的垃圾收购商群体中不乏千万富翁。

走拾人

　　说到走拾人，人们总是会联想到那些衣衫褴褛、蓬头垢面的外表，穿梭于城市垃圾箱的行为，以及某个偶然的机会瞥见的他们简陋的住所，他们就是这样一种贫穷、愚昧、粗鲁、令人厌恶的形象。由于他们终日与垃圾打交道，他们可能会拖着装载满满塑料瓶的平板车、一个又一个的大口袋，装的都是别人丢弃不要的垃圾，这种符号化形象已然成了这个群体自我识别和他者识别的标志。实际上，走拾人群体只是一个被排除在社会主流群体之外、生活在城市"边缘"的亚文化群体，是一群普普通通的劳动者。

　　在中世纪的欧洲，拾荒者总是和乞丐一起被人们从城市里驱逐出去。[①] 法国小说《翟米尼·拉塞特》中就有一段对住所的描述：

　　　　为了穿越铁路，人们不得不在克里斯古尔丁手里木

---

　① 卡特琳·德·西尔吉：《人类与垃圾的历史》，刘跃进、魏红荣译，百花文艺出版社，2005，第57页。

赞区拾荒者的居住地段内绕来绕去。他们脚步匆匆地奔走在各处毁弃的建筑物那里由盗窃来的废料所搭建的房屋中间，房屋里面隐藏着污秽不洁，而且都溢于表象。这些类似窝棚、洞穴的简陋居所使翟米尼隐隐地感觉到恐怖万分，她觉得在那里面汇聚着夜间的一切罪恶。

下面这段描述拾荒者生活日常的文字，为我们勾勒出了不一样的形象。

在某个大型的垃圾场里，堆放着一百多万吨居民的生活垃圾。大量的拾荒者就生活在这个垃圾场周围。每天晚上，一辆辆卡车在这里卸下大量垃圾，伴随着拾荒者群体里男人、女人以及孩子们的喧嚣声，他们在迎接"财富"的到来。天刚微亮，他们便开启了一整天的工作，上"垃圾山"寻找意外的收获，有的还哼着小曲。放眼望去，看不到尽头的垃圾堆，可以被他们再三翻捡，尽可能地找寻一切可回收物品，如碎布、铁皮、瓶子、木炭块等。在"垃圾山"下，还有一些拾荒者对收集来的废品进行"二次梳理"，找出那些可以卖出高价钱的东西。而他们的孩子成群结队地在垃圾场里玩耍，所有的东西都是他们的玩具。在另一个国家的垃圾场，由于国家经济衰退，垃圾也日益"贫瘠"。拾荒者们便开始在原来的垃圾堆里挖洞，试图在过去繁荣时期留下的垃圾里找到一些惊喜，他们用采矿工人的方式开采垃圾场，有时候甚至深入地下几十米，稍有不慎就会被埋在下面。

令人伤感的是，社会上总有一些抱持负面观念的人会将走拾人的行为与身份相联系，甚至视其为社会群体中的"垃圾"。他们可能会认为，走拾人都是些社会"不需要的人"，可能是曾经做过什么坏事、智力缺陷、疯子什么的；但实际上，拾荒者依靠自食其力的方式讨来的生活要比坑蒙拐骗获利的人高尚得多……那么，为何走拾人会在社会中遭到种种不公的待遇呢？

会不会是主流文化群体"有意为之"，让走拾人群体始终维持在一种"灰色"的边缘状态。[1] 公众心理层面的真实情况可能相当复杂，只能算是我们的一种猜测。一方面，主流文化群体对垃圾所持有的负面态度会很容易转嫁到这些走拾人身上，无意识地产生排斥心理与行为，对这类人群产生各种身份、人格上的社会性偏见与反感情绪，给这个群体造成无形的心理压力。另一方面，走拾人群体由于遭受过社会的不公、打击、伤害等，这会让他们缺乏安全感与归属感，在不被社会认同的同时还要承受来自他人的歧视，自然也会

---

[1] 周大鸣、李翠玲：《拾荒者与底层社会：都市新移民聚落研究》，《广西民族大学学报》（哲学社会科学版）2008 年第 2 期，第 46~49 页。

产生对主流社会群体的排斥，使得双方在心理和认同感上都是相互抵触的。但主流社会群体对走拾人的不宽容，表面上是对亚文化群体的敌视与驱逐，实际上却反映了他们对亚文化群体存在价值的否定，以及企图剥夺或者挤占亚文化群体生存的空间，造成这种结果的可能正是主流文化群体亲手打造的整个现代文明。在此我们不禁感慨，这与历史上人类陷入垃圾困境时所表现出来的窘态多么相似！

夹缝中的生存

在印度尼西亚、菲律宾等东南亚国家我们会看到这样的情形：城市边缘的某一个小镇，每天都会有一辆又一辆的卡车满载着垃圾送到这里，卸下几十吨的垃圾、堆成几米高的垃圾山，五颜六色的垃圾散发着恶臭，这里面有美国的轮胎、德国的食品、日本的玩具和医疗废品，甚至还有一袋吸到一半的毒品。三五成群的男女弯着腰、背着巨大的篓子艰难地寻觅着一切可以换钱的东西。一个小男孩把废弃的注射器当作水枪，另一个小女孩在用被污染的水洗头，还有一位妈妈背着刚出生的孩子，孩子的脸上爬着好几只苍蝇……

这些令人触目惊心的画面真实出现在全球经济一体化，科技、人文、艺术都高度发达的21世纪，现代文明并没有让人类世界完全摆脱疾病、贫困、战争和掠夺。无论在亚洲、非洲、美洲、欧洲，我们都能找到那些依靠垃圾为生的人，他们和我们都生活在城市里，却身处另一个世界，过着另一种人生。我们必须承认，无论是走拾还是变卖，每一个拾荒者其实和我们都一样，心底都有一些最在意的人和事，也许有一天捡拾垃圾将不再是他们的生活方式，也可能某一天他们成为废品回收商人的梦想会变成现实。

在捡拾垃圾的人生中，通过变卖垃圾换钱也许看似是一个没有"门槛"、不需要专业技能、不用投入就能"免费"获得资源的活计，劳动工具就是自己的双手，但这份最脏、最累的工作能获得的收入却少得可怜。实际上，走拾绝不是一件简单的事。只有依靠非凡的眼力，走拾人才能找到有限且廉价的"生存资源"。作家三毛在其《拾荒人》中写了自己"拾荒"的经验："捡东西的习惯一旦慢慢养成，根本不必看着地下走路，眼角闲闲一瞟，就知哪些是可取的，哪些是不必理睬的，这些学问，我在童年时已经深得其中三昧了。"有经验的拾荒者具有高超的捡拾能力，他们能清楚地知道哪些地方藏有自己需要的"财宝"，哪些时候是收获的最佳时机，掌握了关于场所－物品－价值的宝图搜索超能力。

在欧洲历史上，一些拾荒者将捡拾来的废旧玻璃瓶经过精心设计加工后，当作晕船灵药、减肥药水、健身滋补酒等"新产品"进行售卖；还有的用面包碎渣来生产熟猪肘、价格便宜的蜜糖香料长面包、面包汤、工业用明胶，或者直接作为饲料喂自己的家畜；被剔干净了肉的大部分骨头在拾荒者的作坊里被制成纽扣、念珠、刀柄、牙刷柄、扇骨等，其余的部分则被用于制作明胶、糨糊，或者成为制作"动物墨色剂"和鞋油的原料；从理发店和垃圾箱里收集的头发经过拾荒者去油脂、梳理、染色等再加工，就制成了可供售卖的假发。这样的例子举不胜举。让·塞巴斯蒂安·梅西耶在1871年曾这样描述拾荒者给人们精神生活带来的积极影响，从中透露出其对拾荒者群体对社会做出的贡献及其生态智慧的赞赏。[①]

> 旧布头已变成我们书籍不可或缺的原料，以及人们精神生活里的宝贵珠宝。拾荒者先于孟德斯鸠、布封以及卢梭存在；没有他们的带柄铁钩，我的作品就不能够呈现在作为读者的您们面前；没有他们，世界不会变得更坏更糟，我同意，可您们也将不会得到任何书籍……所有这些已变成纸浆的布头将被用来保存雄辩口才刀枪少见的光耀、崇高睿智的思想、真善美的宽厚面貌，以及最令人刻骨铭心、难以忘却的爱国行动。

---

① 卡特琳·德·西尔吉：《人类与垃圾的历史》，刘跃进、魏红荣译，百花文艺出版社，2005，第48~49页。

在田野调查过程中，我询问过几个我见到的走拾人，问他们"垃圾是什么"，他们的回答简单且真实。我听到的最多的回答是"垃圾就是垃圾，别人不要的东西"，也有人说"垃圾就是不能卖钱的东西"，还有的说"垃圾是可以被回收利用的东西"……我并不期望他们侃侃而谈，讲出什么高深的道理。垃圾到底是什么已经在他们真真切切地走街串巷、风吹日晒、毫无怨言的践行之中得到了完美的诠释。相比之下，像我这样坐在明亮的书房对着电脑，然后发表一堆关于垃圾的高谈阔论的人，实在是应该感到自惭形秽。在和他们的接触中我能感到这群被社会所忽视的人内心充满着温柔与温暖，他们为了养家糊口、为了不放弃继续生活下去，乐观、坚强地不分白昼黑夜地奔波着，展现出了人类最原始的爱与生存本能。有人说，造成这一切的原因是垃圾进出口的国际贸易，也有人说是全球发展不平衡导致的经济垄断，可能他们说的都对，但这些对于捡拾人来说毫无意义，他们关注的只是最基本的生存需要。于他们而言，世界是极其简单的，生活是极为艰辛的。

在许多发展中国家，以拾荒者为代表的废品从业者群体承担着整个国家废品回收的大部分工作。以中国为例，废品从业者在垃圾前端分类活动中做出了巨大贡献，很大程度上对缓解垃圾围城困境和维护城市公共卫生发挥了重要和积极的作用。他们用自己的方式参与城市公共卫生事务，建构了一种非正式经济①模式。这种模式依然是许多经济不发达国家垃圾治理体系中不可或缺的力量，甚至成了维护城市公共卫生的"主力军"。

据统计，在全国 668 座城市中，有拾荒者 230 多万人。仅在北京，拾荒者多达 10 万人之众。② 来自广州市供销合作总社 2005 年 9 月的数据显示，目前广州市约有 10 万人从事再生资源回收利用工作，每年回收的再生资源产值超过 100 亿元。③

此外，在很长一段时间里，拾荒者群体采用"劳动密集型"的方式通过对废品进行回收和加工来参与资源的循环利用。从某种意义上说，他们是人类历史上进行垃圾分类回收的"先驱"。尽管这种分类回收实践只停留在简单粗陋的阶

---

① 非正式经济概念源自"非正式部门"的概念，是指政府和正规资本都不介入的经济领域。学界普遍承认在官方认可之外存在一种未被登记的经济行为。"非正式"的经济活动通常有以下特征：进入便利、依赖本土资源、家庭所有、小规模经营、劳动密集型技术、正规学校系统之外所获得的技能以及不受管制的竞争市场。非正式经济现象是发达国家与发展中国家所共有的，其特征也因国情、时代背景与概念侧重点的不同而有所差异。因此，对于非正式经济概念的定义仍充满争议，学术界与国际社会始终未能达成共识。

② 郭江平：《对拾荒群体若干问题的思考》，《南通师范学院学报》（哲学社会科学版）2004 年第 9 期。

③ 董文茂：《拾荒者：边缘化的回收终端》，《环境》2006 年第 5 期。

段，但无论如何，他们所从事的事业，对国家与社会整体的垃圾资源化和循环利用发挥了积极的作用，为国家节省了巨额的财政资金。

当然，拾荒本身作为发展中国家特有的现象，必将是国家社会经济发展的阶段性产物。社会有必要对拾荒者这个弱势群体给予更多的关怀，赋予其享有平等的社会福利，得到相应的权利保障，从根本上改善该群体的生活条件。希望在不久的将来，随着社会经济的进一步发展，拾荒现象将会在世界范围内消失，取而代之的则是以正式经济方式介入的规范化、系统化、精准化的垃圾分类回收体系。我们甚至可以畅想，伴随着大数据、人工智能和机器人等新技术的发展，或许在不久的将来，机器分拣将会取代人工分拣，机器人将会代替人类完全负责关于垃圾处理的事务。

聚宝盆

古今中外，历朝历代都能找到依靠买卖垃圾而发财致富的人。粪便是最传统的也是最常见的垃圾之一，因粪便买卖发展起来的粪便生意不容小觑。中国很早就有专门清理垃圾和以经营粪便为生的人，围绕粪便形成了粪便行业及相应的市场经济。

粪便业最早出现于唐代，《朝野金载》记载："长安富民罗会，以剔粪为业。"《太平广记》记载："河东人裴明礼，善于理业，收人间所弃物，积而鬻之，以此家产巨万。"① 到了 20 世纪 30 年代，很多农民因破产或闲余，离村进城成为"粪夫"（正名叫"清洁夫"，绰号叫"倒老爷"），四处收集粪便进行买卖以赚取利益。粪夫们有的在街上收集粪便，有的在道路两旁专门挖凿粪坑收集粪便，有的和居民协商上门收集，然后自行运到乡下出售。有的商人借此看到商机，开办了粪行做起了粪商，开始雇用粪夫、收购粪便、出租粪车和粪码头，再装运车船，将粪便作为肥料分卖到周边农村。于是在许多地方都形成了专门的粪便市场，兴起了粪便行业。不少粪商因"获利甚巨"，成为 19 世纪当地的商业巨头，马鸿记就是旧上海持续时间最久、势力最大的"粪大王"。据扎西·刘在《臭美的马桶》中记载，"农村人少，粪便也少，不够给田里施肥，所以城里的粪便是抢手货"，位于南京地区"惠民河的粪市是当时全国最大的此类交易市场之一"②。

在过去，倒卖垃圾算不上一个好买卖，但人们也有利可

---

① 牛晓：《我国古代城市对于垃圾和粪便的处理》，《环境教育》1998 年第 3 期。
② 扎西·刘：《臭美的马桶》，中国旅游出版社，2005，第 78 页。

图，且不同层次的垃圾收购商都能从中分得一杯羹。通常，个体经营的废品收购者处在垃圾回收行业的下层，通常是由走拾人转变而来的，是走拾人的"上家"或买家；小微公司形式的收购商则处于行业中层，往往上游对接个体或二级收购商，下游对接当地中小型的垃圾处理厂。很多回收站的经营者最初都是拾荒者，他们一步步靠自己的双手积累了财富，变成了堂堂正正的生意人，有的人还拥有了属于自己的固定物资和人脉资源。他们中有的人靠经营垃圾买卖生儿育女，供孩子上大学；有的攒了钱在老家盖起了新楼；有的甚至在城市买了商品房，搬进了新家。

在城郊某个村的一个占地不大的院子里，坐落着100多间砖瓦房，同时居住着100多户居民，他们半数以上都是来自河南固始县靠拉板车为生的人。每天早上7点多，他们便骑上三轮车从院子出发去往前门、东四、亚运村等辖区的各个小区，开始吆喝"收购旧电器、废旧报纸、旧家具啰……"一天下来，可以穿行十多个小区。如果"效益好"便可以将当天收购的满满一车货拉到东小口村的大型收购站卖掉。有一天，一辆满载着废品的板车驶进了大院。邻居们无不投以羡慕的眼光，张强和妻子从车上跳下，一边卸货一边向邻居们热情地打着招呼。王刚坐在一旁的台阶上抽着烟，看了片刻，叹了口气自言自语道："定点的就是不一样啊！"王刚与张强同住在这个大院很多年了。自从 2006 年，张强和某小区物业签订了废品承包合同，便能够在小区里定点收购废品，不用再和院子里其他的老乡一起，每日一早出门走街串巷收购废品。时间久了，他们和小区的业主们也混了脸熟，不时还有业主直接打电话给他们让他们上门收废品，一来二去彼此间相互信任，生意也越做越顺畅了。这一份小小的合同，就改变了夫妻俩每天的生活轨迹，既不用太过辛苦，收入也比之前多得多。

从捡拾人手中收购从混合垃圾中挑拣出来的可回收垃圾，既获得了资源又省去了劳动成本，再通过不断地倒卖从中赚取差价，这就是废品商在垃圾中获得暴利的生财之道。和其他城市居民不同，废品商眼中的垃圾已然成了一个"明码标价"且商品不同的组合。学者胡嘉明和张劼颖在《废品生活》一书中，列举了一些常见的废品的价格（见表1）。无论是最底层的捡拾人和走拾人，还是依靠倒卖垃圾盈利的个体收购商，他们都是凭借出卖自己的体力或脑力换取收入的劳动者。实际上，按照现代社会职业的标准，只要是参与社会分工，利用专门的知识和技能，为社会创造物质财富和精神财富，以获取合理报酬作为物质生活来源，并满足精神需求的工作就称得上一份职业。他们对社会的贡献也许看上去是如此的微不足道，但生活在城市中的每个人都享受着他们的劳动成果，我们没有任何理由忽视他们的社会贡献，他们理应得到社会的尊重。

表1　国内废品回收价格行情

单位：元/斤

种类	种类	回收指导价
废纸类	黄纸（纯色纸箱，如家电包装箱）	1.0
	花纸（印刷纸箱，如矿泉水纸箱）	0.8
	统纸（黄纸和花纸混合）	1.0
	书纸（各类书籍，不包含杂志）	1.2
	报纸（各类报纸，不包含画报）	1.1
	杂纸（其他可回收的纸品）	0.8
废金属	铝（铝制品，如可口可乐易拉罐）	3.5
	纯铝（非易拉罐）	6.0
	黄铜（黄铜及黄铜制品）	18.0
	紫铜（紫铜及紫铜制品）	28.0
	铁（薄铁制品）	1.0
	铁（铁板、铁块）	1.5
	不锈钢（不锈钢制品）	3.5
塑料类	废编织袋（白色）	0.5
	废编织袋（杂色）	0.4
	塑料瓶（透明干净的矿泉水瓶）	0.8
	塑料瓶（杂色）	0.6
	泡沫板（白色泡沫板）	0.3
	塑料筐（白色装水果的塑料筐）	0.3

续表

种类	种类	回收指导价
衣物类	衣服类（干净完好的衣服）	0.5
轮胎类	钢丝胎	0.35
	线胎	0.2

资料来源：网上废品资源回收交易服务平台"废品站"，2022年10月12日数据。

不可否认，在人类社会中唱响的"拾荒之歌"成为我们将垃圾变废为宝的精神动力。一来，他们的行为是对传统主流文化价值观关于物质"无用性"错误偏见的反击。再者，他们尽可能地"物尽其用"，通过废品收集、分类和变卖让已经被社会淘汰的物品重新配置变为资源，使废品可以重新回到社会物质流通体系中，实现了物质资源的循环利用，用实际行动构建了一套新的垃圾"有用化"的价值和实践范式。拾荒者的贡献还远不止于此，他们的这种活动对整个人类社会文化都具有启示性的意义。

现如今，废品生意早已超出了我们的想象。废品回收已经发展成了一个国家高新科技的新领域。参与主体也由单一的个别社会群体分化为不同规模层级的个人和企业。大型废品收购商则位于行业的顶部，一般为掌握着大量资金和技术、业务范围辐射多个国家和地区的龙头型高新技术企业，拥有专门从事规模化循环资源的收购、处理、研发机构和工厂，以及足以覆盖多种材料的资源化循环产业链，并积极参与全球废物资源循环利用产业合作。例如，2022 年 7 月 8 日，一家以垃圾处理为主的企业在深交所创业板上市。这家名为中科环保的公司的主营业务为生活垃圾焚烧发电、餐厨废弃物处理、污泥处理、危废处理处置等。按资本市场的分类，这类"固废处理概念股"不是一个小赛道，里面有一百来家上市公司，其中最多的一类是做生活垃圾焚烧的，另外还有一些细分领域，比如做废纸回收的仙鹤股份，做稀有金属回收的格林美、贵研铂业，做废电器拆解回收的中再资环，做危险品固废处理的东江环保，等等。这些看似小众的回收公司转眼间便成为巨型的上市公司，固废处理真可以算得上是一个闷声发大财的新兴行业了。其实，这些废品回收市场中的巨头已经算不上是严格意义上的废品收购商了。曾经骑着三轮车走街串巷吆喝收废品的大爷逐渐消失了，取而代之的可能是印着企业标识的拥有上亿元市值的跨国公司。

在全球市场中，垃圾买卖已经发展为国家间的进出口贸易。20 世纪七八十年代，西方国家国内环境政策日趋严格，随之而来的则是较为昂贵的垃圾终端处理价格。与此同时，很多发展中国家进入工业经济全面发展阶段，各类工业国家也摆脱了沉重的终端处理负担。原价 4000 元/吨的塑料垃圾经过加工处理变成塑料颗粒后，转手就能卖出 8000 元/吨的价格。于是，发展中国家进口发达国家"洋垃圾"的跨国贸易格局由此形成。数十年来，"洋垃圾"进口为发展中国家解决了一部分原料问题，但也带来了严重的环境污染。特别是在合法进口类目和许可证的掩盖下，不少不法分子将有毒有害固废进口到国内进行拆解、处理、再利用，形成了黑色垃圾处理链条，这已经违背了资源化利用进口固废的初衷。中国从 2017 年下半年就开始实施对生活来源废塑料、未经分拣的废纸等品类垃圾的进口禁令，之后又宣布从 2018 年 1 月 1 日开始正式停止进口 24 种可回收废品"洋垃圾"。相信在不久的将来，世界循环经济的格局将被打破，废品出口也会成为中国新的经济增长点。

• • •

垃圾怎么办——如何才能有效地应对垃圾污染问题，似乎只是人类文明发展历程中一个微不足道的问题。即使是在全球化、现代化高度发展的今天，各国对垃圾污染问题的关注度始终未能超越经济发展、地区争端、消除贫困等更加迫切的生存发展议题，特别是环境保护事业普遍存在投入资源多、持续时间久并且很难立竿见影等特征，导致许多欠发达国家依然处于无力或无暇顾及的状态。垃圾污染和垃圾围城等问题是在全球气候变暖、经济发展滞胀、疫情肆虐的时代背景下需要我们迫切关注的现实问题。

由于人口激增和工业化、城市化的迅速发展，垃圾污染和垃圾围城严重破坏了生态环境和人居环境，人类文明陷入了一个发展困境当中。造成这种局面的原因很多，但根源还是在于人。从文化研究的视角来看，人类整体的文化偏离是造成"垃圾之殇"的根源，即人类文明的发展理念偏离了自然界的客观规律。人与垃圾之间协同演化的平衡被打破，垃圾困境是人的认知与实践未能适应垃圾的物性演化的结果，人与垃圾二者间不协调的关系最终成了矛盾和冲突。究其根源，这种以满足私利为利益核心的发展理念是人类中心主义发展理念所导致的结果。

　　能否从根本上解决垃圾问题很大程度上取决于人与垃圾之间所建立的关联到底有多密切。因为这种关联可以直接影响我们对垃圾的认知水平以及如何合理地与之相处。废品市场上那些用于交易流通的垃圾，既非物质的垃圾，也不是观念上的废品。但正是在废品经济领域，人与垃圾的互动联系才最为密切。这种互动性的产生无论是源自拾荒者迫于无奈的生存压力，还是废品商人敏锐的商业直觉，其共同点都是他们在长期与垃圾的互动中构建了关于垃圾内在潜能的认知，能够准确洞见垃圾在整个人类活动中潜藏的经济价值，进而激发他们进一步通过各种方式和手段，包括对垃圾的循环利用，获得相应的经济利益。值得强调的是，这种价值的洞见不仅是对废品本身物性结构的深入了解，更是对废品与社会生产生活中各个环节间相互关系的了解，即对垃圾在生产生活各环节中资源性的定位和把握。这对我们如何从对垃圾物性的认知走向物性的回收、加工和再利用具有深远的意义。

处理工艺

我们将在本章中简单探讨垃圾在技术层面"怎么办"的问题，关注人与垃圾之间的相互关系，主要是如何借助各种文化手段和技术工艺来应对垃圾围城的困境，并最终实现彻底消灭垃圾的目的。这里有几个专业性术语需要注意，技术性的"垃圾处置"不同于宏观的政策性的"垃圾治理"，也不同于侧重于公共性质的"垃圾管理"。因此，我们更加关注人类在与垃圾抗争的历史中所付出的种种努力，尤其是人类的科学技术到底能在多大程度上发挥积极的作用。由于垃圾自身及其对环境带来的影响相当复杂，我们仅能选取垃圾世界中的一部分——城市生活垃圾作为审视垃圾处置策略的案例进行描述。

迄今为止，目前世界范围内被广泛运用的城市生活垃圾处置方式在经历了几个世纪的发展之后，依然未出现任何颠覆性的改变，仍是填埋、焚烧、堆肥三种①。相较于过去

---

① 张英民、尚晓博、李开明、张朝升、张可方、宏伟：《城市生活垃圾处理技术现状与管理对策》，《生态环境学报》2011 年第 2 期，第 389～396 页。

的做法，现代垃圾处置办法已经有了质的飞跃，最显著的特点是借助科学和技术的变革，人们对垃圾处置技术工艺的应用增加了对环境影响的关切，如由过去污染环境的垃圾直接填埋与焚烧逐渐升级为更加环保的卫生填埋和无害化焚烧等。虽然当前世界各个国家的垃圾处置技术水平参差不齐，但发达国家几乎都已经逐渐摆脱了面对大量垃圾无法处置以及面临垃圾污染束手无策的困境，尤其是最新的垃圾综合处置技术的应用，在整合了多种单一处理工艺的基础上逐渐将垃圾处置推向系统化和规模化发展道路，这是人类垃圾处置技术工艺的又一次新发展，距离彻底实现消灭垃圾的终极目标更近了一步。

针对垃圾处置技术工艺的探讨，我们并不关注任何科学机理和技术应用的专业分析，而是另辟蹊径，试图挖掘不同的垃圾处置方式背后隐藏的文化策略，坚持从人与垃圾历时性动态关联的视角，揭示人与垃圾二者的主体间性问题。我们尝试从人与垃圾直接互动的视角探寻人和垃圾之间的关系本质，通过描述不同的垃圾处置技术工艺，考察人类利用文化的手段制约垃圾扩张的可能，探寻人类利用智慧的力量抵抗垃圾侵略的历史，以及确定是否有可能凭借对科学和技术中心主义的崇拜最终赢得这场人与垃圾之间旷日持久之战的胜利。

空间的阻隔

　　远离、逃离、隔离似乎是人们面对一切讨厌事物的本能反应。正如老百姓常说的"眼不见而心不烦"，面对任何令自己讨厌的气味、声音、物品、人群、情绪或者境遇，避而远之总是人们在潜意识中做出的最原始、最简单、最有效的首要选择。但当人类无法完全远离垃圾的侵扰，也难以彻底逃离垃圾塑造的世界时，唯有用"断绝接触"和"断绝往来"的方式才能维系人与垃圾之间的平衡关系，而我们隔离垃圾的方法就是将其掩埋在那些人类看不见的地方。

垃圾坑

　　我们在前文中曾讨论过史前人类懵懂的垃圾观，可以推断他们在意识中还没有形成一个精确具体的"垃圾"概念，但也不能忽视史前人类最初在处置食物残渣、粪便等废物时所付出的种种努力。

　　据考古研究发现，在原始人居住过的地方，特别是那些洞口和低洼地带，常常都会发现成堆的动物尸骨，科学家推测这些地方可能是古人用于集中丢弃食物残骨的场所，这些大大小小的垃圾坑其实就是人类历史上出现最早的垃圾堆。我们并不确定这种集中堆砌垃圾（以及简单掩埋）的行为究竟是一种生物本能，还是一种具有文化特质的理性行为，毕竟很多哺乳动物都有类似的举动。我们也没有找到直接证据能够证明史前人类已经学会了对废弃物进行专门处理的意识和方法。

然而，我们可以想象，史前人类确实已经能够感知到废弃物的存在。当他们面对食物残渣或粪便带来的各种不便时，会有意识地采取某种行动，要么将这些东西集中丢弃到远离居所的地方，要么将其直接抛入河道或山谷之中，抑或将废弃物直接填埋，以免遭受气味、疾病、野兽的侵扰。可以说，史前人类针对废弃物的干预行为，其根本目的是满足最基本的生存和安全需要，而非出于任何经济或环保考虑。即便如此，我们也确实低估了史前文明的发达程度，相信史前人类已经具备了一定的分辨能力和理性思维，已经有了和我们一样的"人－垃圾"二元意识，能够明确区分哪些东西是不再被需要的东西，哪些东西应该被加以处置，并在此基础上构建出了一整套应对废弃物的认知模型和文化模式。当然也许我们会在未来依据更新的知识对史前文明的成就生发出不一样的解释。

总之，创造专门用于集中堆放垃圾的场所并对垃圾进行简单的掩埋，是史前文明留给我们的关于人类最早致力于处置垃圾的方式，这传递出一个重要信息，即人类文明发展伊始已经出现了借助文化手段将人类的领地与垃圾明确地区分开来的尝试。同时，也存在一种可能，即在早期的采集狩猎时代，当人类聚集地附近的垃圾堆积过多之后，为避免垃圾带来的各种影响，人类部族不得不迁徙至其他地方定居——垃圾始终驱赶着人类走上持续被迫迁徙的生存道路。当然，由于缺乏足够的证据，我们暂且放下对原始人有意识管理垃圾的种种猜测。

垃圾场

进入农业时代，垃圾迎来了春天。自给自足的小农经济很大程度上实现了对大多数废弃物的"循环利用"。由于当时生产和生活资料有限，古人对物质拥有的欲望程度远不及今人，许多人过着"精打细算"的生活。在日常生活中，衣服破了缝补之后可以再穿，实在穿不了可以作为孩子的尿布、抹布；破罐子可当作花盆，碎瓦砾可以装饰房屋，粪便被用作农田的肥料，食物残渣也可被用来喂养牲畜……几乎所有的东西都在农业生产生活体系中被有效地回收再利用。

巨大的改变大概发生在社会大分工和城市出现之后，生产和生活资料的极大丰富激发了人们对更多物质的欲望，各种商品琳琅满目，种类繁多的生活垃圾也被源源不断地制造出来。更重要的是，人口爆炸、物质充裕让精彩纷呈的市井生活相比于枯燥无聊的田园生活更加令人神往。越来越多的人开始涌入城镇，而数量、种类繁多的城市生活废弃物也由此产生。各式各样的垃圾场在世界范围内纷纷出现，人们再也无法通过迁徙实现与垃圾在空间上的隔离。垃圾给城市带来的伤痛逐渐成为人们无法回避的难题，人类世界正式拉开了主动处置垃圾的帷幕。实际上，在更早的时期，人类就已经学会了利用知识对废弃物进行有组织和系统化的处理。

大约公元前2500年，古印度城市摩亨佐·达罗就出现了极为先进的运输垃圾和污水的市政系统，每家每户的住宅里都有专门的垃圾滑运道，通过它垃圾滑入屋外的排水沟中，继而又连入下水道系统被排出城市。大约公元前2100年，埃及的赫拉克利奥波利斯城内，贵族区的垃圾已经可以被统一收集后倾倒入尼罗河中。大约在同一时期，克里特岛的一些房屋浴室已经和主要污水的管道连通。我国的《周礼》中也有关于当时地下污水排放系统的介绍。古希腊人将垃圾处理系统与城市规划相结合，他们利用城市排水系统将城市生活垃圾源源不断地排到城外，开创了一套成熟的城市卫生管理体系。古罗马则将一套水上垃圾运输系统纳入罗马城市的市政管理当中，建于2500年前的罗马城大排水沟至今仍在使用，是罗马工程中最古老的纪念物。

垃圾是什么

除了把污物排向河道之外，古代更为常见和更为主流的垃圾处置方法是建造专门用于集中堆放和掩埋垃圾的设施和场所，即早期的垃圾填埋场。从文明发展的角度来看，这些为了掩埋垃圾而专门建造的场所的出现标志着人类主动干预垃圾的开始。在许多古代文明发达的国家和地区，这些用于处置废物的技术工艺已然成了文明发达的象征。即便是一些我们现在看来极其简单的方法，也真实地凝聚了人类伟大的智慧。

约自公元前1600年起，犹太人便已经开始将垃圾掩埋在远离住宅区的地方。在古代的特洛伊城，垃圾有时被丢弃在室内的地面上，或者被倾倒在街道上，当人们无法忍受垃圾的臭味时，会用泥土盖在这些垃圾上遮掩气味，不时还能看见有猪、狗、鸟类、老鼠等动物在垃圾中寻觅食物。据考古发现，我国一些城镇在公元前221年秦始皇统一中国后就已经有了专门用于堆放垃圾的场所，同时，欧洲罗马的城郊同样有一连串敞开的大坑，尸体、粪便和各种废弃物都被不加处理地丢弃在那里。在南宋临安，"街道巷陌，官府差顾淘渠人沿门通渠；道路污泥，差顾船只，搬载乡落空闲处"①。位于西半球的古代

---

① 引自吴自牧《梦梁录》。

　　玛雅人也建造了专门盛放垃圾的场所，并用破碎的陶器和石头来进行填充。

　　如前所述，在工业革命和城市化之前，作为人类传统的处理城市生活垃圾的主要方法，垃圾简易填埋法一直延续了上千年。这种处置垃圾的方法之所以能够在传统社会存续如此之久，并不是因为古人比现代人更加聪明，而是因为在他们那个时代所面对的垃圾没有发生质的改变，即垃圾在物性和数量上没有发生改变。简易填埋法的可行性和有效性完全基于传统社会存在大量有机废弃物和有限的城市生活垃圾的现实。当社会中的垃圾自身物性发生改变并且数量和种类剧增时，人类建立在农业文明基础上的认知出现了巨大的盲区——老办法在面对新问题时彻底地失灵了。

　　于是，我们便能在各种文字中了解到，在许多国家和地区，无人清理的生活垃圾、污水和粪便时常遍布城市各处，空气中弥漫着难闻的气息，城市中的居民对此并非苦不堪言，而是早就习以为常。随着欧洲迈入 19 世纪的巴斯德时代，城市卫生观念逐渐深入人心，城市生活垃圾的处理开始受到统治者和政府官员的重视。针对城市生活垃圾的法律条文、人员和各类基础设施纷纷出现。譬如，在率先完成了工业革命的英国，政府开始着力改善城市卫生状况。英格兰政府于 1848 年首先制定并实施了《公共卫生法》，并在各地设立起了公共卫生管理部门，有组织地把垃圾集中收集起来，统一运送到距离城市较远的地方堆放、填埋，真正建立了世界上最早的城市生活垃圾填埋场。随后，欧洲各国纷纷效仿，垃圾填埋场逐渐成了欧洲城市的必要设施。然而，这些工业时代的垃圾填埋场相较于之前时期的那些垃圾场，在技术水平和处理效果上确实更加先进，但这加速导致了"垃圾围城"成为都市发展过程中不可避免的现象。

卫生填埋

从远古社会至今，垃圾填埋已经走过了上千年的历史，早期的简单填埋法由于填埋气和渗滤液对环境的污染比较大，已经无法适应现代社会对废弃物处置的要求，为了避免空气和地下水遭受污染，进入新时代的人类再一次借助科技的力量创造了一种更加先进且环保的垃圾填埋方法。

美国首先在 20 世纪 30 年代提出了卫生填埋的概念。由此，发达国家的科学技术人员开始对卫生填埋场（或准卫生填埋场）进行研究，这是一种配备了较完善的防渗系统、渗沥水收集和处理系统、填埋气体导排系统、雨污水分流系统的现代化设施。卫生填埋的科学定义是对城市垃圾和废弃物在卫生填埋场进行填埋处置。这种技术工艺具有技术相对成熟、操作管理简单、处理量大、投资和运行费用较低、适用于所有类型垃圾等优点。[①] 为了防止填埋废弃物与周围环境接触，尤其是防止垃圾渗滤液溢出污染土壤和地下水，科学家们对填埋垃圾采取了专门的防护措施，如在设计上除了必须严格选择具有适宜的水文地质结构和满足其他条件的场址外，还要求在填埋场底部铺有一定厚度的黏土层或高密度聚乙烯材料的衬层，并具有地表径流控制、浸出液的收集和处理、沼气的收集和处理、监测井及适当的最终覆盖层的设计，以达到被填埋垃圾与环境系统最大限度的隔绝，这被称为固体废物的"最终处置"或"无害化处置"。

卫生填埋技术的发明是现代人应对垃圾污染问题的伟大创举，标志着人类已经在处置垃圾的同时开始对环境加以观照，是对过去那些传统填埋方式的摒弃。大多数被填埋的垃圾是以固态或半固态形式存在的物质，在自然环境中分解的速度比较缓慢。然而，尽管卫生填埋的投资和运行费用低，但有科学家依然指出了卫生填埋存在的缺点：一是消耗大量人力、物力和财力，占用大量土地；二是垃圾处理效果较差、垃圾处理水平较低，填埋过程中难以有效控制有害物质通过渗滤液渗出，很容易造成土壤的二次污染和水体污染；三是填埋场的甲烷、硫化氢等废气可能会引发火灾和爆炸，同时加剧温室效应等问题。卫生填埋对技术工艺、原材料使用和

---

① 毛群英：《城市垃圾填埋技术及发展动向》，《山西建筑》2008 年第 6 期，第 353～354 页。

建造质量等提出了相当高的要求。这样看来，卫生填埋与我们想要的最可靠的处置方式之间依然存在一定的差距，或许把垃圾长久地保存在我们的脚下并非明智之举。

空间隔绝

长期以来，我们承袭了祖先的那种把垃圾扔到活动领地之外而免受侵扰的做法，这种做法大概率根植于所有哺乳动物的基因当中，同时也源自我们单纯地秉持着大气、河流、海洋有能力用天然的手段将一切垃圾消灭的观念。我们试图将垃圾阻隔在人类世界之外的各种文化和技术手段，无论是原始人的垃圾坑还是后来的垃圾填埋场，在本质上并没有发生任何改变。我们可以将其归纳为同一个文化策略，即把垃圾从自己的生产生活空间中转移至专门的空间场所当中，通过用空间隔绝的策略阻止垃圾在空间上的侵扰，之后又进一步由地上空间的直接堆砌转变为地下空间的直接或卫生填埋。换言之，人类通过把垃圾尘封在土地之下的方法——把垃圾与人在空间上达成一个相互隔离的状态来达到处置垃圾的目的。

从效果上看，在人类发展历程中的一段时间里和一定程度上，垃圾填埋确实能够解决人类受垃圾侵扰的问题，成功地营造了一个远离垃圾侵扰的干净世界。当现代人再一次借助科技的力量将眼前的问题逐一化解，不但将自己与垃圾隔离开来，同时也将有毒物质与自然环境相互隔绝，似乎预示着我们同时举起了人类中心主义与自然中心主义的旗帜时，垃圾战争的天平再一次偏向了人类一方。于是，大多数人因为看不到垃圾而有了这样的一种感觉：人似乎能够通过填埋垃圾而与垃圾永世隔绝。但是，我们真的可以长久地与垃圾世界隔绝吗？这也许不过是我们自欺欺人的幻觉罢了。

为何始于远古时期的垃圾转移与隔绝策略能够延续至今？真的是因为这种垃圾处置方式便捷又便宜，并且效果立竿见影吗？也许我们的先人最初只是单纯地以为只要将垃圾从"自己的地盘"清理出去就能达到"消灭"垃圾的目的，压根并不关心那些顺着河水漂流而下的垃圾将去往何处。但现代人都清楚，垃圾在空间上的"位移"所产生的隔绝效果，只是对处在类似于"上游"的环境而言的，垃圾永远不会从这个星球上凭空消失，至少那些很难被自然界分解的人工合成废弃物，会在另一个时间出现在"下游"。垃圾可能存在于城市的地基之下，在太平洋、印度洋、大西洋的洋底，在尼罗河、恒河、黄河、亚马孙河的沿岸，在草原、山地、森林、沼泽的深处，甚至还可能存在于野生动物的肠胃当中……我们所做的不过是把此处的垃圾转送到了彼处罢了。从地球生命的角度来看，人类用隔绝的方式处置垃圾表面上看是人类世界的一劳永逸，实际上却彰显着这个物种与生俱来的自私。

总之，在我们应对垃圾的挑战的过程中，所有一切把人和垃圾相互隔绝的做法，所有那些试图阻止人与垃圾产生接触和互动的策略，都只会加剧人与垃圾二元世界的相互分裂，完全忽视了垃圾与人之间不可割裂的依从关系。人与垃圾隔绝的状态，看似是现实世界中人与垃圾、人与物两种客观物体之间的分离，但却烙有强烈的工具理性的印记，映射了我们心里那些关于"我们"和"它们"、干净与污秽、好的和坏的、有用的和没用的种种二元对立意识，似乎与我们接受垃圾、拥抱垃圾、与垃圾共处的初衷背道而驰。我们始终在坚持的只是企图把垃圾从人类世界转移至自然界之中，把处置垃圾的责任转嫁到地球身上。这并不意味着人类能够通过依凭自己的力量让垃圾消失，不过是人类推卸责任的表现罢了。如果说我们把垃圾成功地清理出人类的活动范围算作一种胜利，那么这个胜利属于人类中心主义者，而非环境中心主义者。

燃烧的力量

火是一种能够将一切事物化为灰烬的神奇力量。火的发现和使用在人类文明发展史上具有划时代的意义。人类借助这项源自旧石器时代的重大成就彻底改变了自己的命运。随着利用自然火和人工取火的密码被逐渐破解，人类通过火加热食物摄入营养增强了体质，通过火抵御野兽和寒冷，从此不再风餐露宿，逐渐从动物界中脱颖而出。火最终引领人类走向了物种权力的中心，开启了从利用自然走向改造自然的历史新进程。火的力量是不可估量的，正如同人凭借智慧赋予火新的意义一样。在漫长的人与垃圾相互抗争的历史长河中，为了应对废弃物对人类世界的侵扰，火成了消灭垃圾最有力的武器，垃圾焚烧由此诞生。

刀耕火种

在人与火的故事中不能不提人们关于刀耕火种的记忆。

刀耕火种，又叫迁移农业，是始于新石器时代的一种农业经营方式，属于原始生荒耕作制度。通常，农人们会砍伐荒地上的树木、枯根、朽茎，待这些草木被晒干后放火将其焚烧。已经枯死或风干的树木被火焚烧后能让土地变得松软，这时候只要在林中清出一片空地，简单地用掘土棍或锄挖出一个个小坑，再投入几粒种子用土将其埋上，便不需再施肥，因为地表的草木灰就是天然的肥料。但是，当这片土地的肥力减退时，人们就不得不放弃这里去开发另一片新的土地，一般一块土地耕种一年后就需要易地而种了，因而刀耕火种也被称为"打游击农业"。刀耕火种持续了上千年，是人类在远古时期最有效的耕种方式之一，但如今刀耕火种已演变为环保主义话语下破坏环境的代名词。值得注意的是，草木灰依然是现今许多国家和地区农肥的主要来源。那么，草木灰到底是一种资源还是废弃物呢？

垃圾是什么

实际上，在各国文明发展的历史中，所有关于焚烧的描述和记忆都隐藏着"毁灭"的企图，昭示着人们用火的力量征服一切的野心。这种借助火的力量把一切生命存在的证据毁掉的做法，或许根植于我们祖先最初试图征服眼前大片森林时的举动，既流露出对未知结果的期待，也透露出自己的张狂。或许，在许多人看来，火的力量之所以强大就在于它拥有一种将有形化为无形的能力，也正是这种独一无二的力量给人们带来了人们所期望的结果——让存在的事物完全、彻底地消失。

从古至今，在人类各民族的文明史中都有诸多证据显示，我们很早就有了焚烧垃圾的传统。垃圾焚烧的科学定义是，通过适当的热分解、燃烧、熔融等反应，使垃圾经过高温下的氧化进行减容，成为残渣或者熔融固体物质的过程。《圣经》中就有关于古代以色列人焚烧处理垃圾的记载。在约公元前 1000 年，耶路撒冷的垃圾被运送到基德隆河焚烧，烧完的灰烬撒在附近的墓地或伯利恒地区。垃圾焚烧作为一种古老而传统的垃圾处理方法，在操作上简单而直接，只用将一切不需要的东西堆积，然后点火焚烧等待其燃尽后处理灰烬即可。从效果上看，相较于丢弃和填埋，焚烧最大的优势在于减量化效果显著，不但能节省大量用地，还能消灭各种病菌，对于那些城市定居者而言，焚烧真是最理想的办法。也正因焚烧的魅力巨大，时至今日垃圾焚烧依然是这个星球上几乎所有城市处理垃圾的主要方法。

草木灰

在许多现代人的认知中，直接焚烧垃圾被认为是一种错误的行为。然而，回溯历史，我们会发现，在长达几千年的农耕时代，垃圾焚烧蕴含着更深层次的意义，不仅仅是对废弃物的消灭，还是一种传统的"回收利用"的智慧与文化的彰显。最为典型的例证是焚烧肥的利用，即农人把可燃烧的有机废弃物点燃，利用燃烧后的灰烬进行施肥的文化行为。最常见的是农户们将诸如秸秆、玉米棒子、柴火等有机废弃物在土灶台中焚烧，产生的热量可以用来烧水、做饭；也会将房前屋后的垃圾堆直接点燃（俗称烧灰堆），在明火烧到一半的时候，用一些像蒿叶样的宽叶植物覆盖在上面，在将明火熄灭的同时把焚烧变成"闷烧"，其目的是让焚烧物不至于烧成灰烬，最后将其制成可被再次利用的资源。我们不禁要问：为何焚烧会让废弃物变废为宝？这些焚烧之后产生的灰烬到底有何价值？

以草木灰为例，草木灰是植物（草本和木本植物）燃烧后的残余物，一些农人将其称为"万能灰"。草木灰为植物燃烧后的灰烬，是一种不可溶物质。对农人而言，草木灰是极好的农家肥，其主要成分是碳、磷、钾，几乎含有植物所含的所有矿质元素。其次,在没有发明农药之前,草木灰充当了最为有效的杀虫剂的角色,比如对蚜虫、红蜘蛛、地蛆等虫害有很好的防治作用。最后,稻草或大豆秸秆产生的草木灰可用于制作碱水,农民会在畜舍、饲槽里撒上草木灰,以起到消毒、杀菌的作用,同时把草木灰和水一起煮沸过滤后还能制成消毒液,甚至在民间其还曾被当作"创可贴"用于伤口止血,还可作为保鲜剂以储藏食物等。当然,草木灰的用途远不止这些。

可以肯定的是,通过焚烧农业废弃物用于农业生产的传统历史悠久,凝聚着古人关于刀耕火种的文化记忆。而这种利用焚烧手段提高土地肥力的技术工艺,实现了现代垃圾生态环保的处理目标,彰显了人类传统文明的光辉。事实上,焚烧确实让人类世界里的垃圾减少了,但在此之后的日子里,焚烧垃圾的发展却并非如我们想象得那么乐观。

烟囱

火代表着光明、温暖与热情,同时也代表着破坏与毁灭。

无论时代如何更迭,人类始终没有放弃对火的"崇拜"。即使面对成分越发复杂的塑料等人造合成废弃物,焚烧依旧是人们处理垃圾的首选方式。历史经验证明,我们为这个选择付出了沉重的代价。

1890 年法国细菌学家巴斯德对细菌学的研究，让人们逐渐意识到多年来在欧洲流行的传染病与之前人们对垃圾的置之不理有很大关系，这使得人们大力开展卫生防治工作。由于焚烧能够消灭垃圾中的细菌和病毒，垃圾焚烧法开始受到人们的重视，有组织地焚烧被当作一种专门处理垃圾的技术被加以开发利用，各式各样的焚烧设备被发明，工厂被陆续建造起来。对于那些工业化不充分和偏远的乡村地区，焚烧垃圾是自发的个人行为，居民直接将收集好的垃圾点燃，既方便，又快捷，省去了运输、挖坑、填埋等人力成本。现如今，在大多数经济较为发达的国家，政府会出台相应的法令管理焚烧垃圾的行为，通常居民个人私自焚烧垃圾是违法的。对于从事生活垃圾经营处置活动的组织和企业，必须拥有相关的合法资质才行。

随着工业化程度不断加深，诸如电和煤等新资源技术的应用，许多曾经令我们引以为傲的事情发生了改变。以秸秆的命运为例，农人对柴草不再依赖，加之机械化收割对秸秆的破坏、资源化处理的成本提升等诸多因素，最终导致在很多国家大量秸秆无法被再利用，只能采取就地焚烧的方式处理。但由此带来的结果便是，每逢水稻或小麦收割的秋季，大规模的秸秆被集中焚烧，产生遮天蔽日的浓烟，不但造成雾霾天气污染空气，引发交通事故，还会引发火灾、破坏土壤结构。焚烧产生的大量有毒有害物质，对人与其他生物的健康会造成危害。现如今，得益于最新的科学成果，诸多把秸秆制作成燃料的新技术陆续出现，如秸秆固化成型、秸秆热解化、秸秆厌氧消化生产沼气等，秸秆能够被重复利用的故事将在未来重现。

现代垃圾焚烧是指在高温焚烧炉内，固体废物中的可燃成分与空气中的氧发生剧烈的化学反应，被转化成高温烟气和性质稳定的固体残渣，并放出热量的过程。理想状态下，垃圾焚烧过程中产生的热量可被用来发电或供热，性质稳定的残渣可直接填埋处理。但在垃圾焚烧厂普及的最初阶段，垃圾焚烧曾一度因为处理技术应用不到位，或缺乏相应的空气净化设备，导致垃圾燃烧处理热值不达标、垃圾无法完全被分解，在低温焚烧过程中产生有害物质等危害人体健康，造成大气造成污染而饱受争议。直接焚烧垃圾会产生有毒物质的事实不容争辩，但这是否就意味着我们必须放弃焚烧策略？难道就没有更好的焚烧方式了吗？

传统的垃圾焚烧会产生大量有毒有害废气，对大气环境和人类健康造成危害，为了化解这一问题，让垃圾焚烧被更多的人接受，科技的力量再次凸显。垃圾焚烧处理经历了百年的历史。垃圾焚烧厂最早出现在 19 世纪中后期的西方国家，并在 19 世纪 80 年代广泛传播。自 1874 年英国建造了第一座生活垃圾焚烧炉起，伴随着欧洲产业和科技革命的推动，

1896 年至 1898 年，德国汉堡和法国巴黎先后建造了垃圾焚烧处理厂，标志着现代化垃圾焚烧处理工艺的开始。由于当时的垃圾焚烧技术有限，垃圾中可燃物的比例低，垃圾焚烧产生了大量的浓烟和臭味，对环境造成了严重的二次污染。尽管在此期间，焚烧炉技术不断发展，特别是受益于煤炭燃烧技术，焚烧炉从固定炉排到机械炉排，从自然通风到机械通风，但直到 20 世纪 60 年代，垃圾焚烧并没有成为主要的垃圾处理方法。

现代化的焚烧技术的出现始于 20 世纪 60 年代。城市生活垃圾产量快速递增，过去的垃圾填埋场逐渐趋于饱和，垃圾焚烧减量化水平高的优势重新得到重视，生活垃圾焚烧技术也得到进一步发展。但当时垃圾焚烧厂受基础条件制约，燃烧效率并不高，这限制了该技术的大规模应用。自 20 世纪 70 年代以来，垃圾焚烧技术进入成熟阶段，尤其是烟气处理技术和焚烧技术水平大幅提升，炉排炉、流化床和旋转窑式焚烧炉代表了当时最新的垃圾焚烧工艺。随着生活垃圾中可燃物、易燃物的含量大幅度增长，大大提高了生活垃圾的热值，加之全球能源危机的持续加剧，垃圾焚烧引起了发达国家对垃圾能量回收的兴趣，发达国家城市垃圾中可燃物、易燃物所占比例逐步上升，现代新型的垃圾焚烧炉逐渐得到广泛应用。

经过多年的探索，科学家们对垃圾焚烧工艺精雕细琢，最终研发出了新的焚烧工艺。例如，为防止重金属和有机类污染物等再次排入环境介质，一般需要投入巨资，在现代垃圾焚烧设施里设计安装一套高效烟气净化系统，如通过熟石灰湿法脱硫、活性炭吸附、布袋除尘器净化（除尘率在99.7%以上），保证最后烟囱出口处二噁英排放浓度达到低于0.1纳克/千克的欧盟排放标准，有效避免二次环境污染。烟气净化过程中收集的飞灰还需要进一步处理后填埋，燃烧后的残渣则运至其他工厂综合利用。自此，焚烧逐渐成为世界发达国家处理城市生活垃圾的主要方式。尽管如此，依然有人对垃圾焚烧的安全性表示警惕和怀疑。

物理改造

火的使用开阔了人类处理垃圾的新视野。在发现火之前，人类只能采取堆积或填埋的方式处理垃圾，相比于用火来处理物料废品，需要占用大量的土地、耗费人力等，直接焚烧显得更为便捷、便宜和高效。焚烧法相比于填埋法的优势更加明显，具有占地小、场地选择容易、处理量大、处理时间短、兼容性强、无害化较彻底，以及热量回收等一系列优势。从最初的刀耕火种到烧柴火灰，再到后来的大型固废焚烧工厂，我们把"点燃垃圾"的作用发挥得淋漓尽致，最终用火消除了人与垃圾之间的阻隔。

焚烧垃圾似乎给我们指明了未来的方向。这种"用火"

的文化只存在于人类世界之中，是人类的专属"发明"。相比于垃圾堆积和掩埋，焚烧方法蕴含着高超的文化意味和科技含量，对人类战胜垃圾具有里程碑式的意义。回顾垃圾焚烧历经的百年历史，我们更加确信技术革新对人类战胜垃圾能够起到决定性的作用。乐观来看，为了实现焚烧后气体的无害化和提高废渣的利用率等目标，一代又一代的科学家和工程师经过不懈努力，不断迭代更新焚烧工艺，最终探索出了一条在人类现有条件下最能有效处理垃圾的新路子。

当土地不足以容纳足够多的垃圾时，需要运用焚烧的手段直接将固体的垃圾转化为废气和残渣，实现由固态到气态的物理转化，从而达到"消灭"垃圾的目的。换言之，垃圾焚烧是利用高温将固态的废弃物转化为气态及固态残渣废弃物的过程，即一个人为改变垃圾的物性的过程。垃圾焚烧技术也由原始的直接焚烧发展为先进的工厂化无害焚烧。无论是过去直接对垃圾的焚烧，还是今天利用先进的垃圾焚烧设备进行处理，都是人类用文化手段对垃圾的直接管理。从文化的角度来看，垃圾焚烧的本质是人类通过燃烧等化学反应改变垃圾的物性，达到减少对环境的破坏的一种文化手段，即对垃圾物性的人为改造。单就焚烧工艺对人类社会产生的效果而言，大量的固体废物经过焚烧处理后转化为无毒的气体和可回收的废渣，不再对人类的生存产生威胁，我们似乎真的做到了"消灭"垃圾。事实真的如此吗？

在现实层面，垃圾焚烧的道路依旧崎岖。现代化的垃圾焚烧厂的建造、管理和运营往往需要国家投入巨额的技术与资金支持，尾气处理要求严格、高额的运营成本导致很多欠发达的国家和地区望而却步。综观地球生态，能量守恒定律让我们看到了垃圾焚烧的另一面，我们从森林、矿石、动植物身上掠取的能量最终还是会不多不少地回到大自然。譬如焚烧垃圾产生的碳分子和热量，虽然是我们人类肉眼看不见的，但它们对大自然的影响，依旧如可见的垃圾一样，以一种更新的形态、前所未有的方式对大自然造成破坏。也许，地球正在面临的温室效应就是一个我们自己创造的灾难的前兆。

生物的分解

传统堆肥

长期以来，那些由农业文明时代流传下来的，专门被用于废物利用的传统技艺，足以应对有限的人类废弃物。倘若人类世界从未经历工业化变革，垃圾问题也许根本不会出现。

古人面对"垃圾怎么办"时表现得要比我们今人从容许多。如前所述，古人应对农业垃圾的方式丝毫不逊色于现代人，甚至时常有过之而无不及。农耕文明促进了农耕文化对农业废弃物的改造，改造后的农业废弃物又肥沃了土地，进而推动了农业的繁荣。这套以农耕文化为基础发展起来的垃圾处理工艺与现代堆肥技术有所不同，为便于和现代堆肥技术相区分，我们将其称为传统堆肥技术。

对于以种植和饲养牲畜为主要生产方式的农耕群体而言，在长期的农业生产活动中，他们逐渐学习、总结并掌握了一整套成熟的农业垃圾肥田技术。在古代埃及或文明发达的地区，如尼罗河流域、幼发拉底河和底格里斯河流域、古中国、古印度等地，都有农民把混有垃圾、粪便、灰烬的泥浆还田的记录，古人想办法把植物茎秆、畜血、人和牲畜排泄物、鸟粪堆积物、湖沼淤泥、枯枝落叶、海草、绿肥、含盐表土、灰烬（包括草木灰、血灰、骨灰、焦泥灰等）、石灰、石膏等一切可利用的有机物，制作成厩肥、堆肥等农家肥①，用于浇灌菜地、农田、葡萄园、花园，少数被用作牲畜的饲料。这些从古代流传至今的废品处理工艺可谓几千年来农耕文化在处理"人地关系"过程中的一项壮举，是人类在探索有效

---

① 农家肥，即在农村收集、积制的各种有机肥料。它的种类多且来源广、数量多，很多可以就地取材、就地使用，最重要的是几乎零成本，如粪便、厨余垃圾、厩肥、堆肥、绿肥、沤肥、草木灰等。这些有机肥料中含有氮、磷、钾、钙、镁、硫、铁等营养物质，并且必须与土壤中的微生物发酵分解，在化学与物理作用下才能释放，因而肥效长久且稳定。农家肥具有恢复和保护土壤肥力的功能，有利于促进土壤团粒结构的形成，协调土壤中的空气和水的比值，起到松弛土壤和保水、保温、透气、保肥的作用。

解决"垃圾怎么办"问题过程中得到的智慧结晶。例如，农人会将秸秆、风干的树枝与杂草等丢进饲养牲畜的圈房里，任凭牲畜踩踏，顺便使其和牲畜粪便混合，最后这些混有粪便的秸秆、树枝与杂草经过长时间的踩踏会形成高质量的有机肥，而整个收集、混合、踩踏的过程被当地人形象地称为"踩肥料"或"踩粪"。

中国农民采用堆制方法生产有机肥已有上千年的历史。早在公元前10世纪左右的中国的西周时期，《诗经·周颂·良耜》中已有"以薅荼蓼。荼蓼朽止，黍稷茂止"的歌咏，说明那时人们已认识到被拔除的田间杂草腐烂后有促进黍稷生长的效果。据《沈氏农书》记载，羊圈垫以柴草，"养胡羊十一只，……垫柴四千斤"，"养山羊四只，……垫草一千斤"；猪圈垫以秸秆，"养猪六口，……垫窝草一千八百斤"。"磨路"，是以碎草和土为垫圈材料，经牛踩踏后与粪尿充分混合而成的一种厩肥。不过，踏粪不仅仅是踏以牛足，往往还要经过堆制使其充分腐熟，"其制粪亦有多术，有踏粪法。……南方农家凡养牛羊豕属，每日出灰于栏中，使之践踏。有烂草腐柴，皆拾而投之足下，粪多而栏满则出而叠成堆矣"。

　　传统堆肥技术是人类很早就发明出来的废物利用方法中的典型代表。我们暂且不说传统社会中人们的堆肥活动是出于主动还是被动，其确实以实现废弃物的再利用为目的，根本上是一种对废弃物的资源化改造并加以循环利用的过程。其实，与其说循环利用是农民处理废弃物的基本原则，不如说这原本就是他们的生活方式。所以，我们没有理由否定古人在处理垃圾－人－自然相互关系上所做出的努力和贡献。时至今日，许多现代的有机垃圾处理方法都是基于历史智慧发展起来的，甚至在当今很多经济欠发达的农业国家和地区，传统垃圾处理技术依旧被广泛采用，我们不得不惊叹这些亘古不变的智慧。

　　在我国明清时期，城市和农村都已经形成完备的产业链用于回收各类粪便，有专门以此为营生的专业人员，这些人从城市回收，然后运输到乡村销售给农民，就算是一些破布、旧衣裳也会被迅速回收，甚至许多人还以此得以发家致富。这些完备的产业链，如果同时期的欧洲人来到中国必然会感到不可思议、惊叹连连，认为自己身在天堂了。

　　人类最开始主要依靠人畜的粪便培育农家肥。农民饲养的牛和马可以作为劳力，其粪便可以制作肥料，但人畜的粪便并不能满足持续扩大的耕地需求，农民们不得不开始从城市中回收粪便、碎布、皮革、灰烬、阴沟泥等各种生活垃圾，甚至形成了一定规模的垃圾回收产业。垃圾在法国作家维克多·雨果的笔下曾被称赞为"土地的食物"："这些堆放在街角的垃圾，这些装满污泥深夜在街巷里颠簸的马车，这些令人作呕的粪桶，这些被路面掩盖的臭气熏天的流动的泥浆，您可知道它们是什么？它们是开满鲜花的牧场，是青青的草地，是百里香，是一串红，是野味，是牲畜，是傍晚健硕的牛群发出的满足的哞叫，是清香的干草，是金色的麦穗，是您餐桌上的面包，是流淌在您静脉中的热血，是健康，是欢乐，是生活。这是神秘造物主的意旨，它要用垃圾改变大地，改变蓝天。把垃圾归还土地，您就会获得富足。让平原得到营养，人类就能收获粮食。"雨果在《悲惨世界》中一语道破了垃圾的身世——"世上所有的垃圾，都是源于大自然的财富"。

直到19世纪末，垃圾的黄金时代才逐渐结束。垃圾在人类历史中的正面形象出现反转。巴斯德的细菌说、城市卫生运动加深了民众对垃圾问题的担忧程度，垃圾作为传播疾病、威胁健康的"魔鬼"被欧洲各阶层所厌恶，农民开始反对在农村建造垃圾场。生活垃圾中的残食、果皮、骨头等有机物的减少，塑料、玻璃、碎金属等无机物的增加，使得生活垃圾不但无法被土地直接吸收，还会破坏土壤、影响农作物生长，虽然"新鲜"的生活垃圾也能直接肥田，但农民拒收垃圾的倾向越发明显。与此同时，化肥和无机肥等"合成肥料"的出现，在一定程度上重创了由动植物垃圾构成的有机肥的发展，传统人工堆肥技术逐渐被农民忽视和摈弃。

现代堆肥

工业化之后的堆肥技术虽然发展缓慢但同样成果丰硕。

混合肥料方法是一种在发酵基础上进行的生物加工法。换言之，就是把土壤、植物、木屑、灰烬、骨头等物质混合后层层堆积，任其自行发酵变成肥料的工艺。该技术早在17世纪就已经发现，直到20世纪30年代后期才得到发展。当时，欧洲开始流行由佛罗伦萨农业学家贝卡利发明的热发酵法。这是一种把垃圾放进密闭空间内，加入微生物，利用人为手段加速发酵的生物加工法。但该方法成本高、时间长，且成效不明显。后来，在20世纪60年代，农业集约化等导致腐殖土严重贫瘠，把垃圾加工成混合肥料的计划再次被提上日程。欧洲国家开始建设新型的混合肥料加工厂，虽然新的生物加工技术让垃圾发酵周期进一步缩短，但是混合肥料的售价远高于成本，最终升级后的发酵法再次破产。1973年的石油危机给混合肥料带来了新的生机，通过回收垃圾和垃圾农业化，混合肥料受到各发达国家的关注。为了提升混合肥料的质量，减少其中诸如碎玻璃、塑料、重金属等"杂质"，和其他垃圾处理的技术工艺一样，科学家和工程师们围绕如何提升有机垃圾堆肥技术水平，开展了大量的研究和实验，相比于焚烧技术发展速度缓慢，逐渐从简易堆肥发展为动静态堆肥，从人工堆肥到机械化、半机械化①②③，最终"拨云见日"，探索出了多元化的现代堆肥技术。

通常来说，现代堆肥技术是在一定的工艺条件下，利用自然界中广泛存在的细菌、放线菌、真菌等微生物对垃圾中的有机物进行发酵、降解，使之变成稳定的有机质，并利用发酵过程产生的温度杀死有害微生物以达到无害化卫生指标的技术。另一解释为：堆肥处理，又称好氧堆肥，是在特定的条件下，利用微生物的新陈代谢作用，将可生物降解的有机物转化为未定的腐殖质的方法。堆肥工艺走到今天已发展出多个门类：工业堆肥技术，如船上堆肥和充气静态堆肥等；农业堆肥技术，如静态堆肥、蚯蚓堆肥、料堆肥等；家用堆肥技术，如堆肥厕所等；其他堆肥技术，如蠕虫堆肥、黑蝇堆肥等。按不同标准又可以划分为不同类型。例如，按照温度来划分，堆肥可以分为一般堆肥和高温堆肥两种，前一

① 陈磊：《全球固体废物的产生、处置、危害状况与控制战略》，《世界环境》1994 年第 4 期，第 34~39 页。

② Daniel Hoornweg、姚力群：《"怎样对待垃圾"：亚洲的固体垃圾管理》，《产业与环境》2001 年第 12 期，第 65~70 页。

③ 孙晓芹：《国外控制城市生活垃圾的几种办法》，《中国环保产业》1999 年第 4 期，第 40 页。

种的发酵温度较低，后一种的前期发酵温度较高，后期一般采用压紧的措施。高温堆肥对于促进农作物茎秆、人畜粪尿、杂草、垃圾污泥等堆积物的腐熟，以及杀灭其中的病菌、虫卵等具有一定的作用。虽然堆肥技术门类繁多，但基本原理都大致相似。所以，为了获得优质肥料，在堆制过程中，千方百计地为微生物的生命活动创造良好的条件，是加快堆肥腐熟和提高肥效的关键。堆肥技术适合处理易腐烂的、可降解的、有机物含量较高的垃圾，可将有机成分转化为肥效物质，具有发酵周期短、无害化程度高、卫生条件好和易于机械化操作等特点，是处理有机垃圾最有效和最适宜的技术方法。

近年来，随着人类对自然界的认知进一步加深，各种科学技术发展趋于成熟，人们开创了更多利用自然力量净化环境和减少污染的方法。其中，生态化处理和生化处理就是两个典型的代表。生态化处理是指有效地利用生物链来处理自然界中的污染物或者污染源，既起到生态平衡作用，又起到净化环保作用，比如污水生态化处理、污泥植物生态床、污泥蚯蚓生态床、新型污泥复合生态床等。生态化处理的整个流程要保障没有新的污染物出现、净化使用的植被易于重复利用、净化成效良好等，最终实现回收再利用，要实现在"收集、净化、存储、回用"四个环节的生态化目标，在处理方式上要做到"防治结合"。生化处理又称为生物处理法或生化法，其处理过程是使废水或固体废物与微生物混合接触，利用微生物的生物化学作用分解废水中的有机物和某些无机毒物（如氰化物、硫化物等），使不稳定的有机物和无机毒物转化为无毒物质的一种污水处理方法。按照反应过程中有无氧气可分为好氧生化处理和厌氧生化处理。新工艺的研发为我们更"生态"地处理污水和垃圾指明了方向。

总之，虽然堆肥相比于焚烧而言技术工艺相对简单、机械设备少、投资和运行费用低，但却存在堆肥质量不高、堆肥筛上物和堆肥过程中产生的气味及污水易造成土壤板结和地下水质变坏等问题，这使得很多专业人士为堆肥技术的前途担忧，认为这种技术始终发展缓慢，很可能在未来会被淘汰。为何这种最接近自然资源"循环"的技术得不到发展和推广，真的只是技术或成本的问题吗？实际上，垃圾本身的复杂性就决定了混合肥料的命运多舛——只有优质的混合肥料才会有市场，而混合肥料的销路取决于其原料成分——生活垃圾成分越复杂，混合肥料的原料质量越低，提炼、制作的工序越复杂，难度就越大，费用和成本自然也就越高。例如，我们制造的固体垃圾主要是塑料制品、钢铁制品、电子产品、厨余垃圾、纸制垃圾等，类型众多、处理难度大，并不适用于生态化和生化处理工艺。为了解决这个问题，只有尝试从垃圾源头上对垃圾进行优化和改造，才有可能降低处理运营成本和进行全民推广，这部分我们会在后面进行讨论。

生化改造

"物尽其用"的理念是古人留给今人最珍贵的宝藏。"堆肥法"作为古老而优良的垃圾处理法，从始至终都散发着人与自然二者"美美与共"的智慧之光。堆肥本质上是人借助生物媒介关联垃圾与自然界相互作用的机制。以堆肥的过程为例，堆肥利用垃圾或土壤中存在的细菌、真菌等好氧微生物的外酶，使垃圾中的有机物发生生物化学反应，形成物性上的相互勾连，通过这种互动方式将其分解为改变了物性的新物质（溶解性有机质），这种物质可以渗入自然界中的微生物细胞内。之后，改变了物性的垃圾和微生物再次发生相互作用：微生物通过新陈代谢把一部分溶解性有机质氧化为简单的无机物，为微生物的生命活动提供能量，另一部分溶解性有机质被转化为营养物质，形成新型细胞体，并使微生物不断增殖，从而促进垃圾中可被生物降解的有机质向稳定的腐殖质转化，而腐殖质不再具有腐败性，不会污染环境。在经历了这一过程之后，垃圾大概率彻底回归到了自然，资源循环得以实现。

　　针对部分有机废料，堆肥法通过改良传统农业堆肥技术，利用自然界中的微生物的生物化学改造策略，以达到把有机肥料加工为原材料堆肥的目的。不同于填埋和焚烧，堆肥有其特殊性，主要体现在以下几点：一是堆肥是从废弃物自身入手，通过"踩粪""化粪""发酵"等生物化学手段改变垃圾的物性，而非像填埋法那样将废弃物进行空间上的转移或者隔绝，在减少垃圾总量的同时，创造出可被利用的新资源，用循环利用达到"消灭"垃圾的目的；二是虽然堆肥和焚烧具有共性，在过程上二者都借助微生物和火等外界的媒介作用使垃圾原有的物性改变，但在结果上堆肥对自然界的有机物和无机物的改造比焚烧更加彻底和"干净"，减少了因垃圾处理引起的液体和气体污染。这为我们重新认识在自然世界和人类世界之间搭建起的物质循环系统提供了更多的可能性。所以，堆肥是通过对垃圾物性的生物化学改造从而减少垃圾总量并且回馈自然的一种文化手段。人类对堆肥工艺的经验，始于农耕文明对自然资源的深刻理解，蕴含着人类对大自然的敬畏和尊重。

　　事实上，堆肥法在未来的发展中面临重重困难。现实生活中有机垃圾在人类制造的垃圾中的占比十分有限，特别是新型化工材料被陆续发明后，人造垃圾的成分和物性越加复杂，似乎垃圾回归自然的道路越走越窄，自然界对人类垃圾的识别率和利用率也在持续降低。作为生物的人类始终不能脱离对动植物这一能量来源的依赖，这就使得我们在根本上不可避免地会制造有机废弃物。为何以堆肥为代表的垃圾处理策略会遇到重重阻碍？

工艺的整合

进入 20 世纪以后，直到 70 年代，世界范围内的垃圾处理一直以填埋、焚烧、堆肥为主，形成了"三足鼎立"的格局。发展至今，虽然在工程技术领域针对不同的垃圾类型，如城市生活垃圾、农业废弃物、煤电工业废弃物、冶金工业废弃物、机电工业废弃物、石化和轻工业废弃物、危险废弃物等，研发了多种处理技术和工艺，但在文化策略上始终没有脱离"空间隔离"和"物性改变"的范畴和逻辑。因此，我们对垃圾处理的讨论始终围绕垃圾"何去何从"这一问题展开。对此，专业人士对垃圾处理提出了一系列的目标和标准，以此来衡量我们在多大程度上"消灭"了垃圾，以及如何判断我们在真正意义上战胜了垃圾。

目标原则

人类对于垃圾的厌恶和恐惧其实集中表现在垃圾"有毒"的危害性方面。历史上，在经历了大范围和大规模垃圾引发的污染事件之后，社会开始高度重视垃圾的无害化（也称为安全化）问题，即试图将废物内的生物性或者化学性的有害物质进行无害化或安全化处理。假如我们始终坚持将垃圾界定为一种有毒物，以此作为垃圾处理策略的出发点，仅仅把消除垃圾的污染性和危害性作为处置垃圾的首要任务，那么无论我们的技术工艺如何精进，也许永远都无法摆脱过去一直以来通过人与垃圾的"阻隔"的方式进而"回避"垃圾的底层逻辑。我们只有以新理念、新思维提升对垃圾处置事业的根本性认知，才有可能在具体的垃圾处置策略上做出符合客观规律的决策，这需要我们在宏观规划和顶层设计层面始终保持"认知－创新"的发展理念，把握好垃圾处置的目标和原则。就目前我国的情况来看，垃圾综合处理的发展仍处于起步阶段，以确保卫生性和安全性为主，将垃圾的无害化处理作为主要目的，主要体现为垃圾处理的一般方法、"3R"原则和"三化原则"三个方面。

垃圾处理的一般方法可概括为物质利用、能量利用和填埋处置三种方法。物质利用，又称物质回收利用，是指通过物理转换、化学转换（包括化学改性及热解、气化等热转换）和生物转换（包括微生物转换、昆虫转换和动物转换等），实现垃圾的物质属性的重复利用、再造利用和再生利用，包括传统的物质资源回收利用和把易腐有机垃圾转换成高品质物质资源。能量利用，又称能量回收利用，是指将垃圾的内能转换成热能、电能，包括焚烧发电、供热和热电联产。填埋处置，是指对不能进行资源化处理（包括物质利用和能量利用）的无用垃圾进行填埋处置。

"3R 原则"是发展绿色循环经济的重要特征，是减量化（reducing）、再利用（reusing）和再循环（recycling）三种原则的简称。减量化原则要求用较少的原料和能源投入来达到既定的生产目的或消费目的，进而从经济活动的源头就注意节约资源和减少污染。减量化有几种不同的表现。在生产中，减量化原则常常表现为要求产品小型化和轻型化。此外，减量化原则要求产品的包装应该追求简单朴实而不是豪华浪费，从而达到减少废物排放的目的。再利用原则要求制造的产品和包装容器能够以初始的形式被反复使用。再利用原则要求抵制当今世界一次性用品的泛滥，生产者应该将制品及其包装当作一种日常生活器具来设计，使其像餐具和背包一样可以被再三使用。再利用原则还要求制造商应该尽量延长产品的使用期，而不是非常快地更新换代。再循环原则要求生产出来的物品在完成其使用功能后能重新变成可以利用的资源，而不是不可恢复的垃圾。按照循环经济的思想，再循环有两种情况：一种是原级再循环，即废品被循环用来产生同种类型的新产品，例如报纸再生报纸、易拉罐再生易拉罐等；另一种是次级再循环，即将废物资源转化成其他产品的原料。原级再循环在减少原材料消耗上面的效率要比次级再循环快得多，是循环经济追求的理想境界。

　　实现垃圾治理的"三化"是根据我国《固体废物污染环境防治法》和《循环经济促进法》所确立的垃圾处理原则。垃圾无害化，也称为垃圾安全化，是将废物内的生物性或者化学性的有害物质，进行无害化或安全化处理。其目的是使垃圾不再污染环境，可以循环再利用，变废为宝。主要有填埋处理、焚烧处理、堆肥处理三种处理方法。例如，利用焚烧将微生物杀灭，促进有毒物质氧化或分解。垃圾资源化，是将废弃的垃圾分类后，作为循环再利用的原料，使其成为再生资源。从垃圾生命周期来看，垃圾资源化包括源头减量与排放控制、中期循环利用以及后期处理三个阶段。垃圾资源化的逻辑应该是：先源头减量和排放控制，再物质利用和能量利用，最后填埋处置，通过以分级处理与逐级利用为主的方式，均衡发展垃圾处理的各个环节，充分发挥不同垃圾生态化方式的功能和作用，尤其要加强垃圾分类后的物质再循环。垃圾减量化是解决垃圾问题的根本途径。垃圾减量化处理，就是减少垃圾的最终处理量，其实质是提高垃圾的资源化利用率。它包含三个阶段性内涵：一是减少源头产生量，即从产品的设计和生产阶段就开始充分考虑尽量减少废弃物的产生，比如杜绝过度包装；二是减少中段清运量，即从垃圾产生伊始就将那些可以作为资源利用的废弃物尽量分流出来；三是减少末端处理量，实质上是减少垃圾填埋量，这一过程也被称为垃圾物流过程的多级减量。简言之，垃圾减量就是从设计生产、清理运输、集中处理各个环节减少垃圾总量，从而达到减少垃圾排放及污染的目的。此外，有些国家的垃圾处理环节中还增加了垃圾集约化，即集合人力、物力、财力等管理资源，根据规范的配置流程，提升现代化管理水平，达到优化垃圾治理效率的目的。

合与分

混合垃圾

回顾以上三种主要的垃圾处理方法，无论是卫生填埋、焚烧还是堆肥（生化处理），表面上都是可以有效解决垃圾问题的办法，不论哪种单一的处理方法都各有优劣，但所有的方法都有一个共同特点，它们都对特定类型的垃圾更加有效。然而，现实生活中混合收集的垃圾却无法直接与某种处理工艺相适应，不得不在收集后进行预处理。以堆肥为例，为了加速把生活垃圾变成卫生、无味的腐殖质，通常在堆制前要对不同的材料加以处理。首先，城市垃圾要分选，选去碎玻璃、石子、瓦片、塑料等杂物，特别要防止重金属和有毒的有机和无机物质进入。其次，各种堆积材料原则上要粉碎为好，增大接触面积利于腐解，但要多消耗能源和人力，难以推广。一般是将各种堆积材料切成 2 至 5 寸长最好。再次，对于质硬、含蜡质较多的材料，如玉米秆和高粱秆，吸水性较差，最好将材料粉碎后用污水或2%石灰水浸泡，破坏秸秆表面蜡质层，利用吸水促进腐解。最后，水生杂草由于含水过多，应稍微晾干后再进行堆积。因此，当我们在探讨垃圾处理问题的时候，其实忽略了一个更重要的问题——垃圾混合。

垃圾混合收集是影响垃圾无害化、资源化、减量化的重要制约因素。混合垃圾中既包含了可直接回收利用的部分，也包含了不可直接回收利用的部分，当二者混合后就很难分离，如纸类和厨余垃圾混合后成为"湿垃圾"，纸类就很难被直接回收。我们可以看看我们的垃圾桶里到底有什么，食品包装、烟头、果皮、塑料吸管、方便面、骨头、卫生纸；再看看住宅区外的垃圾站里，一个个大大小小的塑料袋，夹杂着废旧沙发、碎玻璃、石块……可谓无所不有。此外，混合垃圾中还有一些有毒有害的化学危险品，如电池、日光灯管、油漆等，不但容易污染其他类型的垃圾，而且无形中加大了垃圾无害化处理的难度。这些混合垃圾不但利用率低，造成巨大的资源浪费，而且对环境的破坏性极强。对此，为了把干垃圾和湿垃圾分离，以及将有害垃圾从混合垃圾中分离，有的国家耗巨资建立了垃圾分拣站，有的国家则单纯依靠拾荒者、环卫工人等进行人工分拣，我们在垃圾分拣中耗费了大量的时间、资金、人力、物力……

实际上，我们都知道垃圾中的很多东西是可以被回收再利用的，我们也知道把垃圾混合在一起会导致很多"干净"的垃圾被有毒有害肮脏的垃圾所"污染"。所以单就混合行为而言，其既是人类心智根源的表现，如简单化思维、追求便捷等；也是人类认知进化的表现，包括工具理性、边际效应等。换言之，混合垃圾是人类本能的历史遗留。对此，我们不必赘述，毕竟在人类历史上，垃圾从始至终都是混合的，至少我们从未关注过需要将废弃物进行分离，直到我们认识到混合垃圾会直接影响环境和垃圾的变废为宝。

垃圾分类

现代意义上的垃圾分类是按一定规定或标准将垃圾分类储存、分类投放和分类搬运，从而使其转变成公共资源的一系列活动的总称。垃圾分类是为更好地发挥垃圾综合处理作用的前提条件。换言之，垃圾分类的目的是为混合垃圾难以处理提供解决方案。分类后的垃圾可以被更好地循环利用或者通过填埋、焚烧等技术进行处理。垃圾分类是垃圾终端处理设施运转的基础，是我们对垃圾的一种预处理。垃圾分类可以提高垃圾的资源价值和经济价值，力争物尽其用，减少垃圾处理量和处理设备的使用率，降低处理成本，减少土地资源的消耗，具有社会、经济、生态等方面的效益。垃圾分类是将废弃物分流处理，利用现有的技术工艺，对垃圾进行物质利用和能量利用，然后将无法利用的无用垃圾进行填埋处置的过程。

垃圾是什么

　　垃圾在分类储存阶段属于个人的私有品，经公众分类投放后成为公众所在小区或社区的区域性公共资源，垃圾被分类搬运到垃圾集中点或转运站后成为没有排除性的公共资源。从国外各城市对生活垃圾分类的方法来看，大致都是根据垃圾的成分构成、产生量，结合本地垃圾的资源利用和处理方式来进行分类的。如德国一般分为纸、玻璃、金属和塑料等；澳大利亚一般分为可堆肥垃圾、可回收垃圾、不可回收垃圾；日本一般分为塑料瓶类、可回收塑料、其他塑料、资源垃圾、大型垃圾、可燃垃圾、不可燃垃圾和有害垃圾等。众所周知，日本的垃圾分类已经达到了"极致"。日本因其垃圾分类的复杂和严格而世界闻名，垃圾分类已然成为一张国家的"环保名片"。日本主要以垃圾焚烧为主要处理方式，一开始仅仅将垃圾分为可燃与不可燃两个简单的类别，后来随着分类处理技术的发展，垃圾类别也更加细化。

　　实行垃圾分类是很多国家未来解决垃圾问题的绝佳选择。垃圾分类作为一项公共管理事务，涉及顶层设计、制度保障、基础设施、人员配备、宣传教育等多项任务。同时，需要政府、企业、民众的共同参与，是一项巨大的全民工程，面临着来自经济、社会、文化等方方面面的挑战，可谓一场人类发动的"革命"。关于垃圾分类的研究已经成了人类社会各领域关注的焦点，本书在此并不打算围绕垃圾分类展开更多的讨论。

综合处理

如果说垃圾分类是服务于垃圾终端处理的预处理，那么这些被分好类别的垃圾是否需要被分运到相应的卫生填埋场、焚烧工厂或者堆肥厂呢？又是否会因此增加原本就很高的处理成本，降低处理效率呢？为了整合不用垃圾处理工艺流程的横向耦合及资源共享，基于垃圾处理的共生性和差异性，同时兼顾不同区域在社会条件、经济条件、环境条件，特别是垃圾特性方面存在的差异，因地制宜地提高垃圾处理设施的运行效率，达到安全卫生、循环再生的目的，一种整合现有垃圾处理策略的新型处理思路应运而生，我们称之为"垃圾综合处理"。

垃圾综合处理与其说是一种新的技术，不如说是一种技术整合。垃圾综合处理是根据垃圾成分或特性，遵循"分级处理、逐级减量、以废治废、变废为宝"原则，结合当地产业、经济、科技、地理、生态环境与人文条件，优化组合多种垃圾处理方式，整合产业链，建立废弃物治理的物质（能量）链、信息链和利益链，对废弃物分级进行源头减量与排放控制、物质利用、能量利用和填埋处置，实现固体废弃物妥善处理和专业化、集约化处理。垃圾综合处理可以通过综合处理基地方式集中处理，也可以通过构建信息交互系统，采用虚拟生态工业园分散但各处理单元或单位紧密关联的方式处理。垃圾综合处理的工艺主要包括以下几种：预分选综合处理工艺、预堆肥综合处理工艺、预消解综合处理工艺、能量自给综合处理工艺等。由此可见，垃圾综合处理与其说是一种专门的技术工艺，不如说是一种综合不同处理工艺的整合管理策略。

具体来看，结合垃圾分选工艺，垃圾综合处理可根据垃圾类型和处理方式分成不同的类型。一种可按照处理对象分为混合垃圾处理型和分类垃圾处理型。前者主要处理源头混合收集的原生垃圾，后者主要处理源头分类收集的垃圾。另一种可按单元处理技术重要性分为多元组合型和功能拓展型。前者是根据区域内垃圾的物流平衡而采用多种并列的单元处理技术的综合处理方式，后者则以某一种单元处理技术为主体，根据工艺要求，增加其他辅助技术作为补充，地位上有主次之分。例如，对于生活垃圾源头分类回收技术相对成熟的城市来说常见的垃圾综合处理组合类型有：分选＋填埋、分选＋生化处理＋填埋、分选＋焚烧＋填埋、分选＋生化处理＋焚烧＋填埋。生活垃圾混合收集的地区则多采用以下几种组合形式：无机垃圾分选＋残余物和有机垃圾填埋、有机垃圾生化处理＋残余物和无机垃圾填埋、可燃垃圾焚烧＋不可燃垃圾分选＋残余物填埋、可燃垃圾焚烧＋不可燃垃圾分选＋残余物填埋、有机垃圾生化处理＋无机垃圾分选＋生活处理＋分选后可燃物焚烧＋残余物填埋等。

当前，垃圾综合处理在世界范围内还处于起步阶段，并且出现了两极分化的趋势。一方面，发达国家依凭其完善的法律制度、居民较强的环境意识与积极的行动配合，在生活垃圾源头分类回收技术不断成熟的基础上，生活垃圾中可被利用的要么被直接回收利用，要么借助各种不同的综合处理工艺实现了资源回收和循环。总体上，不同发达国家建立了将差异化的垃圾分类回收体系与垃圾综合处理系统相结合的垃圾综合处理体系。美国、英国、瑞士、日本、德国、瑞典等都建立了适合于本国本区域情况的生活垃圾综合处理系统。另一方面，大多数发展中国家由于自然条件、经济实力、社会发展水平、生活垃圾特性等与发达国家差异较大，同时受制于缺乏顶层设计、政策措施不完善、产业化发展缓慢、综合处理设施不足、处置系统相对封闭等，各国存在垃圾处理方式单一的问题，垃圾综合处理迟迟没有得到广泛应用，大部分人依然被围困在垃圾的世界之中。

反向生产

还记得我们在上文中所讨论的关于垃圾无差别化改造的设想吗？垃圾自身的复杂性和差异性导致我们在意识思维中难以将其合理分类，这正是人类世界难以在垃圾战争中取胜的心智根源。面对垃圾围城和垃圾污染的挑战，人类除了选择被迫飞离地球避免被垃圾掩埋之外，只剩下一个选择——

与垃圾战斗到底，彻底创造一个没有垃圾的新世界，最完美
的结局就是人类最终扮演了地球拯救者的角色。

有人也许会持有这样的观点：如果人类不对任何有机物
和无机物垃圾进行干预和处置，它们总会在历经足够长的时
间后变质、腐烂、风化并消失。但不可否认，仅仅依靠地球
自然界的"自净"力量，不仅这个漫长的自然降解过程所需
要的时间可能会超出我们的想象，而且不同物质被完全降解
的时间也是截然不同的。相关数据显示，苹果核大约需要两
周时间可被自然降解，纸袋大约需要六周，平装书需要半年，
羊毛衫需要一年，烟蒂需要五到十年，轮胎、运动鞋、皮带
则大约需要五十至八十年，而塑料袋、泡沫纸杯、薯片包装
袋、铝制饮料罐、玻璃瓶等也许永远都无法被自然降解，这
些精致人造物中含有的化学物质也许可以原封不动地留存在
地球的土壤中数千年，甚至上亿年……

从物质能量运动的角度考量，垃圾的产生和消失始终遵
循着自然界的"能量守恒定律"。人类在进行工业化之前的
历史时期，可以毫不费力地依靠自然母亲的力量"清洗"废
弃物，把大部分的食物残渣、粪便、有机农作物废料变成动
物饲料、植物肥料，把废弃物蕴藏的能量直接返还给自然，
在人类世界与自然界之间实现能量循环。但在工业化之后，
大量自然资源的物性在工业生产加工的过程中被彻底改变，
导致大量的"新物种"（人工合成物）要么超出了自然界承

载的范畴，要么很难被自然界识别、吸收和降解，物质的能量就只能被长久地"封印"在土地下那些被填埋的废弃物之中，或者化为焚烧后的残渣、烟尘和灼热的气体。伴随着矿物、石油、动植物变成了钢铁、燃料、食物等一系列人类"开发－加工－消费"的文明洗礼，一切原本储藏在大自然资源中的能量，从矿山、森林、土壤等空间转移到了汽车、家具、电子元件之中，表面上人类世界似乎在享受着物质增量带来的巨大红利，实际上地球能量的总量却始终保持不变，因为那些堆积如山的废弃物所蕴含的能量被人们永远地遗忘了。结果是随着垃圾越积越多，一方面持续增长的物质能量被白白浪费；另一方面人类依旧变本加厉地开采自然资源，物质能量持续不断地从自然世界流向人类世界。这种单向度的能量流动如果不加以制止，只会使废弃物中积攒的能量无限膨胀，最终超越地球上所剩无几的自然能量总和，人类只能朝着地球能量最终被消耗殆尽的方向孤独前行。为了战胜垃圾，我们可能需要向几个世纪前的人类学习，也可能需要借助人类掌握的新技术，通过建立一种新型的"反向生产"模式改造垃圾，最终赢得人类彻底消灭垃圾的终极之战。

实际上，我们目前所有的关于处置垃圾的行动策略都在向着这个"反向生产"的终极目标进发。"反向生产"不过是极端化的综合处理，其实现的基础就是重新建构垃圾物性的秩序，建构的过程就是我们对垃圾进行分门别类的收集，垃圾分类的根本目的就是获得可被再次利用的生产原料。"反向生产"要求我们从垃圾的结构和组成入手，根据垃圾的物性特征进行分类回收，即对物质集合的垃圾进行精细化的拆解与分离，包括对所有混合的生活垃圾按照不同标准进行源头和过程的分类收集和运输，为下一步的分类处置创造条件。而分类的标准和拆解程度则取决于分类处置的技术水平，与废弃物的可回收再利用效率成正相关。简言之，只有被精细化分类后的物质才有可能实现垃圾在物性上的无差别化改造。垃圾分类是现阶段人类实现"反向生产"的前提条件。综合处理的目标是通过对混合垃圾进行分类、回收、再利用实现物质从差别化转化为无差别化的过程，达到物质再次与环境之间勾连、形成新的合理秩序。这种拆解可以是粗放的，也可以是精细的。借助技术手段，我们可以把楼房拆解为碎石，将废旧汽车拆解为钢材、织物、塑料、玻璃；同时我们也可以进一步把这些碎石、钢材、织物、塑料、玻璃改造加工为用于建筑装修的各种原材料。正如我们可以把厨余垃圾转化为可直接利用的有机物一样，不同的垃圾物性对应着不同的处置方式，拆解处置得越精细，废弃物被还原为原材料的可能性就越大。按照这个逻辑，只要技术条件允许，我们就能最终让垃圾回到某种完全资源化的"初始"状态，最大限度地让垃圾变成可再生资源而被反复利用。

从本质上看，"反向生产"旨在把曾经用于资源开发的技术手段用于废弃物的还原，使作为废弃物的垃圾转变为作为生产原料的非垃圾，最终通过反向赋能实现垃圾的无差别化改造。只有当某种合成物被彻底还原为多种分子元素时，垃圾才会变成我们理想中的无差别粒子态，垃圾也才会彻底从客观世界中真正消失。因此，当大自然面对人类创造的这些"新物种"而无能为力时，唯有人类自己勇敢地站出来，承担所有的责任和义务，才能让地球转危为安。虽然迄今为止还没有任何一个国家找到某种既便宜又高效的在短时间内彻底消灭垃圾的办法，但人们绝没有放弃探索彻底消灭垃圾的努力。我们已知的科学知识和现有的科技水平既无法对所有合成物质实现完全的无差别化还原，也无法在经济上摆脱"反向生产"成本远远高于"生产"成本的现实，这导致我们对垃圾的分类回收处理依然处于一个粗犷型的起步阶段，并且需要以付出巨大的成本为代价。但我们今人依然具有对人类子孙后代生存发展的关切，以及保护地球母亲不受伤害的高尚情怀，以牺牲自己一部分经济利益为代价，竭尽全力地通过文化和技术手段尽可能地接近那个消灭垃圾的终极目标。

综上所述，人类社会生产力水平的发展直接影响垃圾自身物性的演化，同时其又反过来影响我们对垃圾新的认知。而认知水平提升的一个重要目的在于我们能够把认知水平提升后的新知识和信息重新用于具体的实践，最主要的表现是对原有垃圾处理技术工艺的改良、更新。单从技术层面来看，技术工艺的更新，包括工艺的精进、成本的降低、避免二次污染等，都受制于科学和技术整体的发展程度，尤其是进入工业社会之后，垃圾处理工艺更加依赖物理学、化学、生物学等基础自然科学理论的突破。新技术的优势在于能够攻克传统技术所不能及的技术困难，如卫生填埋和无害化焚烧等都能大幅度减少因垃圾直接填埋或焚烧给环境带来的二次污染，现代堆肥技术也比传统堆肥效率更高。近年来出现的垃圾综合处理技术则是垃圾处理的新趋势。过去仅凭单一技术手段处理混合垃圾的方式面对物性更复杂、数量更庞大的人工合成已难以为继，未来必须采用多重技术手段相协调的综合处理技术，即在垃圾分类基础上整合多种技术手段的处理方式，推动垃圾处理技术的多元化和系统化发展。而垃圾分类是综合处理的关键前提，只有前端实现有效垃圾分类收集和中端安全的分类运输，才能保障终端不同类型的处理技术行之有效。

　　放眼未来，有朝一日，当人类的文明能够把一切形式的废弃物回收、加工、改造为资源时，人类就能走出物质能量单向度消耗的厄运，也许就会不再过度依靠自然界供给的能量，而是在维持现有废弃物能量总量的状态下，实现能量在人类世界中形成独立的循环生态。这样既能终结一个向外索取的循环，也会开启一个自给自足的循环。倘若绝大部分的物质均能够在人造物质循环生态中不断的"生产－消费－再生产"，那么人类将彻底创造一个没有垃圾的世界。

尽管这些畅想听上去多少有些科幻的色彩，在某些方面也缺乏相应的科学依据，但这种幻想正是基于一切已经成为现实的事实。因为历史见证了人类文明面对垃圾侵扰从妥协无奈走向改造净化的全过程，并且人类依然坚定不移地在探寻新的出路……生存与发展始终是人类文明前进的动力，探索与适应也始终在帮助人类渡过劫难。为了实现消灭垃圾的终极目标，人类将会面临更大的挑战，不仅仅是投入巨量的资源、精力和时间，还需要决策者高瞻远瞩的魄力以及无所畏惧的勇气和决心，以牺牲无数可知的、确定的"小我"利益为代价，换取那个未知的、不确定的"大同世界"。人类的努力表面上是为了彻底地消灭垃圾，实际上是在永久地净化自己……相信未来的某个时刻，人类定能一如既往地依靠智慧的力量改变这个星球的面貌，用无限的好奇心和想象力揭开宇宙能量的真实面纱。

· · ·

垃圾处置是一个科学研究和技术革新的问题，侧重于通过创新和改良技术工艺的方式处置垃圾。科学技术是第一生产力，科技发展水平对我们提高垃圾处理工艺水平和提升垃圾处理效率起着决定性的作用。历史证明，每一次科技革命都能创造出效率更高的垃圾处理新技术，而每一项新技术的发明都在朝着更高效、更节能和更环保的方向发展。

历史证明，科技创新是决定我们有效和彻底解决垃圾问题的核心与关键。人类制造的垃圾只有依靠人类的力量才能消灭，但人类探索如何高效、清洁、低成本地处理垃圾的过程是漫长而曲折的。几千年来，尽管我们处置垃圾的策略依然是空间隔绝、物理改造、生化改造，算不上什么创新，也没有超越古人的智慧。但一路走来，垃圾处置的技术工艺先后经历了一个从盲从到成熟、从粗略到精准的不同发展阶段，如今正在朝着更加专业化、精细化、资源化的轨迹发展。

尽管当前各类垃圾处理工艺依然存在成本高、收益低、推广难等一系列难题，综合处理体系还在建设当中，大量的科学性和技术性难题亟待攻破，要完全有效地利用相关工艺也尚需时日，但我们应该对此充满信心。在探索如何有效处置垃圾的过程中，我们一次次地试错，对实践经验进行总结，再重新回到实践中做出调整，创造出更有效的方式应对新问题。在处理人与垃圾的相互关系过程中，人通过生产力发展、科技革新对垃圾处置技术的发明和改良，达到垃圾被安全、绿色、有效处置，是人在认知水平提升的基础上适时调整技术手段和策略实践的结果。透过垃圾处置技术的历史沿革，我们看到了面对垃圾带来的挑战，人的主观能动性有能力适时把握物质的客观规律并做出理性的回应和实践。人类借助文化力量改造自然的同时，也在努力用相似的方式改善人与自然的关系。

管理策略

在上一章中我们讨论了垃圾如何处理的话题，本章中我们将从另一个视角探讨垃圾管理的相关问题。解决"垃圾怎么办"问题除了涉及在技术层面解决人与垃圾的相互关系问题之外，还需要协调好人类社会内部人与人之间的相互关系，即垃圾管理者与被管理者之间的关系，以达到推动人类文明与社会生产力发展，打造良好地球生命生存环境的目的，构建人与自然和谐发展的未来世界。

首先，何谓"垃圾管理"呢？一般而言，管理是指一定组织中的管理者，通过履行计划、组织、领导、协调、控制等职能来协调他人的活动，使别人同自己一起实现既定目标的活动过程。垃圾管理侧重于政府（统治者）对垃圾行业的行政管理方式及手段，是政府对具体围绕垃圾实施作业的公共领域的监督与管理，其目的是提高垃圾处理行业的效率和促进其有序发展。以城市垃圾管理为例，其是城市政府的环境卫生行政主管部门依靠企业、事业单位的专业化作业和城市各单位、市民的积极支持，对生产和生活垃圾进行收集、运输和处理的管理活动。放眼全球，各国政府在垃圾管理上展现出"八仙过海"的本领，所以我们无法概括各国政府的垃圾管理现状及效果。我们这里提到的垃圾管理主要倾向于从文化的视角讨论人类与垃圾的相互关系，从公共区域卫生管理的角度探讨人对垃圾的各种干预。因此，在本章中我们将描述人类是如何通过计划、组织、领导、协调和控制他人来完成垃圾管理的。

垃圾管理与社会结构之间存在互相建构的关系。人类通过对人－垃圾关系的认知升级、管理策略更替和社会结构调整等方式，改变垃圾管理自身的生态位的过程就是垃圾管理的生态位的构建过程。垃圾管理是人类世界的一种活动表象，垃圾管理的结构和状态都取决于同时代的人类文明发展的阶段、主流意识形态、思想潮流等"生态遗传"，包括环境保护主义、可持续发展理念、后现代解构主义等，如放任垃圾之于历史、管理垃圾之于现代、消灭垃圾之于未来等。因此，简言之，垃圾管理是人类文明自身进化的结果，同时也是其进化的原因。垃圾管理的生态位构建反映了因人－垃圾关系的互动而在社会治理、文明发展方面做出的各种策略调整，将垃圾管理从无序改造为有序的协同过程。作为人类文明发展进程的阶段性产物，任何结构的垃圾管理都如同生物一样要接受时代、自然界优胜劣汰的环境选择，不断适应新的生存与发展需要。这种适应并非盲目和随机的，而是"有机可乘"的——顺应"天道"的垃圾管理自然会促进人类文明的发展，反之则会走向不可避免的灾难。垃圾管理本质上是通过制造污染或者减少污染的方式改变人类受到的环境选择压及其生境，直接影响着人类文明和地球生命的生死存亡。而这些改变又会反过来促进垃圾管理的改变，这种互动过程就是垃圾管理建构起生态位的过程。

在本章中，我们将再次以人类社会历史发展的宏观视角，聚焦城市发展与垃圾管理的相互关系，将城市垃圾管理视为一个城市公共管理实务的基本形态加以呈现，探讨人类在城市化发展过程中是如何应对垃圾侵扰等一系列问题的，归纳、总结出城市垃圾管理从无中心模式向单中心模式发展的历史脉络，并且剖析这些管理策略产生和发展的历史背景、原因以及存在的问题。

政府干预

有限干预

从古至今，有人的地方就有垃圾。但人与垃圾之间并非始终处于控制与被控制、管理与被管理、支配与被支配的关系状态。同时，在地球上不同的自然和社会环境中生活的人们对自己所生活的公共领地的质量也有着截然不同的要求。随着人类聚集地从部落发展为城市，垃圾对人类生产生活的影响越发明显，人类对垃圾的干预和管理也逐渐趋向于规模化和系统化。

垃圾管理是人类文明发展的某种阶段性成果。我们可以想象，在早期的狩猎采集阶段，生存是最主要的社会需要，垃圾还没有成为影响人们生产生活的"烦恼"，因而人们完全不必付出额外的时间与精力对其进行专门的管理，公共区域的垃圾处于长时间"无人管理"的状态。进入农耕文明以后，零散的人口向集中的城邑会集，传统的农业生活方式也被带到了城市。过去可以直接丢弃到田间地头的垃圾，后来被集中堆积在城市街道两旁或周边空地上。在中世纪的欧洲，农户们在从农村迁居城市之后，将他们的鸡、鸭、鹅、猪等牲畜带入了城市，导致各种牲畜的粪便在市区内随处可见。面对这些散布在自家门外、街道两旁的城市垃圾，城市居民感到一筹莫展。公共区域的垃圾因为无人打理，导致老鼠与蚊虫遍布、污水横流、散发恶臭，严重侵扰了城市居民的正常生活，市民的公共利益受到了损害，产生了社会性的"废弃物危机"①。据《燕京杂记》记载："人家扫除之物，悉倾于门外，灶烬炉灰，瓷碎瓦屑，堆积如山，街道高于屋者至

---

① O'Brien, Martin, *A Crisis of Waste? Understanding the Rubbish Society*, London: Routiedge, 2007.

有丈余，人们则循级而下，如落坑谷。"① 当然，不少居民也会主动清理自己的"门户垃圾"，而这始终是一种自发的个人行为，尤其是社会精英阶层更需要通过干净整洁的生活环境彰显身份的尊贵，但始终没有在社会整体范围内形成自上而下统一的、有组织的、大规模的垃圾管理。

随着城市化进程的加快，人类的文明进入了新阶段，物质生活得到了极大的满足，人们开始更多地关注公共环境质量，城市生活垃圾管理也因社会经济文化发展程度不同而呈现文化性和地域性的差异。例如，中世纪的欧洲人相比于同时期的中国人更加不在意个人卫生，也更能忍受恶劣的生活环境；但在19世纪后期这种情况却发生了巨大的转变，生活在上海租界区的欧洲人要比生活在租界区外的中国人更在意个人的卫生和街道的清洁。总体上，当人类停止迁徙、选择定居之后，人口大量聚集在密集的空间内，公共区域空间中那些长期处于无人理睬状态的垃圾，开始逐渐影响到城市居民的生存状态，自此，系统化的垃圾管理正式走上历史的舞台……

公地悲剧

关于公共领地内的垃圾无人清理现象形成的原因，我们

---

① 牛晓：《我国古代城市对于垃圾和粪便的处理》，《环境教育》1998年第3期。

可以借用"公地悲剧"和"囚徒困境"的理论加以理解。美国学者加勒特·哈丁（Garrett Hardin）在1968年提出了"公地悲剧"的概念。他通过公共牧场的例子形象地描述了"理性经济人"因追求自身利益最大化而造成公共资源浪费的现象。他做了这样的假设，在一个"向所有人开放"的牧场上，每个牧羊人都是理性的，他们都想尽量增加牧羊的数量以获得最多的收益，但过度放牧对牧场造成的损失则必须由所有牧羊人共同承担。哈丁认为，"在一个信奉公地自由使用的社会里，每个人追求他自己的最佳利益，毁灭是所有人趋之若鹜的目的地"[①]。好比那些城市居民，一方面整个城市的环境如同公共的牧场，是每个居民都可以享有的公共资源，另一方面这个资源却没有明确的产权界定，更无法完全私有化。作为享有者的民众都不愿意以牺牲个人利益为代价，付出时间、精力和财力管理公共牧场上的垃圾，而是选择最利于自己的"舒服"的方式——把"麻烦"留给其他人解决，在"破窗效应"的作用下公共区域内的垃圾越堆越多，最终会出现垃圾占领城市的悲剧。所以，城市生活垃圾长期无人管理根本上是一个城市公共管理的问题。尽管这些垃圾是每个居民参与制造的，但因公共领地属于统治者而不属于任何人所有，因而没有一个社会成员愿意主动负责清理城市生活

---

① 埃莉诺·奥斯特罗姆：《公共事务的治理之道——集体行动制度的演进》，余逊达、陈旭东译，上海三联书店，2000，第10~13页。

垃圾，公共区域最终成了一个公共权力管理的真空地带，清理城市生活垃圾的责任和义务落到了统治者的肩上。对于这个结果，奥普尔曾断言："由于存在着公地悲剧，环境问题无法通过合作解决……所以即使避免了公地悲剧，它也只有在悲剧性地以强有力的中央集权——'利维坦'作为唯一手段时才能做到。"①

"囚徒困境"

艾伯特·塔克（Albert Tucker）是"囚徒困境"的提出者，这一概念是博弈论的非零和博弈的代表。"囚徒困境"是指两个被捕的囚徒之间的一种特殊博弈。当囚徒在不能相互交流、不知道对方选择结果的情况下，在"对自己占优"的背叛策略和"不占优"的合作策略中进行选择时，囚徒们都选择了前者，即个人在不确定性的状态下更加倾向于个人最佳选择，而非团体最佳选择。

"囚徒困境"的故事讲的是，两个犯罪嫌疑人作案后被警察抓住，分别被关在不同的屋子里接受审讯。警察知道两人有罪，但缺乏足够的证据。警察告诉每个人：如果两人都抵赖，各判刑一年；如果两人都坦白，各判

---

① Ophuls, W., "Leviathan or Oblivion", in H. E. Daley, ed., *Toward a Steady State Economy*, San Francisco: Freeman, 2010.

八年；如果两人中一个坦白而另一个抵赖，坦白的放出去，抵赖的判十年。于是，每个囚徒都面临两种选择：坦白或抵赖。然而，不管同伙选择什么，每个囚徒的最优选择都是坦白：如果同伙抵赖、自己坦白的话自己会被放出去，抵赖的话判十年，坦白比不坦白好；如果同伙坦白、自己坦白的话判八年，比起抵赖的判十年，坦白还是比抵赖好。结果，两个犯罪嫌疑人都选择坦白，各判刑八年。如果两人都抵赖，则各判一年，显然这个结果好。"囚徒困境"反映出的深刻问题是，人类的个人理性有时能导致集体的非理性：聪明的人类会因自己的聪明而作茧自缚，或者损害集体的利益。

城市生活垃圾管理的"囚徒困境"体现在公权与私权的相互博弈当中，纯营利性质的社会主体无法在不确定性的情况下自觉承担所有公共区域的垃圾管理职责。历史上，西方一些国家曾尝试把垃圾清理工作完全交由私人机构打理，由私有化的公司全权负责垃圾清运这项公共事务。然而，即使是完全占有市场资源的垃圾经营者们也丝毫没有表现出"理性的经济人"的特点。居民们期待他们会根据自利性和追求利益最大化原则将垃圾"一管到底"，但事实上公共事务管理者自身也是垃圾制造者，出于利益所驱，他们只是挑选垃圾中"有利可图"的部分进行回收利用，对不需要的垃圾同样置之不理，最终导致了公共领域内垃圾无人管理的"悲剧"更加严重。这意味着垃圾管理的完全私有化尝试宣告失败，城市生活垃圾管理的重担再一次回到公权力的肩上。

"搭便车"

城市生活垃圾管理还面临着"搭便车"的困境。以亚里士多德为代表的学者认为，社会成员为了共同利益能够相互合作、联合自治，就像雅典公民为了实现城邦"至善"而共同理政，或者为了消除战争而签订"停战合约"。但美国学者曼瑟尔·奥尔森（Mancur Olson）则在他1965年出版的《集体行动的逻辑：公共物品与集团理论》一书中对这一个观点提出了质疑。他认为集体行动的成果具有排他性和公共性特点，当所有集体成员都能从中获益，包括那些没有分担集体行动成本或风险的成员，由于不对等的成本收益会导致集体行动中存在"搭便车"的情况，所以理性自利的个体一般不会自动采取集体行动，而是采取"选择性激励"等策略。所以，在很多情况下，无论是处于何种社会，那些对公益事业抱有理性和信念的人，即使最初他们都投入了几乎所有的热情，积极参与集体行动，但后来都或多或少因为不愿意让新成员"不劳而获"而退出了组织。19世纪在欧洲虽然兴起了一系列轰轰烈烈的"卫生运动"，但始终没有任何一个民间组织脱颖而出成为全民卫生改革的急先锋，反而因为利益争夺而陷入了内耗。正如亚里士多德所说，"凡是属于最多数人的公共事务常常是最少数人照顾的事务，人们关怀着自己的所有，而忽视公共的事务"①。这样一来，仅仅依靠社会少数积极分子参与管理城市生活垃圾的尝试也没能成功。

因此，从历史经验上看，早期传统社会对垃圾的管理是一种随性和粗放的管理。究其根源，是统治者和民众对公共事务的漠不关心和无能为力，城市环境本身就是一个涉及公共利益而非私有化的公共资源管理问题，所以公共利益并不会成为普通民众特别在意的事情，人们更多地期待其成为统治阶级为民众提供的一项社会福利。但是在当时的统治者看来，由垃圾引发的环境问题相比于其他关乎社会稳定、经济发展的问题和天灾人祸而言，实在算不上什么大事，直到公共事务的重要性被统治者们真正意识到并加以重视，垃圾问题才被提上由官员们认真讨论的议程。从根本上看，人们对垃圾管理的认知源于对"公共性"的关注，一方面强调管理目标的"公共性"，即权力必须履行公共职能；另一方面则强调对权力的监督、制约和规范，强调运用公共权力的有效方法，类似于今天我们所说的"公共管理"。在现代社会公民的意识中，城市生活垃圾管理是政府的职责。公共区域内的垃圾管理涉及政策制定、基础设施建设、组织人

---

① 亚里士多德：《政治学》，吴寿彭译，商务印书馆，1983，第 48 页。

员实施等环节，需要顶层设计和统筹规划，所以管理"公共性"垃圾属于城市公共卫生事业范畴，政府和城市管理者责无旁贷。

全能政府

在现代多数人看来，垃圾管理作为一项复杂的民生工程，涉及政策法规、基础设施建设、组织人员机构，以及统筹规划等一系列庞大的公共事务管理工作，毫无疑问处于政府和城市管理者的职责范畴内。如前所述，对于早期公共权力主体而言，政府管理垃圾并非一蹴而就，而是经历了一个从无到有、从被迫到主动、从简单到复杂的过程。在人类历史上的很长时间里垃圾都是被忽视的，只有当垃圾危害到居民生命健康进而民怨四起，甚至发展成令世界各国城市管理者头疼的城市发展问题时，我们才开始意识到垃圾污染已经成为一个影响人民安居乐业的大事，甚至成为可以撇开政治纷争、利益争夺，需要寻求国际合作的全球性可持续发展的重要议题。

不难想象，在最开始的时候，城市居民把自家房屋、马厩、庄园等私有领地内的垃圾一并倒在住所以外的公共领地，任由其他成员负责打理，而政府官员则不愿花费额外的资金、人力和物力去打理这些公共领地里的"烂摊子"。面对城市街道污水横流、臭气熏天、老鼠与蚊虫遍布的城市环境，民

垃圾是什么

众一方面开始因城市公共卫生环境恶化而对政府抱怨、指责，通过制造舆论压力、抗议游行等方式表达愤懑；另一方面，对于居于统治地位的部落首领、君主和城市管理者而言，他们迫于民众的舆论压力，无论是出于平息百姓的怨愤的目的，还是为了获得更多人的拥护以巩固自己的统治地位，被迫开始接管城市垃圾的收集和处置工作，并没有真心想要改善环境。对此，公共史学家马丁·梅洛西在其著作《城市里的垃圾：废弃物处理的改革与环境》中做了总结，在相当长的时间里，城市管理者总是抱着"眼不见为净"的心态管理垃圾[①]。所以人类历史上那些自上而下的城市生活垃圾管理最初处于一种被动消极的状态。不管怎样，管理公共区域卫生的重任最终落到了统治者的肩上，并且逐渐成了国家政府和城市管理者的义务和责任。

于是，国家和政府作为"利维坦"式的社会核心权力机构逐渐开始接手管理城市生活垃圾，并逐渐成为垃圾和环境治理的唯一主体。这种消极的管理自然不会产生什么理想的效果。政府出台的一系列垃圾管理的法令仅仅只是停留在纸上的规定，并没有进行有效的监督，更没有相应具体有效的管理措施。1348 年，当巴黎爆发黑死病时，当地路政官要求"居民清扫自家房前街道，并将垃圾运送到指定场所……任

---

① 姜立杰：《美国城市环境史研究综述》，《雁北师范学院学报》2005 年第 2 期，第 55～58 页。

何违反者将被处以十倍罚金"，但几乎无人遵从这一规定。1395 年，当巴黎的路政官针对乱丢垃圾者颁布了一条最为严厉的法令——"凡向塞纳河倾倒垃圾者……处以绞刑"时，居民依然未动摇，一如既往地"犯罪"。统治者以消极的态度对城市生活垃圾进行的干预最终没有取得任何喜人的成效，反而让民众认为这是政府对管理公共事务无能的表现，而事实上这是因为统治者远远低估了城市生活垃圾管理这项民生工程的特殊性和复杂性，城市生活垃圾管理涉及城市中的每一个成员，覆盖各行各业，更重要的是它联系着个体和集体的心理和行为，企图以依靠单一制度化管理的方式来彻底改变居民的生活习惯似乎是不可能的。

政府对城市生活垃圾管理工作的全面接管以全能政府的出现为主要标志。全能政府是指政府无限制地干预社会生活的每一个领域和控制社会中的每一个阶层的政府模式。对于全能政府概念我们在此不做过多讨论，只强调政府的全能对城市生活垃圾管理的意义。在这种模式下，极少数社会主体掌握着绝大多数的社会资源，民众则逐渐被排除在决策核心之外。例如，以凯恩斯主义为代表的"强势政府"开始用"看得见的手"通过自上而下的"指挥秩序"，全面接管公共事务的各个领域，从"划桨者"过渡为"掌舵者"。从公共政策的制定到具体事务的监督和执行，基本上都由政府包揽，形成了以"政府－单位"制为主、"政府－街居"制为辅的管理模式①。缺乏话语权的个人和社会组织，逐渐承认并接受政府的控制、监督和管理，甚至逐渐接受并依赖政府提供的卫生管理服务和福利。如此一来，包括城市生活垃圾管理在内的所有公共事务都处在高度一元化的政府全能管制之下，城市生活垃圾管理开始走向行政化管理的道路，并且城市环境质量得到了极大的改善。最终，国家与政府通过制度化和行政化的规制手段，把包括城市生活垃圾管理在内的多项公共事务纳入了政府社会服务的职能当中，由全能政府承担改善城市公共卫生环境的责任和义务，由最初的被动管理逐渐向主动管理转变。最后，确立了由政府全面管理垃圾的全能政府管理模式。

全能政府管理模式是以政府为唯一主体，以行政化规制为手段，把垃圾管理纳入城市公共事务管理范畴的管理模式。其在管理的方法和手段上主要表现为权力控制、行政命令、制度约束，导致"以罚代管"、粗暴执法现象经常发生，城市处于低水平运行状态。现代意义上的城市环境卫生管理是在城市政府领导下，由行政主管部门依靠专职队伍和社会力量，依法对道路、公共场所、各单位和家庭等的卫生状况进行管理，为城市的生产和生活创造一个整洁、文明的环境。而城市生活垃圾管理则是城市政府的环境卫生行政主管部门

---

① 李国青、由畅：《新中国城市社会管理体制的历史沿革》，《东北大学学报》2008 年第 1 期。

依靠企业、事业单位的专业化作业和城市各单位、市民的积极支持，对生产和生活垃圾进行收集、运输和处理的管理活动。相较于现代社会，传统社会的城市生活垃圾管理较为简单。但是，公共卫生事业的发展程度根本上取决于公共卫生管理的制度化水平。① 无论是国家层面还是地方层面的政策法规，基本上都侧重于宏观性、指导性和原则性的规定。相应的实施细则、标准规范和配套法规相对比较缺乏，加之各国、各地经济发展不平衡，生活垃圾管理具有较大的地域性差异，管理者还需要考虑当地具体的实际情况。所以，很多国家在具体的垃圾管理运作上难以有效开展工作。因此，从顶层设计到制定国家性与地方性法律法规，以增强实际的可操作性成了这项巨大工程的首要任务。

总之，垃圾管理经历了一个从被忽视到被正视、从简单私人管理到国家系统化的公共管理的发展过程。由政府主导的垃圾管理是政府与民众通过长时间互动协商的结果，政府向民众提供避免受到垃圾侵扰的服务，民众将社会资源和一定的财富交给政府，在双方的"利益重叠"的基础上，民众赋予了政府管理垃圾的权力，同时享受政府提供的社会服务。尽管这种全能政府管理模式在后来依然出现了管理乏力等问题，但从社会整体上看，国家采取制度化和行政化的手段，

---

① 李中萍：《"新史学"视野中的近代中国城市公共卫生研究述评》，《史林》2009 年第 2 期，第 173～186 页。

有组织地对城市生活垃圾进行管理的实践，使人类走上了人类历史上真正意义上的垃圾管理之路。如今的垃圾管理已经彻底融入全球政治、经济、文化生活之中，成为现代社会可持续发展的重要组成部分。

我国的环境专家从 20 世纪 90 年代初就已经意识到了只有走垃圾综合处理之路，将多种垃圾处理方法进行组合，才能在环境、社会和经济方面都取得较大的效益。近年来，城市生活垃圾分类回收再次被提上改革议程，中国正从国家层面加速推行垃圾分类制度。2017 年，国家发改委、住建部发布了《生活垃圾分类制度实施方案》。2019 年，住建部、国家发改委、生态环境部等九部门又联合印发了《住房和城乡建设部等部门关于在全国地级及以上城市全面开展生活垃圾分类工作的通知》，明确提出：到 2020 年底，全国 46 个重点城市要建成垃圾分类处理系统，其他地级城市实现公共机构生活垃圾分类全覆盖；到 2022 年，各地级城市至少有 1 个区实现生活垃圾分类全覆盖；2025 年前，全国地级及以上城市要基本建成垃圾分类处理系统。我国在探索垃圾分类的道路方面任重而道远，相信我国能够在学习借鉴发达国家垃圾管理经验的同时，不断完善相关的法律法规，加强相关领域的科学研究和技术突破，提升城市生活垃圾的管理水平和处置能力。相信在实现国家富强、民族振兴、人民幸福之路上，建立中国特色的垃圾回收产业和循环经济未来可期。

管理手段

颁布律法

利用法律手段管理国家事务是最直接的管理策略之一。在确保统辖范围内公共领域的环境卫生方面，统治阶级通常会制定一系列有关维护公共环境卫生整洁的律法。律法即法律，是由国家制定或认可并以国家强制力保证实施的，反映由特定物质生活条件所决定的统治阶级意志的规范体系。法律的本质是统治阶级实现阶级统治的工具，体现的是统治阶级的意志。针对生活垃圾的律法自古有之，据大量史料记载，无论是东方还是西方，古代世界各国的统治者很早就开始利用严刑酷法的明示作用，以律法、法令的形式明确告知人们，针对垃圾管理哪些行为可以做，哪些行为不可以做，严格惩治那些违反律法并破坏城市公共卫生环境的行为，用强制执行力来机械地矫正如随意倾倒垃圾和破坏公共卫生环境等违法行为，以此来维护城市等公共环境的卫生。这些人类早期保护环境的严刑酷法，从某种程度上讲，就是今天各种环境保护法律法规的雏形。

据《韩非子·内储说》记载："刑弃灰于道者断其

手。"这里的"灰"就是指"脏土"形式的垃圾,可见在公元前280年的战国时期,若将垃圾倾倒在街上就会受到砍手的刑罚。《盐铁论·刑法篇》中也提到过"商君刑弃灰于道"①。据唐代《唐律疏议》记载:"其穿垣出秽污者,杖六十;出水者,勿论。主司不禁,与同罪。疏议曰:具有穿穴垣墙,以出秽污之物于街巷,杖六十。直出水者,无罪,主司不禁,与同罪。谓'侵巷街'以下,主司合并禁约,不禁者与犯人同坐。"在中世纪的欧洲也有因垃圾处理不当而予以惩治的法令,比如在市内设有专门供马匹停歇的区域,倘若未按规定乱拴马匹,会遭"贴罚单"。

历史上,各国颁布的关于垃圾管理的律法种类繁多,并且大多数对民众的惩罚都要比现代律法更加严苛。尽管公共权力主体颁布了各种规范垃圾处理行为的法令,却始终不能阻止垃圾无限蔓延的趋势。正如法国国王弗朗索瓦一世为了实施法国的民族语言政策和民族卫生政策,在1539年颁布了"法语为官方语言"和"禁止市民将垃圾倾倒在街上"两条敕令。在此之后的300多年间,法语在法国语言体系中逐渐确立了统治地位,但巴黎则依旧笼罩在垃圾散发的恶臭之中,

---

① 牛晓:《我国古代城市对于垃圾和粪便的处理》,《环境教育》1998年第3期。

并由此造就了法国的香水制造业。我们暂且不讨论统治者使用律法约束百姓以维护公共领域环境卫生的效果如何，单从律法的制定和颁布情况来看，各国统治者们都在孜孜不倦、不遗余力地通过法治管理垃圾。

19 世纪中期，欧洲爆发的霍乱促进了民众围绕卫生的公共辩论，进而推动了第一部与垃圾专门管理有关的律法的出台。1842 年，社会改革家埃德文·查德威克（Edwin Chadwick）发表了《劳动人口的卫生条件》报告，首次提出专门化的垃圾管理对城市居民健康和生活质量改善具有重要作用。随后，1846 年英国颁布了《妨害移除和疾病预防法案》（*the Nuisance Removal and Disease Prevention Act of 1846*），城市废弃物开始在英国伦敦被管理。"大都会工作委员会"（Metropolitan Board of Works）成为第一个在城市中实行集中卫生管理的监管机构。1875 年英国又颁布了《公共卫生法》（*Public Health Act of 1875*），进一步强制规定了每个家庭必须将每个星期产生的废弃物置于"可移动的容器"中进行处理，这是现代垃圾箱的雏形。此后，在 20 世纪的欧洲和北美各大城市相似的城市废弃物集中处理规定相继出现。通过律法得以构建的城市生活垃圾管理系统应运而生，人类正式走上了现代意义上的城市生活垃圾系统化管理的道路。

值得一提的是，近代中国的城市卫生系统的建立，是在鸦片战争后在西方殖民者和国内的有识之士的共同努力下推动的，属于"被动的积极管理"。在当时，殖民者所在区域内外，因为城市卫生管理的差异，形成了截然不同的两个"世界"。譬如，1869 年由多国签订的《上海公共租界土地章程》规定："各地及各屋之住户，无论何时，在接到工部局通知之后，即应将屋前人行道打扫清洁，将屋之四周水沟及出水处冲洗干净，并将所积之灰尘垃圾扫除馨尽……"19 世纪 90 年代，郑观应在其《盛世危言》中就曾写道："余见上海租界街道宽阔平整而洁净，一入中国地界则污秽不堪，非牛溲马勃即垃圾臭泥，甚至老幼随处可以便溺，疮毒恶疾之人无处不有，虽呻吟仆地皆置之不理，惟掩鼻过之而已。可见有司之失政，富室之无良，何怪乎外人轻侮也。"[1] 可见，当时中国城市环境已经较从前有了明显改善。

时至今日，世界各国都围绕城市生活垃圾管理颁布了针对不同目标、不同群体，具有不同要求的国家性、地方性、指导性的法律规定和标准。以中国为例，自新中国成立之初至今，政府先后出台了《环境保护法》《固体废物污染环境防治法》《城市市容和环境卫生管理条例》《城市生活垃圾管理办法》《生活垃圾焚烧污染控制标准》《生活垃圾焚烧炉及余热锅炉》《生活垃圾焚烧处理工程技术规范》《生活垃圾分类制度实施方案》《住房和城乡建设部等部门关于在全国地

---

① 夏东元编《郑观应集》上册，上海人民出版社，1982，第 663 页。

级及以上城市全面开展生活垃圾分类工作的通知》《生活垃圾管理条例》等诸多干预垃圾管理的法律法规和文件。许多发达国家先于中国开展了垃圾回收和循环经济，在多个方面积累了大量的成功经验，形成了较为成熟的固废回收产业，并在生态环境保护事业中占有越来越重要的位置。例如，邻国日本就对垃圾分类的标准进行了详细的规定，横滨市市政府印刷的分类手册共 27 页，其中包含了多达 518 项条款。以塑料材质的饮料瓶为例，瓶子的不同组成部分被划分到不同的垃圾类别中：瓶盖和围绕瓶身的塑料纸属于"其他塑料容器包装"（不同地区对瓶盖所属分类有不同的规定），而瓶身则属于"PET 塑料瓶"，在投放垃圾时，要将这个饮料瓶拆分清洗并压扁后分别投放进不同的指定垃圾袋里①。

我国也在一些省市尝试推行垃圾分类回收。自 2019 年 7 月 1 日起，《上海市生活垃圾管理条例》正式实施，上海开始普遍推行强制垃圾分类。在全国 46 个重点推行垃圾分类的城市中，北京、上海、太原、长春、杭州、宁波、广州、宜春、银川 9 个城市已出台了生活垃圾管理条例，明确将垃圾分类纳入法治框架，其中北京是首个立法的城市。我国通过多年来学习借鉴发达国家垃圾分类的立法经验，在公共管理领域陆续出台了一系列有关城市生活垃圾分类的法律法规，

---

① http://discovery.163.com/14/0223/21/9LQ3UVE500014N6R.html.

有效促进了城市生活垃圾的管理水平和处置能力的提升，建立适合中国国情的现代化垃圾分类管理的法律体系指日可待。

投入资源

垃圾管理是一项系统性工程，为了有效地解决公共环境卫生问题，政府不得不投入大量的财力、劳力以及物力等社会资源。通常，针对城市生活垃圾管理投入的社会资源包括但不限于以下几个方面：一是设立专门的行政部门、研究部门、监管部门等；二是安排专门的垃圾收集人员、垃圾清理人员、垃圾处理人员等；三是建设相关基础设施、技术设备等；四是发放垃圾管理的专项经费、政府补贴等。在城市化迅速发展的大趋势下，随着城市生活垃圾管理的范围不断扩大，现代社会的垃圾管理趋于系统化、精细化和专业化。以我国目前大多数城市的生活垃圾管理主体为例，他们包括各地城管局、市容环卫管理处（办）、环境检测（监测）中心、环卫所、固体废物管理中心、环卫公司、垃圾处理厂、垃圾填埋场、清运保洁公司、科研院所等相关单位的管理及工程技术人员等。垃圾处理从业者的分工较为多样和复杂，除了环卫工人之外，还涉及从事科研、技术、投资、管理等的人员。以垃圾处理范围为例，不仅包括对现有垃圾的管理，还要对源头垃圾的性质和产量加以控制等，涵盖从源头收集到末端处理全过程，涉及对可回收垃圾的加工处理、对不可回收垃圾的处置，以及对垃圾衍生品的开发与利用等。因此，垃圾处理从业者的专业知识、技能和分工不同，他们所承担的使命也各不相同。垃圾处理从业者负责城市生活垃圾管理全部事务，计划、组织、协调各项工作的复杂性和难度，相比于其他公共事务有过之而无不及。

在我国出土的商周时期的青铜器上，就有打扫卫生的图案，《周礼》中记载了当时专门负责清扫垃圾的城市环境卫生管理机构和垃圾清理人员的情况。我国汉代官府会雇人将垃圾挑出城。唐朝时期也有专门以清理垃圾、粪便为职业的人，此类"创业"使人们达到了家产巨多的程度。

宋朝的经济高度繁荣与发达，城市化程度高，这导致了城市垃圾繁多。大街小巷中可以看到专职的环卫工人，官府还设置了一个专门的机构"街道司"，像汴京这样的大城市，已经有超过 500 人规模的正式编制环卫工人，这些人每年都能得到朝廷给予的赏银。在南宋的临安，"街道坊巷，官府差顾淘渠人沿门通渠道路污泥差顾船只搬载乡落空间处"[①]。

在我国明清时期，城市和农村都已经形成完备的产

---

① 王明珠：《我国垃圾处理的历史足迹》，《城市建设》2013 年第 2 期，第 48～49 页。

业链用于回收各类粪便，有专门以此为营生的专业人员，这些人从城市回收，然后运输到乡村销售给农民，就算是一些破布、旧衣裳也会被迅速回收，甚至许多人还以此得以发家致富。这些完备的产业链，如果同时期的欧洲人来到中国必然会感到不可思议、惊叹连连，认为自己身在天堂了。

在近代，1927年南京特别市政府成立，同年出台了《南京特别市市政府公安局取缔垃圾清运规则》，安排专门的"清道夫"清理城市垃圾，同时违规乱扔垃圾行为以及针对垃圾管理的新闻时常会在报纸上刊载。①

在20世纪早期的美国，废弃物产生的规模是巨大的。1900年至1920年，纽约市主要行政区的市民每人每年制造出160磅垃圾、1231磅灰烬和97磅废弃物。许多城市开始大量雇用街道清洁人员和垃圾收集人员。在垃圾收集阶段，机动卡车及时取代了马匹和手推车。

由此可见，环卫工人自古有之，他们算是最具代表性的行动者了。清理城市生活垃圾的工作从古至今都是一门苦差事。城市中的垃圾清洁工或环卫工人大多是由政府雇用的社会劳动力，由城市管理部门统一管理，专门从事清理城市街

---

① 马红梅：《民国时期南京城市环境卫生管理（1927—1937）》，南京师范大学硕士学位论文，2014，第19页。

道、运输垃圾、填埋或焚烧垃圾工作，具有维护城市公共卫生等不同的工作职责，定期会获得一定的报酬。所以，从事这份"正当的"工作的人属于政府工作人员，至少是与政府签订了劳动契约且受法律保护的被雇佣者。但在不同国家和不同历史时期，城市环卫工人的出现却是政府在试图解决城市问题的同时，以解决城市流民问题的权益之策。在18世纪欧洲的一些国家，清扫街道的工作是由苦役犯、穷人、马车夫以及老弱病残者承担的。即使是在现代社会，由于环卫工人长期与垃圾打交道，他们的收入和社会地位始终未能提升。

然而，环卫工人所付出的劳动却是有目共睹的，他们是对城市环境贡献最大的群体。以中国目前的环卫工人为例，他们通常受雇于城市管理部门，以社会招聘或者社区推荐等形式被招募，属于城市管理体系的一部分。他们一般在凌晨开始工作，日复一日地维持着民众生活环境的整洁，把恶臭肮脏的垃圾交给自己，把光鲜亮丽和干净整洁留给别人。他们不辞辛劳地为城市清理垃圾，将堆积的垃圾运往垃圾处置中心，让城市居民免受垃圾困扰之苦，他们因此有了"城市黄玫瑰"、"马路天使"和"城市美容师"等赞誉，我国将每年的10月26日定为环卫工人节。文化理论学家齐格蒙特·鲍曼（Zygmunt Bauman）曾评价他们是"现代社会里的无名英雄，日复一日地更新和突出正常与病态、健康和疾病、想要的和不想要的、接受的和丢弃的、应该的和不应该的、人类宇宙空间的内在和外在的边界"①。但是，在很多民众眼里，环卫工人由于被认为是从事缺乏技术含量的体力劳动者，始终处于"社会底层"。在很多时候他们的付出和贡献常常被民众忽视，但事实上但凡某天环卫工人罢工，社区垃圾便会从垃圾箱内涌出，我们即刻会被垃圾包围……

发动民众

公众在整个城市生活垃圾管理体系中扮演的角色经常被人们忽视。相比于城市管理者直接对生活垃圾进行的管控，城市居民则更多以间接的方式参与垃圾管理，他们的法律意识、环保意识、维权意识、监督意识、缴费意识等都会影响城市生活垃圾管理系统的正常运转。但是，在寻常百姓看来，收垃圾、倒垃圾不过是日常生活中的琐事，人们似乎只需负责打扫自家的卫生即可，门外、楼下、街道两旁的垃圾如何清理、如何运输则都属于城市管理者的事，不必由民众亲自完成，至于更远范围内的垃圾处置则更是鞭长莫及。但实际上，恰恰是因为普通民众所做的那些点点滴滴的小事和他们默默无闻的参与，才使城市干净整洁、井然有序，人们为此所做的贡献是不可估量的。

任何社会中民众对城市公共事务的关心和参与，必然需

---

① 齐格蒙特·鲍曼：《废弃的生命：现代性和弃儿》，谷蕾、胡欣译，江苏人民出版社，2006，第21~22页。

要经历诸多的社会发展转型、长期而复杂的政治经济变革，以及浩浩荡荡的文化运动，对此无法展开讨论，而是借此引入民众与城市生活垃圾管理之间的各种关联。例如，民众对环境质量的要求受到严格的时空限制，尤其是受到国家社会经济发展水平的影响。在古代社会，大多数民众对恶劣的城市环境容忍度极高，不会像现代人一样对城市市容和社区环境的质量有很高的要求。即使是在 21 世纪的今天，许多亚非拉等发展中国家的百姓仍身处城市周边的贫民窟，依然在为如何填饱肚子发愁，他们很难想象，某个欧洲国家的居民也许正在为社区垃圾回收费用规则的制定开展民意调查和公开投票。因此，城市生活垃圾管理在全球范围内依然无法实现全球化，身处不同文明、国家和地区的民众在文化认知和环境意识上存在的差异，可能要比国家间政治经济上的差距更加巨大。虽然身处不同文明国度的民众对城市生活环境的要求不同，但因欧洲疫病引发的社会卫生革命对全球范围内人们的垃圾观的形成具有历时性意义。

中世纪的欧洲曾经历过黑暗的历史时期，传染病在整个欧洲蔓延，欧洲大陆饱受传染病的蹂躏，在 1346 年到 1353 年，单黑死病就夺去了欧洲大约三分之一人口的生命。除了黑死病，欧洲在历史上还经历了鼠疫、天花、霍乱、麻风病、百日咳等传染病的肆虐。死神一般的瘟疫和传染病让民众极度恐慌，统治者和民众对疫病束手无策，只能坐以待毙，甚至一些受宗教影响颇深的民众最初将疫病视为神灵的安排，一时间社会舆论对于疫病的传说众说纷纭，传说传染病的元凶是遥远天际中星辰的排列——火星、土星和木星连成一线导致了瘟疫的传播；有人认为生病是因为空气不佳、恶魔心怀不轨，或者神明发怒等。直到 19 世纪末，生物医学迅猛发展，法国微生物学家路易·巴斯德（Louis Pasteur）发现了疾病是由细菌传播所致的，科学把民众从宗教的桎梏中解救出来，从根本上改变了民众之前对疫病的错误认知，为科学和现代的垃圾观奠定了基础。

法国在 1870 年的普法战争中一败涂地，法国人将战败的原因归结为糟糕的卫生状况，认为其导致了国民整体体质虚弱。恰好当时正值路易·巴斯德（Louis Pasteur）推翻细菌自然发生说、提出巴氏病菌理论之际，强大的舆论压力让法国政府将公共卫生网络和巴斯德实验室研究相结合，发起了一场"爱国卫生运动"。在这场运动中，巴斯德发挥了重要的作用，他在媒体和公众面前展示了他的实验成果，将细菌从模糊的概念解释为界限清晰的全民公敌，说服了公共卫生专家和政府官员，消灭一切细菌的载体，进而明确了公共卫生的目标和标准。不仅如此，由于这场运动关乎战败后整个国家的命运和重新崛起，因此从保持城市环境的整洁到保证个人的卫生，每一个消灭细菌的行为都被赋予了爱国主义的色彩。一时间，讲究卫生成了一种"时尚"，代表了爱国和一切高尚道德；而乱扔垃圾和不讲卫生则被公众视为品质败坏，甚至背叛国家的行为。

19世纪后半叶，欧洲掀起了针对严重危害人类健康的传染性疾病和寄生虫病的第一次卫生革命，各国开始通过控制传染源、预防接种、改善环境等措施，以控制传染病的流行。第一次卫生革命的贡献在于彻底改变了人们对垃圾的认知。垃圾再也不是什么"恶魔"或"神旨"，而是客观存在的能够传播病菌的载体。如前所述，垃圾等废弃物如果处理不当，会导致大量的病原微生物等直接侵入人体，引发各种疾病，造成大规模的疫病滋生和蔓延。同时，有关卫生概念的相关知识也得到了普及。卫生可以分为个人卫生与公共卫生。维持个人卫生的目的是保证一己的身心健康，包括生理、心理以及和环境的关系，以促进正常发育，延长寿命。公共卫生则以社区全体民众，或者全国国民，甚至全人类为对象，以预防疾病、促进健康。关于公共卫生的定义众说纷纭，但都有一个共同特点，即以政府为代表的公共权力主体依靠制定公共政策的行政和法律手段，达到维护居民健康的目的。公共卫生概念的传播，促使人们开始注重个人的卫生、家庭的卫生、街道的卫生，更重要的是，民众开始要求政府负责城市环境的卫生。从 19 世纪末到 20 世纪 50 年代，仅仅半个多世纪，地球上的天花、麻风病、鼠疫、霍乱等烈性传染病已经被人类消灭和基本控制。

第一次卫生革命距今已有 100 多年，大多数发达国家的民众早已对垃圾、卫生、病菌等一系列概念形成了科学的、系统的、成熟的认知，甚至各领域专家已经对垃圾与城市卫生之间、城市卫生与公共管理之间、公共管理与垃圾处理之间的种种关联了如指掌。我们关心的问题也早已从过去"垃圾是什么"的知识盲区转变为"垃圾怎么办"的实践诉求。随着城市化的发展，处理垃圾的成本持续增加，势必会给国家、地方政府、企业和各类组织机构等带来更大的财政压力，通过收费、征税和费用优惠等经济政策来推动垃圾管理措施的实行，鼓励垃圾减排和回收利用，逐渐成为各国的重要手段。

强制征收垃圾税费是政府为维系公共垃圾清理系统正常运转实行的一项有效措施。垃圾税，是一种以抑制环境污染为目的、以垃圾（或叫固体废物）为课税对象的税种。垃圾税税率为定额税率，课税对象是工业垃圾和生活垃圾。纳税人为产生垃圾的企事业单位和公民个人。虽然不同的国家在解决城市垃圾清理问题上所采取的措施截然不同，但最终都会逐渐趋向于由政府统一纳税、统一组织和管理的模式。在 19 世纪的法国巴黎，定期清扫大街、社区、广场、公路的工作交由私营企业和公共事业公司负责，其他地方的垃圾则由市民处理。1883年3月，巴黎市政府首次向所有有产者收取城市税。城市税的缴纳解放了市民的双手，清扫城市街道的工作从此不再由居民个人承担，而是全部交给专业的清洁工去做。大多数情况下，政府为了满足社会民众的需要，向社会提供城里清理等公共服务，如设立多个负责城市治安、城市卫生和城市监督等公共事务管理的部门，组织相关人员分别负责整个城市的垃圾收集、转运、处理、监督等各个环节。

"只要排污就要收费"已经成了现代国家城市管理的常规。在中国，如今几乎每个城市居民都必须要缴纳一定的垃圾管理费。垃圾清运费是将生活垃圾转运到环卫所指定的垃圾中转站，一般由物业管理公司向居民代收，之后支付给运输人员的人工费。生活垃圾处理费是行政单位收取的将垃圾从垃圾中转站运送到垃圾处理点的费用，以及环卫工人工资及环节工人处理垃圾等的费用，主要包含两种费用，分别是垃圾代运费和门前代扫费。垃圾代运费是单位和个体工商户所产生的垃圾及居民装修住宅产生的垃圾，因自己无力运输，委托环卫作业单位代运所产生的费用。门前代扫费是应负责门前的清扫保洁工作的沿街单位和个体工商户，在自己无力清扫保洁时，委托环卫作业单位代为清扫所产生的费用。鉴于此，公众一般根据自己所在的城市、居住区域、住房面积缴纳相应的垃圾税费，可能每个城市地区的收费标准和收费方式存在差异，但无论如何，城市中的大部分居民，每个月向相关部门支付的费用，就是目前公众参与城市生活垃圾管理最主要的方式。

现实困境

独角戏

回顾历史，人类为了消灭垃圾，不惜一切代价借助各种科技的力量，采用各种文化和技术的手段向垃圾发起过无数次的攻击，人与垃圾间的"战争"持续了上千年。在双方的拉锯战中，人类依靠智慧的策略取得过短暂的胜利，但始终未能将垃圾彻底消灭，反而垃圾的数量和种类还在不断增加。垃圾问题表面上是人与环境之间相互关系的问题，实际上却是一个人类自身生存与发展的问题。

从现实层面来看，垃圾管理是关系到从民众个人到社会整体的生产生活乃至生态环境等人类整体利益的问题。公共环境卫生质量是影响人类生活和生产活动的各种自然和社会力量的总和，是每个公民都有权享有的公共资源，属于公共物品。环境管理是对公共资源的管理，环境问题本质上就是一个公共问题。现如今，社会不同群体对自身利益和权利的重视已经达到极高的地步，在日益强调权利分享的背景下，社会成员对"分歧"和"共识"的重视也在不断升温。共识离不开各方的普遍参与，需要听到各方的声音，得到各方的认可，强调共识不是要放弃差异，而是在差异、分歧，甚至冲突存在的情况下，通过对话和协商获得一致性的认可。垃圾管理属于社会各界共同面对的问题，必然需要广泛而深入的公共参与，其基本前提是允许倾听"不同的声音"和接受"不同的做法"。但长期以来，作为唯一的权力核心，政府始终将垃圾管理问题当作行政管理和技术管理问题，主要依靠行政管理和技术方法解决。在许多国家，政府一方面依旧以权力中心"自居"，延续着传统计划经济时期建立的"指挥－服从"的"家长式"管理模式，垄断了社会的公共权力，并没有充分意识到社会对"共同利益"需求的发展态势；另一方面，无论是企业还是个人，始终没有意识到随着政府接管垃圾管理的事务之后，个人和社会的利益平衡逐渐被打破，民众表达自己意愿的欲望渐渐减弱，而在政府不自觉放权的前提下，民众一时间难以在垃圾管理的实践上重新获得与多元主体对话、协商的机会，更加难以获得社会资源以进入管理的系统当中。

诚然，政府在公共事务管理中确实处于主导地位并发挥着重要作用，特别是在管理一些宏观性的环境问题方面，政府的自上而下的资源统筹和规划管理确实具有一定的威慑力。"公共被降格为这样一个领域，在这个领域中，人民为其最大化的利益而竞争，而政府则成为仲裁者。"① 然而，随着生态环境问题日益复杂、社会的公共服务需求日渐多样化，人们对环境质量和管理绩效的要求也越发严格，传统的政府唱"独角戏"的管理模式已经不再能满足社会发展新形势下的社会需求。其根本原因在于社会各界没有达成共识，即政府、企业、社会组织及民众都没有将垃圾问题作为"共同利益"对待，进而难以形成社会合力。因此，唯有在不同的社会主体间、多元化的垃圾认知基础上，达成一致性的、互惠性的"重叠共识"，才有可能吸引各方社会成员参与到垃圾管理的各项管理事务之中，也才有可能构建起更加成熟的垃圾管理体系。

垃圾管理作为一个极其复杂的社会公共事务，涉及社会政治、经济、文化等各个方面，不应该只依靠政府一个权力中心。垃圾管理应该是一个持续发展、不断创新的过程，应该由社会各界共同管理。政府把环境管理归为行政管理问题，从制度设计和实际操作上将非行政性社会力量排除在外，没有给其他社会主体参与公共事务决策和管理的机会，导致在决策、监督、管理各个环节出现"政府失灵"的现象。所以，垃圾污染和垃圾围城状况的持续恶化，表面上看是政府行政管理的乏力，实质上则是多元政治力量博弈过程中主体缺位的

---

① 乔治·弗里德里克森：《公共行政的精神》，张成福、刘霞、张璋、孟庆存译，中国人民大学出版社，2003，第 25 页。

问题①。其实，全能政府管理模式的核心问题导致了整个管理体系缺乏活力。传统的垃圾管理体制主要沿袭了计划经济时代形成的管理思路，即由政府统一规划设计、按计划执行、过程中再不断调整，包括制定单一的垃圾管理目标，由政府相关机构和职能部门实行强制性措施。其特点是追求垃圾管理的"效率"最大化，但是缺乏变通性、竞争性和灵活性，在宏观上难以适应当前我国产业结构调整、社会变革、碎片化的公共政策等大趋势，微观上也无法适应垃圾的物性变迁、技术革新、需求分化等现实需要。总体上，垃圾管理缺乏张力、活力和激励。所以，垃圾管理面临制度转型、既得利益主体结构调整、构建活力型管理体系等突出问题。

具体来说，由于缺乏来自社会多方力量的监督和参与，简单依靠政府唱"独角戏"，在具体的公共事务管理过程中存在诸多弊端。一是政府与其他主体间存在严重的信息不对称。由于各个主体间缺乏有效的信息沟通，政府无法准确掌握关于垃圾处理的实际情况，如正式经济和非正式经济间的绩效差异等，也就无法科学合理地统筹并及时调整政策。二是政府内部纵向间同样存在信息不对称。由于上下级同属一个体系，上级对下面上报的信息的真实性，包括瞒报、谎报、不报等情况无法完全把控；二者之间还存在政绩同构性，上

---

① 张紧跟、庄文嘉：《从行政性治理到多元共治：当代中国环境治理的转型思考》，《中共宁波市委党校学报》2008 年第 6 期，第 93～99 页。

级自动削弱了对下级的监管，反而容易形成上下级间的"政绩联合"，降低了管理效率。三是政府管理职能的不断强化，削弱了社会组织和个人参与垃圾管理的积极性，使其更加依赖政府的管理，造成垃圾管理体系的僵化，缺乏内部竞争和整体活力。因此，单靠政府的力量，并不足以有效地解决垃圾问题。更进一步讲，单靠某一个政治力量作为垃圾管理的唯一核心权力，正如单靠私人机构管理垃圾一样，都不能避免其自身管理机制内部的局限性，无法完全实现综合管理的目标。

在人类漫长的文明发展进程中，垃圾与人类世界的持续互动迫使人们不得不采取必要的措施对垃圾加以管理。而这种对垃圾的干预，不仅包括人对垃圾的制约，也包括政府对于社会的规制。当然，政府在整个过程中时刻处于核心地位，体现为统治者对公共卫生事业的构建过程，即政府通过设立专门的公共卫生部门、投入相应的社会资源等方式，把公共环境卫生纳入政府所管辖的范围之内的过程。全能政府管理模式在很长一段时间内发挥了积极的作用，很好地改善了人居环境，有效地促进了垃圾处置技术的发展和垃圾管理效率的提升。所以，政府在垃圾管理过程中发挥好协调人与人之间的相互关系的作用，缓和政府与非政府主体之间、非政府主体内部等的各种矛盾与冲突至关重要。因此，在汲取历史经验的基础上，应该思考垃圾管理的定位问题，要看到全能政府管理模式一元化和单向度管理的局限性，也要意识到垃圾治理主体及主体间的复杂性和适应性问题。

管理乏力

法国农业学家卡特琳·德·西尔吉写过一本名为《人类与垃圾的历史》的书，该书讲述了生活垃圾的奇遇和不幸，垃圾的存在给人类带来了灾难，也激发了人们把废弃物变成可利用的再生资源的想象力和创造力。作者在她的书中为我们讲述了人类与垃圾密不可分的历史。在中世纪，人类曾经用施肥、掩埋、饲养动物等形式让大自然承担销毁生活废料的主要任务。而随着城市化的发展，垃圾逐渐不再能被自然降解，在长达一千多年的时间里，我们的先辈都是和垃圾朝夕相处的，生活在垃圾蔓延的城市中。直至19世纪，专职城市卫生人员的出现和巴黎行政长官普拜勒出台了新的垃圾处理方案，才使得垃圾逐渐从人们的视野中消失，慢慢被一整套越来越发达的城市排泄系统所消灭。而随着包括回收在内的各类系统的完善，垃圾也有了被再利用的价值，与我们的生活产生了更加密切的关联。

20世纪70年代后，人们开始关注垃圾处理与环境保护之间的关系，各种类型的垃圾处理工艺都开始承担防治大气污染、水污染和土地污染的功能，垃圾处理厂逐步变为一种环境保护设施。特别是到了90年代，全球性的环境污染和资源枯竭问题日益凸显，环保人士率先举起了"可持续发展"

的大旗，社会各界开始重新审视人类的生产生活方式，垃圾在人类社会中的角色也随之发生改变。以德国（从 1994 年 10 月开始实施《循环经济的促进和废物处理法》）为代表的西方发达国家重新将垃圾作为一种资源予以定义，并用法律形式确定了在"循环经济"理念基础上的垃圾处理次序：一是减少废物的产生，二是资源回收利用及焚烧，最终是处置。时至今日，在社会生产力不断发展、人民生活水平不断提高的趋势下，人们对环境质量提出了更高的要求，现有的垃圾管理体系已经不能适应未来社会的发展趋势，因此有必要对垃圾管理体系进行系统性的改革。

从根本上解决垃圾问题要始终立足于社会的整体性原则，不能只考虑单一主体的生存空间和利益诉求，还要回到对不同主体间的相互博弈、互动互构、相互适应的情景上来，考量不同文化群体、利益集团对垃圾立场和态度的差异与共性。以中国的情况为例，过去延续下来的以政府为核心的单中心主导的垃圾管理体制，已经不能满足当前国家发展的需要①。我们以行政管理、资金投入、社会动员三个方面为例，讨论单中心管理模式下我国垃圾管理面临的现实困境。

首先，行政管理失灵的困境。城市环卫部门等机构以"家长式"的管理方式，同时包揽了立法、监督、管理、执

---

① 李顺兴、邓南圣：《城市垃圾管理综合体系改革探讨》，《城市环境与城市生态》2002 年第 4 期，第 19～21 页。

行等多重职责，表现出对社会公共事务强大的政治管制与行政管理能力，导致了一系列政府行政管理失灵的情况出现。在行政管理方面，作为管理主体的中央和地方各级职能部门，部门设置冗繁、政出多门、权利和职责划分不明确，造成多头管理、重叠管理、政企不分、各自为政等问题[①]，有时还会出现相互推诿、监督空白、行政效率低下以及行政成本提高等情况。同时，监督职能和行政职能的重叠大大降低了垃圾处理的监管效率。比如，环卫部门既是监督机构又是管理和执行单位，既是"运动员"又是"裁判员"，缺乏合理有效的第三方监督机制。再者，由于各省（区、市）、各县（市、区）在社会经济发达程度、管理水平、机构职能、专业素质等各个方面存在差距，导致发达地区和欠发达地区、城乡之间等区域性管理效能差异巨大。

此外，现行垃圾管理体制对市场的管控力度过大，不利于垃圾行业的市场化改革，市场对垃圾行业的调控作用始终得不到发挥。因为城市垃圾监督部门和执行部门的身份重叠，无法建立有效的市场准入机制，难以吸引那些具有良好资质的专业化、规模化的垃圾管理企业进入，同时也没有形成相对成熟的垃圾处理市场调控机制，优秀的企业无法获得来自政府的政策、资源和资金扶持等。例如，个体经营的小作坊

---

① 胡涛、张凌云：《我国城市环境管理体制问题分析及对策研究》，《环境科学研究》2006 年第 1 期，第 28～32 页。

和初具规模的中小回收企业等非正式经济体依然存在，通过人力手工分拣的方式进行部分城市垃圾的资源化回收工作。但这些非正式经济体专业化程度低，资金、技术水平、规模有限，无法完全实现企业化运作。

其次，资金渠道单一困境。垃圾管理是国家公共卫生事业的一部分，长期以来，所有的垃圾监督管理和具体的处理费用都由地方政府统一拨款，各地方政府普遍面临巨大的财政压力。同时，垃圾处理投资动辄上亿元，无法满足日益增长的垃圾产量的处理需求，更无力投入更多资金引进国外先进处理技术或进行国产技术的研发，甚至很多地区还存在很多历史欠账的情况，城市生活垃圾处理设施的投资仍然严重不足[1]，垃圾处理行业的市场化机制始终没有建立起来。虽然各级政府都在不断加大资金投入力度，努力建立稳定的资金渠道，同时积极引导并鼓励各类社会资本参与垃圾处理设施的建设，也在根据规划任务和建设重点，对设施建设予以适当支持，甚至对暂未引入市场机制运作的城镇垃圾处理设施进行各种政策扶持、投资引导和适度补贴，以保障设施的建设和运营，但很多城市依然普遍存在资金投入不足、资金来源渠道单一等问题。特别需要指出的是，城市生活垃圾处理资金投入不足问题已经成为制约我国垃圾综合管理的瓶颈。

---

[1] 李宇军：《中国城市生活垃圾管理改进方向的探讨》，《中共福建省委党校学报》2008年第4期，第16~21页。

由于缺乏足够的资金投入，垃圾处理技术的升级与更新陷入困境，具体表现包括但不仅限于以下几个方面：一是许多中小城镇垃圾收运处理设施年久失修、陈旧落后、数量不足，难更新；二是新型的焚烧技术、无害化的填埋技术无法在大中城市得到有效的应用和普及；三是全过程的垃圾分类回收系统难以建立，缺乏先进的现代化和专业化的回收企业、管理机构、人员配置、处置设施等，最终导致城市生活垃圾无害化、资源化处理效率低，造成大量资源浪费，环境污染问题始终未能很好地解决。

最后，社会动员乏力的困境。以推行垃圾分类的社会动员为例，很多国家和政府都面临垃圾源头分类难以推行的情况，其中最主要的原因是缺乏系统化的垃圾分类回收体系。无论是前端的垃圾分类投放、中端的分类转运还是末端的分类处理，尚未形成政府、企业、个人共同参与的联动机制。我国目前的垃圾处理主要围绕焚烧工艺展开，垃圾源头分类已经在东部沿海地区如火如荼地开展，诸如社区垃圾分类基础设施已陆续在全国建设完成，这对接下来开展的垃圾中端分类转运和末端分类处理奠定了良好的基础。与此同时，国家将会加大对垃圾分类其他环节的投入力度，完善我国垃圾分类的全产业链建设。相比于这些顶层设计上的努力，我们更应该重视在行政监管、社会联动、环保意识方面的努力，如何激励更多社会力量投身到垃圾分类的事业当中，成为我国亟待解决的问题。

值得一提的是，中国作为世界上最大的发展中国家，拥有不同于西方国家的历史和国情。传统的垃圾管理体制沿用了在我国计划经济体制下建立的由政府单一主导的自上而下、层层推行的方式，包括制定单一的垃圾管理目标，由政府相关机构和职能部门采取措施，环卫部门包揽了从政策制定、监督管理到具体运营的所有流程等。其特点是追求垃圾管理的"效率"最大化，这种管理体制已经难以满足当前国家发展的需要。为了从根本上解决垃圾管理体系中存在的诸多问题，走出政府行政化管理失灵的困境，并在全国普及垃圾分类回收系统，需要从社会经济政治实际情况出发，重新思考如何完善现有的垃圾管理体制、权力如何下放、如何赋予社会主体自主的管理权力、如何激发社会各方参与垃圾管理的积极性和主动性，以及从更深层次探寻如何转变政府职能以兼顾各方利益等问题，最终在官方和民间、政府和企业、组织和个人之间建立起一套科学、合理、高效的新的垃圾管理机制与体制，这也是我国管理体系和改革不能完全照搬西方经验的原因。

· · ·

历史证明，垃圾管理的从无到有经历了一个从被动到主动的曲折过程。系统化地开展垃圾管理是社会经济发展的阶段性产物。公共领域内的垃圾从最初的无人管理，到后来的政府的消极管理，在经过长期的调整完善之后，最终形成了一种由全能政府全面接管的管理模式，即以政府为主导的，有组织、有计划地把一定的社会资源投入垃圾收集和处理实践当中的全能政府管理模式。这种管理模式在运行初期，发挥了巨大的积极作用，城市卫生环境得到了极大的改善，时至今日，许多国家依然在沿用这种管理模式。

然而，随着社会经济的不断发展，城市结构、社会结构、人口结构等发生了巨大改变，垃圾问题日益复杂化，新情况和新问题的出现导致过去传统的管理策略已难再发挥作用，全能政府管理模式出现了管理乏力、资金短缺、社会参与不足等一系列问题，不再适应新时代的现实发展的需要，亟待进行结构性调整与改革。垃圾管理失灵表面上是一个如何提升政府行政效率的问题，实质上却是一个如何转变政府职能的问题。这些问题包括但不限于如何统筹社会关系良性发展、如何缓和各方因利益产生的矛盾与冲突，以及如何调动社会各方力量发挥主观能动性共同管理垃圾等。其中，协调好政府与非政府主体之间相互关系的问题，具体来讲，就是垃圾管理主体和垃圾管理参与主体之间相互关系的问题，是解决当下管理困境的关键。这些问题如何解决，需要我们进一步思考。

从文化上看，管理失灵的根源在于主观的管理策略与客观的现实情况不协调，即管理者的实践与被管理者的实际相互错位，造成了人与垃圾、人与人之间的矛盾再次显现。以史为鉴，在历史上的不同时期，统治者和民众都曾遇到过管理失灵的情况，造成"公地悲剧"，甚至严重的环境污染。但他们都能汲取经验教训，重新规划管理策略，构建新的制度体系，进而一次又一次地化解危机。其根本要义在于能够把握当时人与垃圾、人与人之间的主要矛盾。只有从根本上处理好人与垃圾、人与人之间的相互关系，在交互中寻找问题、发现问题、解决问题，才能使问题迎刃而解。

复杂适应性

上文中我们已经讨论了垃圾处理和垃圾管理两个人们应对垃圾困境的实践策略，在本章中我们将站在更加宏观的垃圾治理层面展开新的探讨。垃圾处理围绕人与垃圾之间的相互关系，关注采用技术手段应对垃圾该如何处置的问题；垃圾管理则围绕政府与民众之间的相互关系，侧重于关注政府用行政手段如何管理公共卫生事务的问题。相比之下，垃圾治理则囊括了上述两个范畴，讨论人与人、人与环境之间的相互关系，重视治理系统内部的整体性和协作性问题。

20世纪90年代，在公共管理领域兴起的治理理论影响了社会公共管理领域的诸多方面。治理理论的主要创始人之一詹姆斯·N. 罗西瑙（James N. Rosenau）认为，"治理是通行于规制空隙之间的那些制度安排，或许更重要的是当两个或更多规制出现重叠、冲突时，或者在相互竞争的利益之间需要调解时才发挥作用的原则、规范、规则和决策程序"①。格里·斯托克指出："治理的本质在于，它所偏重的统治机制并不依靠政府的权威和制裁。'治理的概念是，它所要创造的结构和秩序不能从外部强加；它之发挥作用，是要依靠多种进行统治的以及互相发生影响的行为者的互动'。"② 治理强调系统内部的结构和秩序，涉及经济、政治、文化等多个系统要素，在兼顾了不同群体的社会利益与经济成本、效率与公平的前提下，使相互冲突或不同的利益主体得以平衡并且采取联合行动的持续的过程，倡导社会不同主体在对话、协商、合作的基础上采取的治理模式。有学者总结了治理的四个特征：治理不是一套规则条例，也不是一种活动，而是一个过程；治理不以支配为基础，而以调和为基础；治理同时涉及公、私部门；治理并不意味着一种正式制度，而确实有赖于持续的相互作用③。

从定义上看，垃圾治理是指政府与公众互动下的垃圾全程、综合和多元治理，研究对象是政府、社会及社会利益相关方之间互动的方式方法，侧重于垃圾社会化处理，包括政府、社会及社会利益相关方之间，及其与科学技术、市场等

---

① 詹姆斯·N. 罗西瑙主编《没有政府的治理》，张胜军、刘小林等译，江西人民出版社，2001，第9页。

② 格里·斯托克：《作为理论的治理：五个论点》，华夏风译，《国际社会科学》（中文版）1999年第3期。

③ 陈广胜：《走向善治》，浙江大学出版社，2007，第124～125页。

复杂适应性

之间的复杂关系，其目标是兼顾消费者利益与社会成本、效率与公平，防止政府失灵、社会失灵和市场失灵，促进垃圾处理产业化发展。垃圾治理主要侧重于治理体制及其运行机制，政府与社会公众的合适参与，专业化、企业化、社会化与产业化以及行业监督规范等相关内容。垃圾治理讲究政府引导，广泛吸收社会公众参与，强调政府、社会及社会各利益相关方之间的互相依赖性和互动性，依赖社会自主自治网络体系，一切从群众利益出发，群策群力，综合治理。垃圾治理不仅要评估经济学领域的经济、效率、效益与公平原则，还要评估治理意义下的参与、公开、公平、责任与民主等要求。

本章尝试首先从万物关联的理念出发，立足于人与万物命运共同的整体观，提倡把人与垃圾的对立观转化为人与垃圾的共存观，力图改变人们在治理垃圾过程中的心智和立场，进而在现实层面，借助复杂适应系统理论，把宏观层面的垃圾治理作为一个系统性问题进行考量，从系统内部探讨"垃圾怎么办"的问题，注重多元社会主体性及主体间性在垃圾治理过程中所发挥的功能和作用。

万物关联

通常，很多人习惯性地把垃圾治理的困难简单地归因为技术局限和行政低效，认为只要攻克技术难题或采取更高效

317

的行政管理手段，所有的问题就能迎刃而解。殊不知，无论是垃圾处理技术，还是行政管理方式，都不过是垃圾治理中的一个环节、一种手段罢了，不可能仅仅依靠技术或行政的力量就彻底解决垃圾问题。美国学者杰佛里·沃罗克（Jeffrey Wollock）曾经清楚地指出："环境危机的出现，并非源于工业或军事活动的污染、资源的过度开采、对能源的最大化利用的经济体制、不公平的地域经济发展或者是城市贫民窟的剧增，这些只是问题的症状和征兆。环境危机的真正根源是人类特定的思维方式。而从过去到现在全球环境的不断恶化正是在这些错误心智根源指导下的'实验例证'。"[1]

在现实社会经济发展层面，垃圾问题不但是保护生态环境、促进社会可持续发展的问题，而且是一个提高生活质量、保障人民福祉的社会问题，还是一个国家增强文化软实力和国际竞争力的发展问题。垃圾问题涉及社会的方方面面，包含政治、经济、文化、教育、卫生、科技等社会各领域，涵盖了政府、企业、社会组织、民众个人等诸多社会群体……正如"垃圾治理、人人有责"这则广告语所言，垃圾治理关涉每一个社会成员。这样看来，垃圾问题是一个涉及多维度、

---

[1] Wollock, J., "Linguistic Diversity and Biodiversity: Some Implications for the Language Sciences", In Luisa Maffied, *On Bicultural Diversity: Linking Language, Knowledge, and the Environment*, Washington, DC: Smithsonian Institution Press, 2001, pp. 248 – 262.

多主体、多层次的复杂系统性问题。我们要想彻底解决垃圾问题，需要每个人都在不同层面、不同情景、不同活动中积极参与。更进一步讲，垃圾问题本质上是人类世界面临的系统观问题。

系统观

"系统"（system）一词源于古代希腊文 systema，表示由部分组成的整体。一般系统论的创始人贝塔朗菲认为，"系统是指由若干要素以一定结构形式联结构成的具有某种功能的有机整体，是相互联系、相互作用的诸要素的综合体"。这个定义包括了系统、要素、结构、功能四个概念，表明了要素与要素、要素与系统、系统与环境三方面的关系。系统概念强调了要素间的相互作用以及系统对元素的整合作用。系统通过整体性发挥作用，整体的功能体现在整体的各组成要素间的相互关系上，只有在各组成要素相互作用时才会显现，孤立的要素不具备整体的功能，即亚里士多德所说的"整体大于部分之和"。脱离了整体的单个要素失去了其相应的功能，单一要素的功能强大并不意味着整体功能就一定强大，这是以局部说明整体的机械论观点。

整体性是系统论的核心思想。生态学家霍林等认为自然生态与社会生态密不可分，人与自然彼此互动互构，提出了人类-生态复杂系统的概念。人类学家和控制论专家贝特森强调，人类和其他生物以及非生物在最高层面相互关联，共同生活在一个超级生态系统中①。以一位已婚男性教师为例，他隶属于男性群体、教育行业、家庭成员、社会公民等社会系统，同时也隶属于城市、陆地、地球等生态系统，甚至他自己本身就是一个包含血液、肠胃、骨骼、内分泌等子系统的独立生命系统。中国古代思想家老子很早就提出了"道"生"万物"的宇宙观，即《道德经》所云："道生一，一生二，二生三，三生万物。"世间万物，林林总总、繁星点点、错落交织、互动勾连，共同组成了一个精彩纷呈的万物共同体系统。这个共同体系统的组成单位复杂多样，既可以是自然界的物质实体，小到一滴水、一株草、一池鱼，大到一丛林、一片海，甚至一个星系；也可以是人类社会的家庭、村落、学校、医院、城市，甚至包含超越物质世界的心灵世界，如语言、艺术、宗教以及风俗习惯等。草木与动植物交织成了奇幻的森林，人与意识交织成了灿烂的文明，而森林和文明又都交织于我们的知识世界。

从整体性的角度思考，如果把宇宙、自然、人类等都视为一个个孤立的系统，那么它们由不同的具有组织性和复杂性的子系统构成，如个人、动植物、化学元素等；同时它们又都隶属于另一个更加复杂的巨系统当中，如动植物系统隶

---

① 纳日碧力戈：《共生观中的生态多元》，《民族学刊》2012 年第 1 期，第 1~8 页。

属于生态系统，而生态系统又隶属于更大的宇宙系统，层层递进，直到万物关联。譬如，自然界和人类社会交织形成人类－自然生态系统，物质世界与精神世界共同融汇成价值认知体系，这二者还能继续重叠形成更加庞大的人类－自然生态网络的价值认知系统。微小的系统之间彼此互构形成稍大的系统，这些大大小小的系统通过"互动链"（或称"互构链"）有序勾连，形成错综复杂、错落有致的更大的动态系统，最终无数系统犹如"万千水滴汇入大海"，共同形成了一个包罗万象、无比巨大的万物关联共同体世界。

万物关联是一种客观现象，是我们理解自己和外界之间相互关系的基础。万物关联系统观不同于科学系统理论中狭义的系统概念，是一种关于生命体和非生命体之间复杂关系的抽象哲学概念，强调的是我们身处的世界绝不是一个静止、孤立的物质世界，而是一个由主客观要素动态互构而成的有机整体。其构成要素不仅包含客观的物质，如飞禽走兽、江河湖海；也涉及主观价值，如爱恨情仇、悲欢离合。我们要想弄清楚什么是万物关联，首先要弄清楚关联的含义。

首先，关联是一个庞大系统中各个要素间相互"联系"、"连接"和"勾连"的方式，这种方式并非把系统中的各要素简单地、机械地、任意地组合或相加，而是在遵循某些规律的基础上，以某种结构耦合的方式相互融合。其次，一切能够发挥系统整体功能的排列秩序和结构方式都可被视为合理的关联，并且这种关联始终处于某种变化的和流动的状态，即所谓的牵一发而动全身，关联与系统始终保持动态的协调统一。举例来说，生物的 DNA 序列和动植物食物链就是在自然力量支配下形成的自然关联，决定了生物的形状、遗传和整个生物圈的生态平衡；而人类社会中的家庭伦理、社会规则、国际法则等是我们模仿自然法则构建的人为关联，决定了人类社会的稳定、和平与发展；我们精神世界中对某些客观事物或意识形态的认知、心理模式、宗教信仰等，则是我们通过在自然关联和人为关联之间搭建起新的链接之后形成的自然－人为关联，决定了我们具有的公平、正义、真诚、善良以及仁爱等美德。最后，只有在物与物、心与心、心与物之间搭建健康良好的关系，人类才有可能接近真理；只有认识到我们所生活的世界，无论是人类世界，还是自然界，是由多种联系组成的，而并非孤立存在的，并且共存于一个紧密相连的万物关联世界，世界中各个要素的命运共存，才有可能真正在实践中做到把握全局和兼顾所有，在解决实际的系统性问题时才不会犯错。

因此，回看我们正在经历的"垃圾战争"，既有看得见、摸得着的客观物质，又有看不见的细菌和污染；既有个人的主观的喜好与厌恶、接受与拒绝、认同与排斥，又有群体性的干涉与放任、管理与疏忽、强制与自愿，还有我们的无知与盲从、创新与革命、无奈与适应……我们既看到了对手的强大，也看到了自己的勇气，我们的经验和智慧在一次次的失败与胜利的交替中积累并升华。政府把治理垃圾视为惠民性质的公共卫生事业，技术人员把治理垃圾视为处置垃圾的技术工具，拾荒者捡拾垃圾获得基本生活来源，环保人士和老百姓则把垃圾问题视为自己表达自我的空间……不同文化群体在对垃圾的认知的基础上形成了管理系统，各个系统之间又相互交叠形成了一个更加庞大的社会化垃圾管理系统。在这个垃圾治理的系统中，每个人、每个群体、每个组织都是治理的主体，而他们的治理对象涉及每一个被丢弃的废弃物，彼此之间形成了一个万物关联的宏大生态系统。其实，我们之所以要站在形而上的视角讨论万物关联，不仅仅是为了证明人类与垃圾、垃圾与环境、人与环境等同处于一个整体，同时也在表达一种期许，即希望人与垃圾、人与物质、人与非物质之间也可以同构于一个整体，充满包罗万象、天下一家的理想与憧憬。唯有如此，我们才有可能从根本上摆脱二元对立的束缚，在人类中心主义或生态中心主义的抉择中停止徘徊，构建人与万物相互关联的普遍认知，理解生命与非生命之间的命运相连，在真正意义上实现人与垃圾、人与自然、人与自己之间的和平共处。

复杂适应系统观

从 20 世纪 80 年代开始，系统论学者开始关注个体与环境之间的协同与互动作用。法国哲学家埃德加·莫兰提出了"复杂性方法"概念，揭示了复杂事物的"多样性的统一"。1963 年，美国气象学家爱德华·诺顿·洛伦茨提出了混沌理论（Chaos）。中国学者提出了"开放的复杂局系统"、生物界的"涌现规律"、人工神经网络等概念。这些学术理论从不同角度证明了处在某个系统中的个体具有主动性的规律，承认每个系统要素都有其自身的目标、方向，并能根据目标与环境进行交流和互动，从而在互动过程中实现对环境的适应，有选择地改变自己及其与环境的结构和运行方式。在此基础上，复杂适应系统理论应运而生。复杂适应系统理论由诸多领域的科学家共同提出，他们都隶属于一个名为圣塔菲（Santa Fe）研究中心的美国非营利性机构。该中心于 1984 年组建，由盖尔曼（M. Gell-Mann）、阿罗（K. J. Arrow）、安德森（P. W. Anderson）三位诺贝尔奖获得者发起，他们为了开展对复杂性的跨学科、跨领域研究，联合了不同学科的杰出科学家，专门致力于复杂性系统科学的研究工作，因此也有学者将复杂适应系统理论称为"圣塔菲系统论"。

在传统意义上，管理的目的在于控制，是在不考虑系统内部变化的情况下尽可能地维持系统的稳定。而复杂适应系统则是一个自适应系统，即在系统外部环境和内部结构都发生变化的情况下，系统可以自动调整内部结构或参数，从而实现系统的稳定。对此，圣塔菲研究中心认为，自适应系统的稳定性质不应该有意地去保持某种已知的或已经确定的性质，而应该发现那些因新结构的出现而产生的新性质，而这个过程就是系统的一种复杂自适应过程。霍兰对圣塔菲研究中心的研究成果进行了总结和归纳，于1994年正式提出了"具有适应能力的主体根据环境变化改变自己的行为规则以求生存和发展"的复杂适应系统理论。该理论一经提出，迅速引起了学术界的普遍关注。但20世纪末兴起的前沿科学领域至今尚未对复杂适应系统理论下统一的公认定义。

一般而言，复杂适应系统（complex adaptive system，CAS），也称复杂性科学（complexity science）。复杂适应系统理论认为系统演化的动力本质上来源于系统内部，微观主体的相互作用会生成宏观的复杂性现象，其研究思路着眼于系统内在要素的相互作用，所以它采取自下而上的研究路线，又被称为"基于个体的思维范式"。其研究深度不限于对客观事物的描述，更着重于揭示客观事物构成的原因及其演化的历程。总体上，CAS是多元主体协同统一的系统。复杂适应系统由动态互动的多个单元构成，它们之间的相互依存为整个系统提供了功能特征。在缺乏核心力量统辖的情况下，诸多具有能动性的多元主体，通过彼此的相互适应、相互协作，自发形成某种隐性的秩序，维持整体的动态平衡和协同发展。复杂适应系统强调了系统构成要素的多样性、无序性、个体性因素，系统整体具有不确定性、不可预测性、非线性、自适应等特点，完全不同于过去经典科学的以确定性、可预测性和线性为特点的传统研究，突破了之前所有系统论的局限。复杂系统在我们身处的世界中随处可见，如蚁群、胚胎、神经网络、人体免疫系统、计算机网络、自然生态系统、全球经济系统等，这些系统中的各要素时刻都在进行着持续的相互作用，使系统发展为一个个自发性的自组织。

特别需要指出的是，国外关于 CAS 理论的应用研究最早始于 20 世纪 80 年代的宏观经济管理领域，随后逐渐向组织管理等其他领域拓展。复杂适应系统理论非常复杂，本书无意对该理论及其模型进行详细的阐释，主要借用该理论的一些基本观点，把垃圾治理放在复杂适应系统理论框架下进行考量，基于 CAS 的核心思想和系统特点两个维度，分析、解释垃圾治理复杂组织的现象及背后的组织适应力问题，为垃圾治理的系统性改革提供一种思维路径。

复杂适应系统

自然界和人类世界中的复杂适应系统多种多样，每个系统都有其独有的特征，但随着我们对 CAS 认识的不断深入，也能从 CAS 中总结出某些共性的特性。在本节中，我们将立足于复杂适应系统理论的基本观点，选取主体适应性、积木结构、隐性秩序、混沌的边缘、涌现性五个 CAS 的主要特征，通过简单类比的方式讨论现实层面的社会垃圾治理是否可以作为一个复杂适应系统进行考量。无论结论如何，我们都缺乏足够的实验证据证明垃圾治理与复杂适应系统之间的必然联系。但是我们的目的仅仅只是借助 CAS 的智慧之光，为我们照亮通往未来"垃圾不再是垃圾"的道路。

主体适应性

根据复杂适应系统理论的观点，适应性是产生复杂性的一个重要机制，即"适应性造就复杂性"是 CAS 理论所主张的核心观点。借助生物学的相关解释，适应是指生物体调整自己的结构和功能从而实现对环境的适应，而该生物体的结构和功能的改变是其持续学习并同时做出反馈的结果。为了强调组成系统的要素之能动性和主动性，霍兰借用经济学中的"主体"（agent）一词代替要素。将"适应"（adaptive）和"主体"（agent）这两个概念相结合，形成了构成 CAS 的元素，被称为"适应性主体"（adaptive agent），简称"主体"，并将这种具有多个体的系统称为多（元）主体的系统。

CAS 理论中所谓系统"主体的适应性"，是指构成系统的主体具有一种自发的能动性（也称为自适应），某个主体可以根据需要与外界环境以及其他主体进行交互作用。在自然界中，主体除了被动接受自然选择之外，同时也在不断地进行随机变异，以及通过与环境互动形成适应性自组织。比如，鸟类可以预知那些拥有鲜艳橙褐色鳞翅的蝴蝶有苦味，大肠杆菌能自觉或不自觉地游向葡萄糖梯度大的地方，狼群可以根据地理标志和气味等综合因素规划自己的狩猎行为等，这些都是生物具有主体适应性的表现。所以，适应性主体具有感知和反应的能力。适应性主体有目的性、主动性和积极的"活性"，能够自发地与环境及其他主体随机进行交互作用，并在适应环境的同时调整自身的状态，或与其他主体合作或竞争，达到自己生存和利益最大化的目的。

主体适应性观点的贡献在于对原有系统理论构成要素认知的突破。因为主体适应性概念完全不同于传统系统论中的要素、部分和子系统的概念：后者是死的、被动的或者是无目标的、盲目运动的，即使与其他元素或环境交流，也只是按照某种固定方式进行结构性组合，不能实现与环境的互构和自身的进化；前者则可以分为历时性和共时性两个维度，同时与其他个体和环境进行互动交流。CAS 的主体具有某种主观能动性，但并非全能全知的，在适应过程中会出现如下情况：有的能够根据消极结果总结经验教训，或者根据积极结果积累成功经验，进而获得的经验不断变换其规则、改变自身的结构和行为方式，不断实现其自身的发展与进化；有的会在适应过程中犯错，做出错误的预期、错误的判断和错误的行动，导致它走向消亡。因此，适应同时创造了进化和消亡，造就了系统的复杂性。

在垃圾治理的过程中，垃圾治理系统的主体由具有不同利益的个人或集团组成，来自社会中不同的阶层，拥有多样化的技术手段，掌握不一样的话语权力等。无论是以垃圾处理企业为代表的正式经济主体，还是以拾荒者为代表的自发组成的非正式经济主体，或是活跃在社会各领域的环保人士，都共同隶属于一个庞大的垃圾治理系统当中，并且能够自主地发挥治理垃圾的功能。垃圾治理主体的适应性体现了主体对垃圾环境的适应，以及多元治理主体之间的相互适应。

一方面，垃圾是具有时空相对性的客观物质，随着时空变迁，垃圾会"自我进化"，也会"变换角色"，呈现复杂且动态的特征。历史经验证明，无论是人类整体，还是统治者、拾荒者、民众等都不能闭门造车，必须准确获得和更新关于垃圾的知识，并根据所掌握的知识来指导具体的实践。我们不断更新对垃圾的认知以适应垃圾的复杂多样，从而尽快找到最有效的应对策略，这一实践过程就是最好的例证。一旦垃圾自身物性发生改变，垃圾治理主体也会自发地对自己的管理策略、处置方式、经营范围等做出调整，如制定律法、发明工具、调整关系等，这些行为的目的都是尽快适应垃圾持续改变物性，寻求各主体利益的最大化。事实证明，不同的社会主体在"适应垃圾"的过程中，表现出自愿有效地发挥主观能动性，积极关注垃圾动态和反馈，及时调整与垃圾的互动方式等。当然，有的适应行为相对合理因此被延续下来，如农田堆肥技术；有的被证明是违背客观规律的，如直接排放垃圾、简易填埋等，最后被人们逐渐抛弃。

另一方面，人类社会本就纷繁复杂，共同参与垃圾治理的社会主体"和而不同"，他们的关系更是盘根错节，必须相互适应才能避免冲突。在垃圾治理体系中，每个治理主体（系统要素）都是相对独立和自为的"子系统"，形成了一个单独的场域或环境，不完全受某一个"权力中心"控制和支配，如环境科学的研究领域；与此同时，各主体间的关系又存在相互牵连和制约等交互作用。每个主体在垃圾管理与处置的过程中都会影响到其他主体管理与处置垃圾的决策和行为。如国家制定的城市卫生治理政策会直接影响垃圾回收企业的市场和私人机构的经济利益，拾荒者的参与程度与百姓对垃圾的重视程度同样会反作用于政府的顶层设计和决策机制的落实等。当不同利益集团相互博弈时，经常就会因为利益纷争产生冲突与矛盾，但最终会以沟通协商等方式达成共识、缓和矛盾。正因为各个治理主体在本质上各为环境，又互为环境，他们为了尽可能地解决利益分歧、化解矛盾，在实际的垃圾管理实践中，往往会自发地构建能够相互适应和协作共赢的关系，这种社会主体间的自适应最终表现为具体实践中的默许、配合与支持。比如，很多国家的政府允许正式经济和非正式经济并存，共同参与垃圾管理和利益共享。

由此可见，各种复杂多元的社会主体用"各自为政"

"八仙过海"的方式参与着垃圾治理，各自从所得到的正反馈中不断强化自己，发展为适应力更强的角色；与此同时，垃圾也同样经历着不断演化的过程，也就是我们前文提到的人与人、人与垃圾的共同演化。

"积木"结构

CAS 的内部模型（internal model）是适应性主体实现预知的机制。当主体遇到大量组合模式时会主动选择某种适应自己生存与发展的组合模式，再将这些模式转化成系统内部的新结构，新结构即内部模型。CAS 理论认为，主体间不断组合形成的内部模型是在被动的自然选择和主动的互构共同作用下形成的自组织和自适应。对此，霍兰用"积木"比喻系统内部的模型。霍兰曾表示，"从古至今，唯有一个爱因斯坦……如果进化过程在每一代都'忘记'那些最杰出的人，那么它'记住'了什么呢？隐式并行性给出了答案。特定的个体不会再现了，但他们的积木却会再现"。结合之前论述的生态位构建过程，"积木"类似于"生态遗传"，生物吸取上一代的经验教训而调整自己的行为，从而更好地适应环境。因为每一块"积木"都代表着适应特定环境的基因组合机制，这个机制具有最强的适应性。系统中的"积木"也有不同的层次。上一层的"积木"通过特殊的组合会派生出下一层"积木"，下层的"积木"是上层"积木"的根基。

因此，"积木"概念体现了主体在进化过程中通过主动地选择基因组合，从而涌现出许多前所未有的优良性状。这也解释了整个系统的演变过程，包括新层次的产生、分化和多样性的出现，以及新聚合而成的更大的主体的出现等。

具体来看，地球上的社会系统、经济系统、生态系统、神经系统都是在这个基础上逐步派生出来的。一组蛋白、液体和氨基酸会组成细胞，细胞会组成生理组织，生理组织再形成一个器官，器官的组合会形成一个完整的生物体，一群不同的生物体会造就不同的生态环境等。我们对于历史事件赋予的经验教训和社会记忆，既是我们对于过去文明发展过程中总结的"遗传基因"，也是我们根据当下总体环境趋势不断组合基因以维持现状，以及对未来可持续性发展的适应性选择，最终过去的记忆与当下的各种决策有机地结合，形成了某种平衡、稳定、有效的内部模型。因此，在 CAS 理论中，"积木"的有效组合就是系统形成内部模型的过程。CAS的演化本质就在于不断发现新的"积木"，比如新兴的文化、思想观念、生存方式等，因为在这个过程中"积木"会频繁地使用那些表现出较强的综合适应能力和强度比较大的规则。个体间不断互动勾连和相互适应形成新的组合，随着组合不断增多，系统也更加复杂。

垃圾治理系统中同样存在"积木"式的内部结构，并且在多个维度和层面得以表现出来。例如，在多元垃圾治理主体相互博弈的过程中，个体、群体、组织等会根据自己的利益和价值主动"抱团"，形成大小不一的政治、经济和文化利益集团，之后会产生利益集团间新的博弈，如城管局、市容环卫处、环境检测中心、环卫所、固废管理中心等都属于国家行政机构或事业单位，而环卫公司、垃圾处理厂则属于国有或私营企业，不同于拾荒者、艺术家、自由职业者或者环保组织。再例如，不同类型的垃圾治理参与者会评估自己的权力、话语、资源、技术等条件，预知判断并选择是遵从公开的"制度"，还是私下的"潜规则"。为了寻求在政治、经济、文化等方面处于优势地位，多元垃圾主体会适时调整自己的合作伙伴和竞争对手。如此一来，新的合作关系建立，旧的合作关系就被打破，整个系统都需要进行调整。此外，在这些不同社会群体和利益集团（"垃圾治理的子系统"）内部也同样会出现不断重组的关系结构。例如，某些环保人士可能刚开始是极力反对建设垃圾焚烧厂的"斗士"，但在深刻认识了无害化焚烧技术之后，"背叛"了抗议组织并选择成为焚烧技术的拥护者。社会主体在不同层面的联合与联动，无论是为了获取利益还是提高效率，只要有持续不断的重组，就会带来结构的调整，可能是一次技术革新，也可能是一次产业结构优化，还可能是一场轰轰烈烈的社会变革……

因此，我们从"积木"可知，要想在现有垃圾治理体系中有所突破，势必需要对与垃圾相关的制度建设、投资渠道、生产消费、产业结构等多个方面进行调整，尤其需要对当下的环保教育、环保组织、拾荒群体待遇等方面做出根本性的改变。

隐性秩序

在 CAS 理论中，个体的演化过程被称为受限生成（constrained generating procedure，CGP），即在一定的环境约束条件下主体的自主发展和进化规律，展现了个体发展和变化过程中充满"活力"的自为过程。结合个体的这个"活力"特性与系统整体的演进过程，霍兰又提出了 ECHO 模型（可以译为"回声"模型），即主体和环境二者相互作用、互为彼此。在主体－环境复杂的交互过程中，主体通过自发的适应性交往构建并保持了一种隐性秩序（又称隐秩序），如亚当·斯密把市场经济中的价格机制、供求机制和竞争机制等比喻为"看不见的手"。相比于隐性秩序，由权力和法规命令强制推行的秩序就是社会显性秩序，比如"有形的手"。隐秩序是适应性主体间相互作用形成的一种离散动力学行为，是 CAS 通过一种内在的自组织形式运行的过程。在复杂适应系统中的隐秩序通常很难被发现，它们隐形地、自发地、无意识地作用于多主体的关系结构，影响着整个系统功能的发挥，有的隐秩序时常表现为某种难以言表的相对于明确规则的"潜规则"。CAS 的研究目的就是试图挖掘系统内部各要素间的隐藏秩序，或者产生宏观秩序的隐藏机制。

我们会发现社会在治理垃圾的各个方面，呈现主体多元化、行动多样化等特点，有序和无序的规则交织其中，有的规则来自官方，见于律法制度之中；有的规则来自民间，隐藏在私人交易之中；还有的规则介于公共的和私有的、公开的和暗示的、明确的和模糊的之间。拾荒群体参与塑造的非正式经济形式，在某种程度上，就是一种垃圾治理系统中的隐秩序。这种隐秩序一般产生于多元社会力量在垃圾治理过程中的交互过程，会涉及不同的行业、产业和权力主体，并且会对整个垃圾治理系统产生影响，驱动整个垃圾治理系统向前或向后发展。有人认为，那些自发形成的、自为行动的非正式经济主体都是一些没有"身份"的乌合之众，他们只会给垃圾管理增添麻烦。但实际上，正是因为他们的存在，才构建了一个垃圾管理的隐秩序，弥补了正式经济无法触及相关领域的不足。因为在无法用一部律法、一个机制对社会所有成员的垃圾管理行为进行统管的前提下，势必需要另一部看不见的律法来发挥作用。例如，现实中官方的城市管理者和民间的社会力量表面上"各自为政"和"互不干涉"，并非遵守某个规章制度，而是都遵从一个隐秩序，一个主体间在长期互动过程中相互博弈形成的彼此互认的"默契"。此外，这种隐秩序会持续一段时间，在短时间内很难再次被打破。类似于"湿猴理论"，如当一个拾荒者踏入不属于自己管辖的"领地"时，势必会感受到隐秩序背后权威的"驱赶"，拾荒者不得不做出调整而"逃离"，然后长时间遵从它并保持"和谐共处"的状态。各个群体都由有形的和无形的力量共同组成了一个动态的、协作的垃圾治理"现实"。简言之，隐秩序是维系主体间各自"主权"与"势力范围"的结果。

实际上，垃圾治理的隐秩序体现为某种"反应规则"的构建过程。社会内部以及主体之间必然会在争夺包括垃圾在内的资源过程中产生冲突和矛盾，当冲突和矛盾产生时，个人也好，组织也罢，都会根据自己的利益改变环境刺激，凭借自己的经验做出调整和反应，同时会产生正反两种不同的结果。正向的、积极的、有效的结果是大家"握手言和，各取所需"，负向的、消极的、无效的结果可能导致流血冲突或暴力事件。但无论预期目标是否如愿以偿，各主体始终会"尊重"最终的结果并实时做出调整与适应。正如霍兰用遗传算法中的"染色体"的案例，用"适应度"（fitness）表达染色体的反应规则与环境相符合的程度。垃圾治理主体同样也会通过不同的反馈信息主动调整自身对整个垃圾治理环境的适应情况，找到并扮演好自己在垃圾治理系统中的角色。

混沌的边缘

复杂适应系统中的混沌的边缘概念描述的是一种"混沌

和秩序相结合"的状态，是介于有序之力与无序之力之间的某种平衡。CAS 具有将秩序和混沌、有序和无序融入某种特殊的平衡的能力，这个平衡点就是混沌的边缘。一方面，由于系统中各要素始终处于一种动荡而非静止的状态，这种动荡没有达到系统解体的地步，系统中的适应性主体在各种自我演化、相互作用的过程中就在朝着混沌的边缘发展。另一方面，只有在这种混沌的边缘中系统才能很好地运作。因为环境的有序性和无序性的结合使事物发展具有多种可能性，主体本身组织中有序性和无序性的结合使得主体的行为结构可以适应环境灵活变化，如此适应性主体才能"成长"，有机会和其他主体产生互动、适应环境变化并且自我演化。有序和无序两个条件的共同作用促进了适应系统可以在多种可能的行为方式中选择"优化方案"来达到自己的目的和实现进化。外界环境本身也是有序性和无序性的统一，既要表现出足够的规律性，以供系统用于学习或适应，但同时又不能僵化以致丧失了改变的可能，就好比中国古语所言，"水至清则无鱼"。此外，混沌的边缘还可以被理解为适应性主体发生"蜕变"的特殊环境和场域，如同蝴蝶破茧而出的那个"茧"一样，在这个特殊的场域中，系统通常会产生涌现现象。

　　所谓的外界环境，其实是一个相对的概念。自然界可以是人类社会的环境，城市可以是城市民众的环境，政府可以被看作拾荒群体的环境，甚至隔壁邻居都可以是个人的环境。

这些环境都不是有序和固定的，随机性和无序性潜藏其中，只要其中任何一个部分发生变化，都会导致与之相关联的部分做出改变。举例来说，垃圾本身就是大多数垃圾治理主体的一种外界环境，垃圾变迁的历史决定了人们管理垃圾的历史，人们管理垃圾的历史又是人们不断管理自己和认知世界的历史。所以人们通过研究垃圾在其自身变化过程中的规律，包括对其物质属性、经济价值、文化意义等各方面新知识的认识，就能从思想上不断更新对垃圾的认知，激发人们调整治理策略的动力，进而改变实际的行为方式，适应垃圾变迁之后的新形态等。这个过程就是通过混沌的边缘激活整个适应系统创新功能的动力所在，人们在查找问题、调整策略以及解决问题的过程中学习知识、更新技术、积累经验，不但解决了管理垃圾的生态环境问题，而且实现了政治、经济、文化各个方面的进步，将人类文明推向了新的高度，同时也借此证明了垃圾文化研究的意义所在。因此，对于整个垃圾多元共治管理系统来说，问题的关键并不存在于那些明显的、确定的事务当中，而应该从那些始终参与其中但不易被察觉，被认为不重要而常常被忽视的事务当中，如拾荒者群体的社会意义、环保组织人士的倡导、环境社会科学研究的成果等。

　　在垃圾治理的过程中，不同国家、地区的治理环境，包括政治环境、经济环境、社会环境、文化环境等常常会影响治理效果。治理环境极端化的有序或无序都会限制各垃圾治理者的发展。譬如，依靠单一核心权力自上而下地实行高压政策往往会导致整个治理体系过分有序，呈现死气沉沉的状态，缺乏创新与活力；而无中心自下而上地"放养式"管理又过于失序，会导致各个治理主体缺乏统一的目标，陷入类似无政府主义的混乱状态，垃圾管理过程中经常出现的"一管就死，一放就乱"就是这种情况。混沌的边缘以极度分散的方式存在于垃圾治理体系中的各个环节、各个领域和各种秩序之中，也就是我们俗称的"灰色地带"、"遗漏环节"以及"真空地带"。例如，正式经济和非正式经济之间的管理盲区、政府决策和社会民意之间的决策、介于合法行为和非法行为之间的拾荒行为等。但正是在这些充满不确定性的区界中，最容易在主体互动时产生矛盾、分歧、争议和冲突；也正是不断的沟通、协商和解决分歧以致意见达成一致之后，那些无人打理的事务、被人视而不见的区域以及被人忽视的社会群体才能在垃圾治理系统中贡献力量。

因此，垃圾治理环境的最佳状态是有序和无序两种秩序持续相互作用的状态，主体间的关系始终保持一种合作与竞争相互"拉扯"的状态，在不断的调整和优化中解决矛盾与冲突，进而提高整个系统垃圾治理的能力。更进一步讲，我们应该在严格统筹管理的基础上创造一个相对宽松的治理环境。一方面，应该确保各个主体能够在职责范畴内发挥自主性，在完成好自己分内的工作的同时，不过分越权或过多干涉其他主体发挥功能；另一方面，各主体也不能权力过大，走向无视规则、胡乱作为或者不作为的另一个极端。譬如，政府在统筹规划垃圾治理体制的前提下，应该简政放权，不要过多管理经济管理和社会管理的问题，否则必然会导致民众依赖政府而不作为，以及企业通过"搭便车"的方式推卸责任，最后政府会陷入管理失灵的困境。

涌现性

涌现性（emergent properties）是指多个要素组成 CAS 后，出现了系统组成前单个要素所不具有的性质。系统的涌现性仅存在于 CAS 当中，并不存在于任何单个要素当中，是系统从低层次到高层次的结构之后的外化表现。涌现性还可以被理解为非还原性或非加和性，系统的整体性是加和性和非加和性的统一，但整体性和系统性并不一定就是涌现性。涌现性是系统中非加和性的属性，是"整体大于部分之和"，即"$1+2>3$"，其中的相差部分就是涌现新质。系统的涌现性是系统的适应性主体间非线性相互作用的结果。涌现既体现了从复杂到简单的"瓦解"，也体现了从简单结构到复杂结构的重组是在微观主体变化的基础上，宏观系统在性能和结构上的突变，在这一过程中旧质中可以产生新质。越是简单的事物越是复杂——简单创造复杂。霍兰受种子萌发、国际象棋等的启发，在比较了显示涌现现象的不同系统和模型的基础上，总结出了它们之间共同的规则或规律。如一粒种子可以长成参天大树，国际象棋的规则少于十二条，但尽管人们长期潜心研究却始终不能穷尽其所有的步法。透过不同的个体现象的类比，能够揭示出隐藏在背后的总体的一般规律。这类似于中国传统文化的"取象比类"，诸如用五行八卦阵或九转乾坤说等涌现"隐喻"来解释万物的运行规律。

涌现性体现了这样的事实：系统结构和系统环境以及它们之间的关联关系，决定了系统的整体性和功能性。换言之，系统的整体性与功能性是系统内部结构与外界环境互动综合集成的结果。主体间的相互作用是主体适应规则的表现，这种相互作用具有耦合性的前后关联，而且更多地充满了非线性作用，使得涌现的整体行为比各部分行为的总和更为复杂。在涌现生成过程中，尽管规律本身不会改变，但规律所决定的事物却会变化，因而会存在大量的不断生成的结构和模式。这些永恒新奇的结构和模式，不仅具有动态性，还具有层次性，涌现能够在其所生成的既有结构的基础上再生成具有更多组织层次的生成结构。也就是说，一种相对简单的涌现可以生成更高层次的涌现，涌现是复杂适应系统层级结构间整体宏观的动态现象。涌现的过程是在旧结构基础上搭建新结构并发挥功能的过程。涌现性概念的提出将系统研究从还原论中解放出来，以整体和系统的观念研究复杂性问题。

针对垃圾治理而言，政府、企业、个人等多元主体在各自发展和发挥功能的同时，彼此间相互合作又保持竞争，最终形成了一个协调精密的社会垃圾治理系统，这个由小及大、由简入繁的垃圾治理系统本身的发展过程就是一个 CAS 的涌现现象。人类过去治理垃圾的历史，少不了智者与专家的智慧、工程师与技工的操控、官员和组织者的统筹部署、环保人士与民众的支持等，同样可以说无不是多重社会力量相互配合、协作、联合行动的结果涌现。我们知道，涌现现象产生的根源是参与垃圾治理的适应性多元主体在某种或多种毫不相关的简单规则的支配下的相互作用。在涌现生成过程中，垃圾治理体系的规则本身不需要发生改变，但社会主体自己却始终在努力发展壮大，因而会涌现出大量新的、动态的、层次分布的社会关系、社会结构和交往模式，它们又始终朝着更加复杂的方向发展。于是，我们从垃圾治理的历史中看到，我们的管理方式不断创新、处置方法不断精密、治理模式不断复杂。目前，承担垃圾治理责任的主体都在"做大做强"，协作联动趋势越加明显，这将不断促进新的关系结构出现，使得未来垃圾治理系统不断趋于复杂且更加完善。

综上所述，垃圾治理系统中的不同社会主体具有高度的主体适应性。他们由于不同的社会身份展现出了迥然不同的智慧和才能，在与垃圾互动的过程中学习和掌握了多元化的垃圾处理、管理与治理经验，体现了独立的、自主的个人与群体具有高度适应垃圾的变迁和环境变化的适应能力。所有的垃圾治理主体都具有自发推动垃圾治理水平提高的功能，无论他们各自出于何种目的，采用何种手段，都会形成"自下而上"的适应性反馈，促使其在治理垃圾过程中获得利益。实际上，任何一个主体做出的调整和努力，无论是政府还是社会组织甚至是某些个人，都是在适应其他适应性主体后做出反馈。鉴于此，垃圾治理应该重视除政府以外的其他社会力量，尤其是那些处于垃圾治理结构中的"真空地带"，如非正式经济等所发挥的功能。在垃圾治理系统中，不同主体通过自主适应性形成的"积木"式主体结构，在各种社会互动的过程中交互形成并遵守着不同的隐性秩序，虽然偶尔会发生争执与摩擦，但总体上始终保持着一种"和谐共处"的状态。但是，正是在治理过程中出现了无序的混沌的边缘，即那些治理的"灰色地带"引发了围绕如何更好地治理垃圾的纷争，形成了具有争议性的决策空间和调整余地。

总之，垃圾治理不应该仅限于政府和权力机构的大包大揽，应该更多地依靠社会各方适应性主体的力量共同完成，重视民间适应性社会主体在垃圾治理改革与发展中的作用，顺应社会多中心治理、上下联动、合作共赢与协同发展的趋势。对此，我们应该思考的问题是如何在尊重垃圾治理系统运作客观规律的前提下，承认非政府主体的自主性和能动性，肯定他们的社会贡献，同时根据固废经济、固废行业和固废产业的隐性秩序因势利导，实现垃圾治理的体制机制转型。

事实上，构建垃圾治理体系的根本动力正是来自这些拥有不同文化背景、社会阶层、权力话语的非政府社会主体的主动适应力。这些多样化的社会主体对"垃圾是什么"的差异化认知和因地制宜的适应性实践，造就了垃圾处理、垃圾管理和垃圾治理的复杂现实；同时，这些多元化的主体也是推动垃圾处理技术发展、完善垃圾管理方式等应对"垃圾怎么办"问题的动力来源。换言之，要想激发垃圾社会治理系统的活力，提高系统内部各要素的适应度，构建一个活力型、开放性的垃圾治理系统，基础在于深刻把握社会各主体的需求和特点，构建适合其发挥适应性功能的环境；关键在于破除旧的治理体系，建立以社会整体性为原则的创新治理机制，最终实现垃圾治理系统中各主体功能的共涌现。

· · ·

世界是一个包罗万象、万物关联的整体，垃圾、人、自然都在其中，垃圾污染既关涉人与垃圾之间的矛盾，也关乎人与人之间的竞争与协作。用系统观的视角从整体俯瞰垃圾治理的空间和维度，不但要考量人与垃圾之间的交互过程，还要关注人与人、人与自然之间的关系网络，更重要的是还应该从整体上把人－垃圾－环境三者有机地衔接。唯有用整体、联系和发展的眼光探究我们所身处世界的全貌，才能把握世界运行的规律，看清事情的真相。唯有弄清楚我和你、你和他、他和它之间是如何相互制约、相互促进，彼此互为环境，时刻命运相连的，才能真正找到一条和谐发展、合作共赢之路。

垃圾治理突破了垃圾处理和垃圾管理的局限，关注人类在应对垃圾困境时社会系统内部存在的矛盾与冲突如何化解、社会结构如何优化以及协作秩序如何构建等问题。垃圾治理作为一个庞大的社会治理体系，关乎不同社会群体的社会利益、经济成本、效率与公平，呈现复杂性、灵活性和不确定性等特点。在系统观视角下，我们可以视其为一个具有层次性强、涉及主体多、相互关系复杂等特点的复杂的社会治理系统。复杂适应系统观立足于整体论，注重系统内部因主体间性所产生的问题，强调主体在与环境以及其他主体间相互作用中不断改变自身行为规则，以促进环境和其他主体协调发展为主要思路。基于这些理论观点，我们所关注的问题集中于垃圾治理中的不同主体如何通过合作和交互管理等方式适应整体环境变化，以及通过相关机制发挥系统整体功能等。

针对如何构建一个既能兼顾不同利益集团的诉求，还能让治理系统的整体发挥功能的体系，复杂适应系统理论为我们提供了新的思路。在该理论的视阈下，垃圾治理系统中的不同社会主体具有高度的主体适应性，各主体间会通过隐性秩序形成相应的"积木"结构，通过混沌的边缘激发整个适应系统创新的动力，最终使治理系统中各主体的功能在"整体大于部分之和"即"1＋2＞3"的机制下共涌现。因此，要想激发垃圾治理系统整体的活力，关键在于深刻把握系统内各参与主体的独立性和自主性，关切主体间相互碰撞产生的矛盾与冲突，创造适合自适应主体发挥功能的系统内部结构，构建一个交互过程中动态形成的且适用于发挥整体功能的隐性秩序。简言之，就是要构建一个活力型、开放性的垃圾治理系统。

垃圾治理的难点在于如何把微观层面的主动性与宏观层面的聚合性进行相互的动态关联。换言之，垃圾治理一方面要重视参与的多主体自身的主动性和适应性，认可并赋予主体通过与环境及其他主体的非线性交互作用所表现出来的适应性功能；另一方面，还要注重不同治理主体在系统中的层次性、多样性与聚合性，强调多元主体在交互过程中能促进系统整体不断变化。这样，我们在聚焦垃圾治理系统整体结构功能的同时，还能关注组成系统的内部的主体及主体间性等内容，包括系统中各网络节点间的交互作用、资源流动以及整个系统的适应能力等。这不同于过去仅强调核心主体主导性和服从性，而忽视其他参与主体自发性和适应性的研究思路。所以，复杂适应系统理论对垃圾治理研究最大的贡献在于提供了一个重新认识和界定垃圾治理参与主体自身特点的视角，即构建了一种新的垃圾治理系统的主体观。

多元共治构想

在前文中我们先后探讨了人类在面对城市生活垃圾污染时所采取的应对策略，以及垃圾从管理到治理的发展过程中所体现出的复杂性等问题。垃圾治理作为一个社会性、系统性、复杂性问题，涉及社会各个领域、各个阶层，需要投入大量的财力、人力、物力，并且需要协调纷繁复杂的社会关系，其难度远远超出了我们的想象。学术界针对治理与发展面临的问题做出了诸多理论回应，其中多元共治新理念的提出打破了过去多主体的行动格局，强调具有自主性主体和民众的有效参与，冲击了单中心的权力结构，突出了主体间性以及发挥多元权力中心作用的治理模式。多元共治已成为与复杂适应系统理论相互贯通的新理念。鉴于此，在本章中我们将回到现实层面，关注如何更有效地解决垃圾污染问题，并且尝试从社会治理的视角，构想一个能够在垃圾治理过程中兼顾多主体、多中心利益，由社会中各个成员共同参与并适应垃圾治理体系自身自发性和复杂性的治理模式，开辟一条垃圾治理全民化的新路径。

多中心策略

多中心概念是在理论和实践层面构建多中心治理模式的基础。多中心概念最早由英国学者迈克尔·博兰尼（Michael Polanyi）提出，在其著作《自由的逻辑》中，他通过比较市场经济与计划经济的特性，把人类科学发展的原因归结为市场经济的优势，特别体现在商品经济活动中利润对人的激发作用及其多中心性选择等方面，认为自由社会在个人拥有公共自由的基础上可以实现其社会功能，并得出了市场经济的"自发秩序"始终优于计划经济的"集中指导"秩序的结论。在集权主义观念下，独立的个人不会自觉履行社会职能，只是满足个人欲望，所有的公共责任需由国家承担①。自发秩序中的个体会在不受外界影响和控制的条件下，在自发地处理多中心任务过程中相互调整、相互协调，最终趋向一致性，这个过程就是"自由的逻辑"。随后，文森特·奥斯特罗（Vincent Ostrom）等人又将这一概念引入政治学领域，认为多个形式独立且相互尊重的决策中心有利于解决冲

---

① 迈克尔·博兰尼：《自由的逻辑》，冯银江译，吉林人民出版社，2002，第 142 页。

突以及从事合作性活动①。因此，传统社会通常通过以全能政府或者全能市场为单一中心和唯一主体的模式进行社会治理，即单中心的治理模式。随着社会的发展，这种模式逐渐显现出诸多的缺陷，既不能满足复杂的市场经济发展需要，也与现代多元民主开放的社会发展理念相违背。为了避免以单一控制为特征的计划式管理，社会经济事务的治理应当遵循多中心秩序。这一观点对传统的"指挥秩序"（或"集中指导秩序"）构成挑战，开创了用多中心观点对抗单中心观点分析治理策略的新维度。

现如今，作为解决主体单一化、管理单向化问题的应对策略，多中心治理模式已经逐渐发展为社会治理和公共管理跨学科领域的新趋势。首先，多中心治理强调社会多元主体的自主性、能动性和适应性，既是治理的目的，也是治理的手段。多主体的特征是主体的多元性和独立性，即在社会行动中，社会不同主体相互独立且彼此平等，能够自觉自主地参与共同事务的协同化治理，形成一个开放动态的治理体系。基于主体的特性，治理中心可以包括政府、企业、民间组织、个人等社会单元，各中心之间既相互独立又相互关联，共同构成了一个具备新功能的网络化结构，尽可能多地激发社会多元主体参与社会行动的智慧、活力和创造力，最大限度地

① 转引自迈克尔·博兰尼《自由的逻辑》，冯银江译，吉林人民出版社，2002，第160~166页。

实现社会主体的公共利益。在这个新的系统结构中，相互协作的多元主体既"各自为战"，又相互配合，进而涌现出单一主体所不具备的功能，实现系统功能"1＋1＞2"的整体效果。

其次，多中心治理旨在重新构建一个足以打破传统权力中心结构的社会系统，构筑一个以全民参与、共同协商、协作行动为特征的新秩序。在对社会共同事务的多中心治理过程中，各个独立的社会行动单元都可能是某个具体事务的权力中心。这种新秩序就要求摒弃过去以政府或企业为单一核心权力的模式，放弃对单中心权力结构的崇拜和服从。

最后，多中心治理意味着治理结构和系统需要通过各中心间的协作实现整体关联和功能涌现。多中心并不是不同社会单元的"单打独斗"，而是彼此之间通过高频互动实现民主协商、平等协作与合作共赢。有学者评价该理论"打破了原有传统公共事务治理中由政府或市场主导的单中心治理模式的束缚，创造了公共事务治理主体多元化的新场域，实现了多元主体平等公职的民主协商治理愿景"①。社会治理不能仅靠历史经验，需要在不断的试错中探求新的理性发展思路，多中心治理在理论和实践中必然会面对新的问题和挑战，我们所能做的是尽可能朝着科学理性的方向探索，消除经验主

---

① 陈亮：《多中心治理：研究生培养机制的善治之路》，《四川师范大学学报》（社会科学版）2021年第1期，第122～127页。

义和功利主义的影响，努力在不确定性和偶然性之中找到更新知识和提升认知水平的空间，在创新中应对风险和挑战。

社会共治

社会共治概念是多中心治理理念在实践中的新探索，即多元社会主体在社会权力的基础上共同治理公共事务，通过民主协商等手段发起集体行动以实现共同利益。作为当代全球社会治理理论与实践的创新，社会共治依然在理论和实践层面处于不断深入研究和摸索实践的阶段。

我们可以把社会共治理解为社会共同治理，即在公共领域借助多个主体、多重力量从不同维度和层面运用多种方法对社会问题开展共同治理。社会共治更加倾向于从社会治理的实践层面出发，在国家公共事业管理上建立一种社会多方力量共同参与、协同治理社会公共事务的管理机制，提倡社会主体在享有平等社会权利的基础上，通过协商与合作等方式开展集体行动以实现利益共赢。在治理理论话语中，语义相近的还有社会共治与合作治理（collaborative governance）、协同治理（cooperative governance）或共享治理（share governance）等。

现代社会的治理问题趋于复杂化，治理本身涉及政治、经济、社会等各个层面，牵扯政府、企业、社会组织和民众等多个主要社会成员的利益诉求和协同发展等诸多问题。随着社会治理由强政府向强社会的转变，社会治理模式也逐渐由全能政府的单中心控制向"多中心 + 社会共治"转变。多中心能够发挥多元化社会主体的自发性和自主性，社会共治则有利于社会主体间的合作和利益重叠。从文化的视角来看，多元共治其实由来已久。中国古代所谓的"天下为公"的思想就蕴含着多元共治的理念。明清时期很多学者提出过的"人君与天下共"，说的也是共治的思想。还有顾炎武对"独治"与"众治"优劣的比较等。在中国古代的组织机构中也能找到多元共治的形式。鉴于此，多元共治概念在表述上更加符合"多中心 + 社会共治"的内涵。多元共治主要侧重于"多元"与"共治"两个层面的内容，前者包括主体的多元、平台的多元、实践的多元等基本架构，后者主要以法治基础和协商为前提，以实现共同决策、共同行动和共同治理。

回归垃圾污染与防治的主题，我们在了解了多中心治理和社会共治概念的基础上，针对如何克服过去仅凭政府一己之力治理垃圾而出现不适宜、力不从心、系统乏力等困难，推进国家治理体系和治理能力现代化，基于创新现有的垃圾治理体制和改进垃圾治理的方式等现实考量，总结归纳出垃圾治理多元共治的概念。根据上述概念解释，我们可将多元共治模式下的垃圾治理定义为：以法治为基础，以对话、竞争、妥协、合作和集体行动为共治机制，以实现社会多元主体利益共赢为目标的开放的、复杂的垃圾共治系统（以下简称为垃圾多元共治）。在本书中不同背景下我们会同时使用"垃圾治理的多中心化""多元主体的垃圾治理""多元共治模式下的垃圾治理"等不同概念来代表"垃圾多元共治"。

总而言之，垃圾多元共治旨在在法治的框架下，激发社会多方力量参与和介入垃圾治理的公共事务当中，形成社会多元主体合力，构建一个能够发挥多中心治理功能和实现社会共享共治的活力型垃圾治理系统，从根本上提高国家垃圾污染防治体系的治理能力。基于多中心治理和社会共治的理论基础，社会多元主体共同参与的社会治理是解决政府失灵、市场失灵等结构性问题的最佳策略。

垃圾多元共治的特征

基于对多元共治理论的延展，垃圾多元共治的特征主要体现为：治理主体的多元化，共治系统的开放性和复杂性，对话、竞争、妥协、合作与集体行动的共治机制，以共同利益为目标四个方面。

多元化主体

国外学术界普遍将多元治理的主体概括为公共机构、私人机构和非营利组织三类，实际上是指政府、市场与社会组织三重力量。现代社会复杂多样的发展情况导致做出社会治理的决策变得越加困难，需要公权外的力量提供更多的专业经验、特别信息、专门技术知识和不同意见参与秩序整合，这显然不是任何一个组织或简单的组织间合作就能完成的，它需要社会多方面共同分担共同事务的责任，需要既代表"公"利，又代表"私"利的组织与个人积极、平等、有效地参与其中。准确来讲，垃圾治理的公共事务涉及公共事业管理、行政管理、劳动与社会保障管理、城市管理、自然资源管理等多个领域，包含人员调配、物资投入、技术研发、宣传教育、组织运作等多项任务，同时面临市场、健康、卫生、环保、公益等各类问题。因此，垃圾多元共治的主体应该从多个层面考量，既有公益性质，也有营利性质；既有权力机构，也有服务机构；既有国有企业，也有私营企业；既有正式经济，也有非正式经济。参与主体涵盖各行各业的所有社会成员，总体上可以归纳为以下几类：政府（中央和地方政府）、各类企业和市场主体（包括生产者、消费者和固废行业组织等）、社会组织（教育机构、非政府组织等）、个人及各种形式的民间组织（居民、拾荒者、环保人士等）等。

垃圾多元共治作为由多元主体组成的复杂系统必然存在内部相应动态多样的结构秩序。根据工作属性的差异，复杂的多元主体治理结构可以由单一结构组成，如由拾荒群体、私营企业和公共事业机构等正式与非正式经济形成简单协作模式，也可以由政府、社区和企业等几个跨界主体合作组成系统化的垃圾分类回收处理模式等。从空间维度来看，垃圾治理多元主体的协作既可能是发生在国家内部各省市、城市和农村之间的内部循环，也可能是跨国家、跨区域的国际合作。同时，各主体间的关系既可以是相互独立、各自为政的，也可能是委托代理、联手合作的，抑或兼具竞争与合作的博弈关系，如环卫工与拾荒者的"争夺"、垃圾场与居民区之间的"邻避效应"，以及国际固废进出口贸易竞争等。总体上，垃圾治理要实现多中心化发展，势必会形成由多个主体组成的子系统，并自发形成网络化的系统秩序，各子系统间相互依存、相互制约，凭借协商共识和共治机制达成共识协作，最终发挥活力型垃圾治理体系的作用。

在垃圾多元共治系统中，政府始终作为一个"元"主体处于核心地位并起主导作用。在垃圾多元共治模式下，多个主体自由平等交流、对话协商后会形成一个介于政府领域和个人领域的公共领域。公共领域是一个政府、企业、社会组织、民众交互后形成的新秩序，关涉社会资源、信息、平台的共享，牵涉各类非政府组织和个人的参与和维护，但这个公共领域的构建需要政府的顶层设计、资源投入和统筹规划。更重要的是，企业、社会组织和个人享有多大程度的自治权，如何保障其权利不受侵犯，需要政府提供完善的法律保障和行政监督。换言之，体制外的市场和社会力量均是政府培育和支持的垃圾共治主体。毋庸置疑，要想解决单中心模式下政府失灵等问题，作为元主体的中央和地方政府应该大力放权，给予非政府主体足够的政策、平台、资源、信息等多种支持，满足多样化和专业化的社会需求，填补政府管不了和管不到的真空地带。例如，可以借助民调信息、公益资源和雄厚的企业资金等建立制度化的政策咨询机制，尽可能实现决策过程和结果的科学性与合理性，促使公共政策体现多元相关者的共同价值和共同利益，同时有效约束公权力的扩张。

此外，垃圾治理主体的多元性源自各主体的自发性和自主性。首先，在垃圾治理过程中，"自发性的属性可以看作是多中心的额外定义性特质"①。主体自发性体现为社会成员可以在阶级差异、利益冲突和文化多样性并存的前提下，自发组成多个具有自主价值的利益集团、社会组织等参与主体，诸如以捡拾垃圾为生的拾荒群体、关注环境保护的民间组织、从事复杂垃圾处置的企业、注重环境质量的民众等，通常会根据具体目标做出符合自身利益和实际情况的实践和决策。其次，主体的自发性以主体的自主性为前提。只有治理主体拥有一定的自主性和自治权才能获得身份、地位、话语等方面的独立性。非政府的治理主体只有在垃圾治理过程中不隶属于某一个权力中心并且拥有一定的自治权，才能激发其争取利益、满足诉求的意愿，也就是"在多层级系统内，除非

① 迈克尔·麦金尼斯主编《多中心体制与地方公共经济》，毛寿龙译，上海三联书店，2000，第78页。

每一级都被授予了自治权，否则多中心体制的优势将不能充分发挥出来"①。所以，保证垃圾多元共治主体多元性的核心问题在于如何确保多元主体的自发性和自主性，特别是能否拥有一定的政治和经济自治权，是否受到公权力的制约，是否享有足够的话语权、参与权、监督权、公共资源使用权等，保证能在法律的框架内以平等的身份"坐在同一张谈判桌上"各抒己见、交换意见等一系列问题。

因此，垃圾多元共治一方面始终不能脱离政府的统筹规划和管理，否则将可能导致垃圾治理陷入无中心模式的混乱状态；另一方面，如果一旦失去了社会多元主体的支持和参与，同样也会回到过去单中心模式下管理失灵的困境。要实现政府和社会二者共同参与垃圾治理的全过程，必须在法律制度保障的基础上，保障多元主体享有的权利，明确各自应当履行的职责。

开放性与复杂性

垃圾治理的复杂性决定于人与垃圾、人与人之间的复杂关系。总体上，多元化的主体参与、多样化的管理策略和多重治理效果的治理过程本身就是一个开放复杂的系统。

垃圾多元共治呈现的开放性和复杂性主要取决于垃圾治

---

① 埃莉诺·奥斯特罗姆、拉里·施罗德、苏珊·温：《制度激励与可持续发展》，余逊达译，上海三联书店，2000，第234页。

理的内容、形式和过程始终与系统内部各要素和系统外部环境产生着物质、能量以及信息的交流。垃圾多元共治系统的开放性促使垃圾治理始终处于动态变化的状态。无论是垃圾自身物质属性的演化，还是人类科技突破创新带来的变革，抑或新的社会思潮的出现，都有可能对整个垃圾治理系统产生影响。从人类治理垃圾的历史经验来看，一旦系统外部发生变化，垃圾治理系统也会做出相应的改变，其结果可能是过去的平衡被打破，有序回归无序，新系统替代旧系统并重新走向平衡，以此循环往复，这也是我们看到人类历史上垃圾治理始终处于一个历时性动态变革的原因。人类应对垃圾的种种方式，总体上正在经历着一个由简单到复杂、由失衡到平衡、由无序到有序的变化过程，这个过程可能还会面临挑战，但同样存在诸多未知的机遇。

垃圾多元共治系统的开放性和复杂性则体现在组成各子系统的各要素间的不同维度和层面的相互关系。我们仅以系统内部人与垃圾、人与人的互为环境的相互关系为例，无论是人还是垃圾，任何一方发生改变都会影响整个垃圾治理的系统结构。垃圾多元共治的开放性和复杂性表现为系统内各要素之间相互关联的多元性。具体来讲，所谓人与人互为环境指的是不同治理主体间的关联性，一个治理主体可能是另一个或者几个主体的环境，而主体的多样性和复杂性又会导致多重主体间性发生多样化与复杂化改变，我们看到的拾荒群体形成默契、民众与政府之间因"邻避效应"产生的冲突、政府与企业达成共同处理垃圾的合作等现象都是系统复杂性的具体表现。

此外，国际政治经济形势、自然灾害、国家财政收入、国家发展战略调整等各种外部因素都会影响垃圾多元共治的结构与具体实施和治理效果。而人与垃圾的互为环境则是人类的文化变迁与垃圾的物性演化之间的内在联系。垃圾作为人（及其治理活动）的外部环境能够直接影响垃圾治理的效果。历史经验证明，垃圾自身物性的变化直接影响人类处置垃圾的策略，反之我们采用的各种垃圾管理方式和技术手段也会直接影响治理效果，倘若处理不当会导致更加严重的垃圾污染，二者相互作用，互为环境。事实上，垃圾治理系统的开放性和复杂性并不等同于系统的有序性和稳定性。相比之下，单中心的治理系统以追求绝对的有序和稳定为目的，全然忽视了垃圾治理本身的无序性、不确定性和治理主体的多元分散性。依靠单一中心"操控"全局并不能解决各利益集团之间的矛盾和冲突，也无法涵盖所有的资源、能量和信息交换，尤其是当主体间的差异和矛盾出现时，系统中原有的平衡被打破，主体的功能无法有效发挥，出现诸如传统的垃圾填埋法在现代失效、国有的垃圾回收站入不敷出等困境。垃圾多元共治就是为了应对这种情况，即采用"协商共治"的合作模式代替过去的"我推你动"的强制模式。所以，垃圾多元共治的组织优势即在于以多层级的网络型系统整合社会资源和社会力量以解决权力分散和交叠管辖等治理结构性问题。多元主体能够通过竞争与合作自主地相互适应，不断调整最终形成某种"默契"：在单个主体独立发挥作用的同时，还能维持与多个主体的关系平衡和良性发展。

因此，我们应该以开放、动态的立场和观点来研究垃圾的社会治理问题，把垃圾多元共治作为一个系统性问题进行考量，不但要研究这个由多个治理主体组成的系统整体的特点和功能，同时还应关注各个治理主体内部及主体间形成的子系统的相关问题。如中央政府和地方政府共同组成了以政府为主体的系统，政府与市场之间、市场与社会之间的协商与博弈同时也是子系统之间的结构性调整等。因此，我们必须认识到，未来随着科学技术的变革和社会生产力的发展，作为垃圾治理外部环境的物质世界会变得更加复杂，由于互联网、大数据、人工智能的出现，社会主体间的关系会变得更加复杂，加之国际政治经济格局、全球生态环境的变化以及社会思潮的更新等因素，未来的世界充满了复杂性和不确定性，包括我们正在讨论的垃圾治理在内的各项社会治理问题都将发生翻天覆地的改变。

层次化的机制

垃圾多元共治的机制体现在对话、竞争、妥协、合作和集体行动五个层面。这个机制在层级化分布的主体间构成了一个密集交叉的互动网络，所以一切重要的决策都是多元共治机制作用下的结果，任何决策和行动都是多元主体共同促成的，不可能再是某一个权力中心"一言堂"的结果。以垃圾流转的一般过程为例，垃圾的生产环节由生产企业负责，垃圾的收集清运由民众、企业和政府环卫部门负责，垃圾的末端处理交由处理企业负责，垃圾治理的宣传教育工作由大众传媒和学校等负责，而整个流转的决策和监督环节则由政府、企业、社会组织和民众共同协商负责。但是由于多元共治本身的开放性和复杂性，其相应运作机制的制定同样具有相应的复杂性，呈现国别化、地方化、城市化等特点。所以，在宏观层面讨论垃圾多元共治机制需要根据具体的环境，考量包括政治制度、经济发展水平、民众素质等多重因素。虽然我们无法归纳出一个"万能的"垃圾多元共治的运作机制，但可以通过借助汇总一些国内外先进的机制经验，从而为垃圾多元共治机制的构建提供相应的依据。

对话与沟通

对话与沟通是协商与合作的前提。对话与沟通的本质是思想、观念和信息的互通与互换。对话的意义在于治理主体在初次接触、彼此对抗、缺乏了解的情况下，能够顺畅地表达"和平协商"的意图，是试图建立联系并打破僵局的"破冰之举"。在垃圾多元主体之间建立对话与沟通机制的终极目标是要在不同治理主体间建立起关于政策、市场、资源等信息共享的公共平台和长效交流机制，形成介于政府公共域和民众私人域之间的社会公共域，即一个围绕垃圾治理的话语场。只有在这个场域内的对话与沟通才符合垃圾多元共治的平等、协商和合作的理念。

在公共信息共享平台建设方面，国外积累了许多成功经验。在《在环境问题上获得信息、公众参与决策和诉诸法律的公约》基础上，35 个欧洲国家共同签署了《欧盟有关建立电子污染物释放和转移查询决议》。2009 年 6 月，德国联邦环保部面向公众正式启动了用于查询污染物排放和转移数据的门户网站 PRTR。市民可以通过该网站免费获得大型工业设施污染物排放和各类生活垃圾的相关信息。这一网站的开通，既增加了政府在环境治理方面的透明度，也提高了政府的决策力和执行力，同时在某种程度上加强了公众对环境问题的重视与关注。德国现有的四千多家企业每年都会向该网站提交企业排污信息以及生活垃圾和污水处理数据。包括能源工业、化学工业、集约化畜牧业和大型污水处理厂等在内的大型工业企业，首先会将相关数据传送至政府有关部门企业环境数据报告数据库内，再由联邦州政府对数据进行审查并继续传送至联邦环保局，联邦环保局将数据加以处理后在网站上公布，以供公众查询。

实际上，垃圾治理的信息内容和交换渠道多种多样，垃圾多元共治的对话与沟通机制也可以采用召开新闻发布会、借助公共网络信息平台发布公告、利用流媒体宣传、开展民意调查、召开学术论坛、合作洽谈等多种形式，甚至非官方的个人和组织可以被允许借助自媒体向外发布视频表达观点、参与决策等。同时，由于政府掌握着对公共事务的最终决策权，并且决策结果涉及决策的合法性、执行的可行性、信息内容的权威性和真实性等因素，所以对话与沟通必须在相关法律的框架下进行，而非采用"一刀切"的方式对信息屏蔽，或者设置一定的"门槛"阻止社会主体的建言献策，尤其是在涉及民众切身利益的事务中，应该进行充分的沟通和利益分享以化解潜在的社会矛盾。例如，垃圾焚烧工厂等基础设施的选址往往会招致周边民众的异议，为避免政府和民众间产生"邻避效应"，通过多种形式利用对话与沟通机制争取民众的支持显得尤为重要。

以英国为例，政府在设施的研究论证和规划阶段，会反复与居民协商，听取他们的意见和建议，开展无害化焚烧知识的普及，努力得到民众的支持。若最终无法达成一致，则将诉诸法律途径予以解决。同时，英国政府还会参照欧洲其他国家的经验，建立利益共享机制。如垃圾厂建成后，政府与当地社区共同拥有所有权，共同获得项目收益，当地居民还可以享受项目建设带来的就业、培训等其他好处。

竞　争

竞争机制是市场机制的主要内容之一，是商品经济活动中优胜劣汰的手段和方法，其基本特点是普遍性与刺激性。它存在于市场买者之间、卖者之间、买卖双方之间，以及企业内部的部门之间与劳动者之间，作用是促进竞争者争夺有利的市场，力求创新，降低成本，获取超额利润；也会存在于不同部门之间，促进竞争者抢占有利的投资市场、投资条件，形成社会平均利润率和生产价格。所以，在垃圾治理的市场环节中引入竞争机制的意义在于最大限度地刺激各利益主体的能动性和自主性。

举例来说，垃圾作为可回收的资源具有价值，垃圾市场的竞争机制反映了竞争与供求关系、价格变动、资金和劳动力流动等市场活动之间的有机联系。它同废品的价格机制和信贷利率机制等紧密结合、共同作用。竞争的主要手段是价格竞争，以较低廉的价格战胜对手。无论是在城市内部的废品交易中，还是在跨区域、跨国界的国际废品贸易中，竞争机制都能同时促进废品收购商、二手商店、垃圾处理厂、废品回收公司，甚至不同国家政府等多种市场主体间形成竞争态势，激发固废交易市场的活力，最终在法律的框架内形成系统性的良性循环。当然，这种市场机制的形成，势必需要经过缜密的规划和适时的调整。

近年来，在国家政策的大力支持下，有机固废处理行业正在进入高速发展期，部分从其他行业退出的资本或企业涌入本行业（尤其是大型国企），市场竞争日益加剧，致使行业内企业的利润空间受到一定挤压。新进入企业在技术、品牌、经验、资金上的缺乏使得企业竞争多以压低价格为主，通过更低的处理费用来竞争政府有机固废处理项目，短期内加剧了有机固废处理行业的竞争。但行业内项目大多数为以 BOT 模式开展，建设时间短而经营时间长，需要企业掌握核心技术，具备丰富的运营管理能力和经验才能良性发展。从长期来看，进入市场早，已经具备技术和运营管理优势的企业将具有全面的竞争优势。由于有机固废处理行业实行行政许可制度，存在一定的进入壁垒，需要企业有成熟的处理模式和规范的操作标准，因此，能合法合规开展有机固废收运和/或处理的企业数量整体不多，行业内尚没有出现寡头垄断格局。但是，由于国家政策的大力支持以及行业内本身存在的一些可图之利，非法和/或不完全合规合法运营的小型企业数量较多。如每个城市几乎都有地沟油收运企业，将地沟油提炼后高价重回餐桌；部分地方面对餐厨垃圾无法处理的压力，以及自身对该类垃圾处理该如何引入投资运营企业进行处理没有经验，授权给一些资金实力弱、技术落后的小企业进行处理，该类企业往往将餐厨垃圾进行简单处理，没有达到无害化处理的目的，造成环境污染。

协商与妥协

协商与妥协作为一种民主决策的形式，是在对话和沟通的基础上，针对因差异性产生的分歧和矛盾进行化解的重要举措。一方主张得到认同，甚至占了上风，另一方则选择妥协而不是激烈对抗到底，然后用一段时间来验证决策的合理性。协商与妥协联结着前期的对话和后期的合作，是对话的结果与合作的前提。协商的目的是让存在分歧和矛盾的当事各方之间能够在充分的对话和沟通基础上，通过权衡利弊和相互妥协的方式，对存在的问题达成一致意见，进而形成民主决策并达成"重叠共识"，从而实现多方利益的"共赢"，即得到各方利益最大化的权宜之计和最佳方案，最终形成"你中有我，我中有你"、彼此互信的新格局。妥协并非意味着放弃，而是努力通过协商、谈判或交换，取得社会的最大公约数。

日本饭冢市政府在建设焚烧厂的问题上积累了协商的经验，他们在制定决策之前，通过听取群众意见，在获得民众支持的情况下顺利建设了焚烧厂。例如，为获得市民对政府行政部门的信任，饭冢市及时向市民公开有关垃圾焚烧厂建设的相关信息，与市民意见达成一致后再动工；民主选举产生由市民、技术人员和政府工作人员直接参与的代表委员会，定期召开代表协商大会，收集整理民众意见，并将这些意见传达给上级部门，同时监督垃圾处理设备的安全性，定期到垃圾焚烧厂进行考察；倡导居民对垃圾精细化分类，促进垃圾资源化，减轻垃圾焚烧的压力。

在大多数的情况下，协商的主要方式是尽可能广泛地征求各方意见。矛盾双方只有在充分的对话和沟通基础上才能实现协商。例如，可以采用召开协商会议的形式就某个问题的解决方案达成共识，并以口头约定、会议纪要、合同、协议书等契约方式确定下来，成为各方都必须遵守的规则。协商的核心机制就是通过民主决策的方式制定各项规则。因此，协商的关键在于民主决策能够实现，如各方都有参与最终决策的权力，那么难点就是某一方或双方的妥协，参与决策的各方都要为了顾及共同利益而牺牲部分自己的利益。正因为很多时候获益的一方不愿意主动牺牲自己的利益而做出妥协，从而很难形成一致性决策，因而妥协成了民主社会需要付出长期而艰巨的努力才能走向成熟的标志。

合　作

合作是在平等的前提下，社会主体间为了达到共同目的，彼此相互配合的一种联合行动。合作是治理主体通过对话建立互信以及通过协商达成共识之后的结果，因而成为整个多元共治系统运转的核心和关键。目的是将共识落实为行动，将决策化归为实践，将理想变成现实。合作的内容多种多样，我们可以从合作的类型和形式上进行大致了解。

根据不同的标准，合作可以划分不同的类型。一是按合作的性质，可以划分为同质性合作与非同质性合作。同质性合作是指合作者无差别地从事同一活动，如在没有明确分工的情况下固废回收行业内各大小企业之间的合作。非同质性合作是指为达到同一目标，合作者有所分工，如分布在垃圾收集、中转和处置等各个环节的从业人员、组织、机构之间的合作。二是按照有无契约合同的标准，分为非正式合作与正式合作。非正式合作是最传统、最自然和最普遍的合作形式。这种合作形式建立在无契约规定和约束的基础上，表面不受任何契约或行政命令的限制，但实际上却受到伦理道德、行业潜规则等隐性规则的制约，如拾荒者内部以及拾荒者与环卫工人之间形成的分工与合作。正式合作是指具有契约性质的合作，这种合作形式明文规定了合作者的权利和义务，通过了一定法律程序，并受到相关政府等机构的保护，如正规合法且具有营业执照的垃圾处理厂与定点垃圾回收站之间签订协议的合作。三是按合作的参与者可以将合作分为个人之间的和群体之间的合作。因此，尽管合作的类型多种多样，但在垃圾治理的全过程中，几乎公共机构、私人机构、社会组织和个人之间都会在不同程度上建立起不同类型的合作关系。

垃圾多元共治视域下主体间的合作形式主要有四种：社团主义、合作管理、第三方治理、契约关系。

社团主义，旨在将公民社会中的组织化利益与国家的决策结构相联合，寻求在社会团体和国家之间建立制度化的联系通道和常规性互动体系①。换言之，要在政府和企业及社会团体间建立长效的制度化合作关系。通过制定制度的契约化方式确立社会组织的合法性，允许社会组织通过自下而上的竞争性淘汰获得与政府合作的机会，接受国家的管理②。

　　挪威政府实行政府 - 企业层级化方式管理，由中央政府制定总体规划，地方政府和产业主管部门负责具体制定相应的固废回收处理措施，而所有的具体治理工作

---

① Schmitter, P. C. , "Still the Century of Corporation?" in P. C. Schmitter and G. Lehmbruch, eds. , *Trends Toward Corporatist Intermediation*, Beverly Hills：Sage, 1979.

② 王名、蔡志鸿、王春婷：《社会共治：多元主体共同治理的实践探索与制度创新》，《中国行政管理》2014 年第 12 期，第 16 ~ 19 页。

全部交由相关企业进行专业化管理。以挪威首都奥斯陆为例，奥斯陆的垃圾循环利用由市政府卫生部门与能源部门协同负责；市卫生机构负责指导垃圾分类，同时管理垃圾回收站点和垃圾回收公司；而能源化机构和专业化垃圾处理企业则负责对回收垃圾进行处理。其中，生产商负责回收处理自己的废旧产品。其他处理商主要分为公用事业公司和私有公司，后者包括生产商为履行其回收责任而设立的专业回收公司，有害物质需投放在政府协同企业专门设置的"生态站"中，并由专业公司统一处理。

合作管理（collaborative governance），是近年来治理理论的新发展。该理论旨在将包括政府、企业、社会非营利组织在内的多个社会主体聚集在一个公共舆论空间（common forums），公共和私人部门的界限变得模糊，通过协商达成共识（consensus-oriented），形成决策①。安塞尔（Ansell）、戈士（Gash）等学者认为合作治理主要体现在六个方面，即针对公共政策或公共管理问题，合作由政府等公共机构发起，治理主体包括利益相关的公共和私人组织及利益无关者（non-state actors），这些主体直接参与决策过程而非仅仅作为

---

① Stoker, Gerry, "Governance as Theory: Five Propositions", *International Social Science Journal* 1990 (50).

公共机构的顾问，协商的公共舆论空间组织化运作要求共同体参与，协商的目的在于达成共识、形成共同决策[①]。

　　英国政府的经验则是政府与企业、民间社团以及其他机构进行合作，实行共同管理。政府向企业提供相关信息和必要支持，如设立固废预防基金，鼓励并加快中小企业固废减量网络扩展，推进固废减量的网络技术，同时与商业机构合作开展相关研究等。政府同时参与制定产品设计标准，在产品生产标准、采购标准以及其他限制条件中加入固废减量的要求；鼓励消费者理性消费，如购买耐用产品、再利用产品以及接受商家提供的售后维修回收服务等。

第三方治理（third-party governance），强调公共机构和非营利机构在很大程度上共同享受公共资源、共同承担责任，并且同时拥有公共权威，通过开放一部分公共领域让非营利组织参与其中，增强公共服务的多样性和竞争性，在减少成本的同时提高管理效率[②]。其实质是各治理主体在达成共识

---

① Ansell, C. and A. Gash, "Collaborative Governance in Theory and Practice", *Journal of Public Administration Research and Theory* 2008, 18 (4).

② 莱斯特·M. 萨拉蒙：《公共服务中的伙伴》，田凯译，商务印书馆，2008，第43页。

的基础上通过资源共享实现相互协作。

英国为了解决基础设施领域国有企业的经营效益低下、服务质量差、政府负担过重的问题，从 19 世纪 70 年代开始，不断探索政府和企业合作治理新模式。最初，英国政府大力推动私人主动融资（private finance initiative，PFI）制度。随后又提出了公私部门合作伙伴关系的概念（public private partnerships，PPP），该模式包含三个内容：完全或部分的私有化；由私人主动融资并承担风险的发包项目；与私营企业共同提供公共服务。时至今日，该模式依然被很多国家采用，苏黎世市政府与苏黎世天然气股份公司合作，共同投资设立股份公司，由市政府控股，将餐厨固废纳入该市有机固废回收利用范围。

契约关系（contracting relationship），是指政府通过委托或购买等契约方式将公共服务外包给其他私人部门或非营利性组织，其目的在于减少政府成本、提高效率[1]。根据政策环境的

---

[1] Van Slyke, D. M., "Agents or Stewards: Using Theory to Understand the Government-nonprofit Social Service Contracting Relationship", *Journal of Public Administration Research and Theory* 2007, 17 (2).

不同，可以采取竞争、谈判和合作三种不同的契约形式①。

    COWI 是北欧一家全球领先的咨询公司，在工程学、环境科学以及经济学领域提供最先进的环境和社会咨询评估服务。2008 年 4 月，爱尔兰都柏林市议会委托该公司为该市垃圾管理措施提供公共咨询服务。COWI 公司向都柏林市提出了建造垃圾焚烧厂和机械生物处理厂两种建造方案。但该公司更加倾向于前一个方案，因为垃圾焚烧厂的预期使用年限超过 30 年，且今后的能源产出将与都柏林市的区域供热网络相联系。同时，该公司还建议在建造垃圾焚烧厂期间加大力度推行与之配套的垃圾分类收集制度。最终，两个方案公示之后，利用生物手段处理垃圾的方案遭到市民的强烈反对，市政府在综合考虑之后，听取了 COWI 提供的专业咨询方案，决定建造垃圾焚烧厂。

集体行动

    集体行动是社会心理学、经济社会学、政治经济学和公共管理学共同关注的概念，凡是涉及群体或集体的行为或行

---

① DeHoog, R. H., "Competition, Negotiation, or Cooperation: Three Models for Service Contracting", *Administration and Society* 1990 (22).

动的现象都离不开集体行动。不同学科对集体行动的定义众说纷纭，我们在此不做讨论。但针对垃圾的多元共治，集体行动可以被理解为由多个自发性主体参与的、高度组织化的、以寻求共同治理垃圾获得利益为目的的制度外的社会行为。

集体行动作为垃圾多元共治的最终结果，表现为参与垃圾治理的各个主体都能够在具体实践上做到"各司其职、各负其责"。例如，政府主体能够转变角色、适当放权，发挥好统筹全局的引导作用；企业和市场主体能够发挥好处理垃圾和管理垃圾的主力军作用；社会组织和民众能够发挥好参与垃圾管理、提供决策建议、践行环保理念等支配作用等。因此，垃圾的多元共治不能单靠一个或几个主体的行动，而应该在多元主体的共同努力下形成社会合力，即从政府、企业到民众上下齐心、群策群力、相互配合的社会总行动。

在日本，垃圾分类已经成了一种生活方式。日本从1989 年开始实行垃圾分类回收，在很多方面都积累了丰富的经验。日本政府历来重视资源问题，1999 年由内阁会议通过并由环境厅在 2000 年出版的《环境白皮书》中明确指出"21 世纪是环境的世纪"，日本要面向 21 世纪建设"最适量生产、最适量消费、最小量废弃"的经济，在此基础上日本确立了"环境立国"的发展战略。在这种战略的指导下，各种垃圾回收利用的技术开发得到了政府的大力支持，法律保障体系也不断得到完善。日本政府建立了一套合理垃圾分类回收系统。以千叶县的佐仓市为例，市政府下设一个环境课，专门负责对各社区居民的垃圾进行回收管理。居民在家里就按照环境课下发的"垃圾回收日历"的具体要求，将家中的生活垃圾分类完毕，这个体系约定每个月的某个星期的某一天专门回收可燃物、不可燃物以及其他的类别，居民对此一目了然。这种系统化、制度化的回收系统从设计时的考虑到具体的实施步骤都十分细致，对于每个环节的管理，均行之有效。佐仓市政府的环保部门不仅印发了非常具体而图文并茂的"垃圾回收日历"，在专门用于回收各类垃圾的不同颜色的垃圾袋上也印有明显的图案，同时还将粗大垃圾的收费标准一同发给每个家庭，居民们对于什么时间该收什么种类的垃圾十分清楚。政府环境管理部门还定期给居民授课，内容就是与循环经济相关的各类知识。日本还将环境教育、环境法律相结合配套实施，每年的 10 月为"再循环推进月"。为得到国民的理解与配合，每个推进月都举办大量的普及教育活动。其间举办各种形式的报告会，对推进循环利用有功劳的人士加以表彰，而经费则由地球环境基金出资支持。

垃圾多元共治的集体行动既是国家行为、市场行为，也是个人行为。垃圾治理既能表现出一个国家和政府对经济发展战略与生态保护以及可持续发展的立场和格局，也能体现作为个体的国民和地球公民的环保意识和生态素质。所以，垃圾多元共治一方面关系到国家和政府的方针政策，如再生型环境战略、发展循环经济、实现碳达峰与碳中和目标以及新时代背景下的生态文明建设等诸多顶层设计问题；另一方面，垃圾问题还涉及公民的权利和义务，如人们如何认知垃圾，如何看待生产消费与环境污染问题，以及如何树立和践行正确的垃圾观和环保观等社会道德问题。在此基础上，集体行动可能会产生新的更高的目标和选择，产生超越之前共识的结果。鉴于此，激发社会各界在垃圾的减量化、无害化、资源化发展中贡献力量，兼顾个人－社会－环境多方利益的协同发展，促进垃圾治理系统的整体性、结构性转变，真正建设一个"垃圾治理、人人有责"的社会是垃圾多元共治行动的目标。

垃圾多元共治的路径

综观世界各国垃圾治理的现状，不同国家的政府根据自己的政治体制和经济文化特点，摸索适合本国国情的垃圾治理模式，无论是采用"政府＋企业"的双中心管理模式，还是"政府＋企业＋民众"的三中心管理模式，都在不同层面取得了一定的成效。但是，历史的经验告诉我们，中国的国情并不适合全盘照搬西方发达国家的经验。对此，我们应该抱持"拿来主义"的精神，有选择性地借鉴他国的适合中国的经验，在吸收借鉴先进经验的基础上，大力探索真正符合中国政治、经济、社会各方面情况的垃圾治理模式。鉴于垃圾多元共治涉及政治学、经济学、管理学、法学、环境科学等多学科、多领域，我们无法深入探讨它的实施路径和方法。因此，我们在本节中只能把垃圾治理作为公共事务管理的一部分，从现实的角度出发，选取制度基础、主体责任、协商合作以及优劣势等角度进行简单分析，讨论在构建垃圾多元共治模式的过程中，我们应该关注哪些方面，可以借鉴哪些经验，以期找到实现垃圾多元共治的方法和路径。

法治基础

法治是构建垃圾多元共治体制机制的基础。要实现垃圾多元共治，首要任务是法治建设。只有在有法可依和严格执法的基础上，才能保证多元治理主体在垃圾治理的各个环节拥有基本的话语权、自治权和管理权，促使管理者、执行者、监督者都能以平等的地位和身份参与对话、决策、协商和行动。因此，调整和完善现行的垃圾治理的法律法规，尤其是建立健全关于其他社会主体参与垃圾共同管理的运作机制、组织体系等的各项政策法规显得尤为重要。

　　法治建设是保证整个多元共治体系正常运转的基础和必要条件。只有通过完善各项法律制度，才能真正确保垃圾多元治理体系中参与主体的平等性、公正性、竞争性。首先，依据法律和政策明确不同社会群体在垃圾治理系统中的权利、责任和义务，保障其主体权利不受其他主体的控制和干涉，这是实现多元共治的首要前提。其次，垃圾多中心管理制度的改革，需要将相关的立法和政策制定纳入各级政府工作议程，通过法律的形式明确垃圾治理主体的各项自主权，包括赋予政府、企业、社会组织以及公民个人等在垃圾治理系统中的话语权、协商权、参与权以及享有相应的社会资源等权利，同时明确其必须承担的责任和义务。最后，只有在各治理主体的权利、责任、义务和资源得到制度性保障的基础上，才有可能构建起一个公平、公正和包容的社会共治环境，社会多元主体才敢于积极主动地参与到诸如政策制定、参与执行以及监督管理等垃圾治理的各项事务中。因此，法治建设成了构建垃圾多元共治体系的重中之重。

　　西方国家在垃圾治理方面，同样经历过多次政府失灵和市场失灵的困境，经过多年的尝试和探索，很多国家逐渐构建起了一整套关于垃圾多元合作共治模式的治理体系，积累了大量值得我国借鉴的经验。在制定符合本国国情的垃圾治理政策和相应的法律法规方面，欧盟各国、美国、日本等西方发达国家都在不同层面出台了各类涉及收费制度、企业权责制度、奖惩制度和税收制度等一系列详细的法律法规。

欧盟针对垃圾掩埋、垃圾焚烧都制定了严格的规定，尽可能预防和减少垃圾在处置过程中对环境和人身健康造成的危害。例如，为推动《欧盟垃圾框架指令（WFD）（修订版）》在2010年12月12日前生效，英国环境、食品与农村事务部和威尔士政府议会制定了相关条例草案并征求民众意见；芬兰垃圾税法于1996年生效，旨在促进废物回收，达到垃圾减量化的目的；法国2006年将纸张的循环利用纳入环境法中；德国《联邦污染防治法》为各州实行有害物质排放等级制度提供了法律保障；澳大利亚墨尔本于2010年7月1日起实行市中心商业垃圾管理法；日本川崎市早在20世纪50年代就开始针对本市的特点，制定治理粉尘和硫黄酸化物的地方性制度。1991年12月颁布的《川崎市环境基本条例》是日本第一部环保条例，迈出了日本地方政府治理环境的第一步。

瑞士固体废物分类收集管理十分严格。例如，法律规定每个瑞士居民有义务进行固体废物分类，违者将受到固体废物监督警察的高额罚款。同时，对固体废物产业和从业人者也有相关要求。一家具有公共管理及工会职能的私营保险公司Suva，专门针对市区固体废物收集制作了管理手册，该手册包含了固体废物收集地点、固体废物收集车辆适用标准、工作模式、固体废物收集人员工作服和保护装置等有关固体废物收集工作的各项信息，旨在为固体废物收集从业人员提供更加高效、安全和健康的指导。

日本自 2001 年 4 月 1 日起实施《家电循环利用法》，规定生产商有责任回收再利用空调、电冰箱、洗衣机、电视机这四大类家用电器。为确保该法律的有效实施，环境省会在每年定期公布这四类家电的循环利用情况。以 2009 年公布的数据为例，在 2009 年回收的 1879 万部旧家电中，有 1849 万部除旧家电被回收再利用，各类旧家电的再次商品化率均超过国家规定的法定标准。通过对旧家电的拆分，可获得铁、铜、铝、玻璃、塑料等多种可再利用资源。2009 年从空调类旧家电中回收的各类有用资源达 78068 吨，电视机类达到 234438 吨，电冰箱类达到 136569 吨，洗衣机类达到 87795 吨。此外，电冰箱类和洗衣机类旧家电中含有氟利昂等有害物质，将其回收并做无害化处理可减少对环境的破坏。2009 年从这些电器中回收并处理的氟利昂约 2124 吨。

由此可见，科学的制度建设同样是一项系统性工程。围绕构建垃圾多元共治体系的政策和法律的制定，既需要从宏观的国家顶层设计角度进行考量，又需要从地方化、专业化

的实际出发，并根据某些特定的管理目标，因地制宜地制定
地方性法规和具体的实施标准。以限制企业权责的制度为例，
建立地方政府对生产企业环保负主体责任的制度，一方面可
以通过减免增值税、颁发特种经营许可证等手段，扶持那些
有环保意识、勇于承担相应环保责任的企业；另一方面，根
据"污染者付费原则"逐步淘汰那些无法承担污染责任的企
业。从总体上看，这有利于各行业的绿色经济结构转型。关
于如何进行垃圾多元共治的法治建设，是留给法律专家的研
究议题，我们在此不做深入讨论。

总之，多元共治使用的权力既不是一般意义上的公共权
力，也不是私人权力或公权力与私人权力的集合，而是一种
不可垄断的社会权力，其权力边界非常模糊。多元共治是多
个权力主体通过多种机制在相互融合的过程中，行使其权力
进而实现共治的。一是协商和建立规则是多元主体行使其权
力的方式。在多元开放的复杂系统中，多个权力主体间的分
歧或政策争论需要通过反复对话、反复竞争、反复妥协、持
续合作以平衡各主体的利益并促成集体行动。虽然这个协商
合作的过程会增加协调成本，但换来的是随后形成的公共政
策及较好的效果。其中，权力主体的组织方式以及主体间的
关系极为重要，可以决定协调成本的高低，协调成本较低的
是互惠型关系，而零和博弈关系则成本较高。倘若公开协商
的方式无法有效协调多元主体的利益以达成共识或促成集体

行动，那么可以通过建立新规则的方式将外部性问题内部化，以此来规避多元治理过程中多元主体行使权力的差异问题。鉴于此，法治是解决权力冲突或管辖权争议的根本依据。

各负其责

垃圾多元共治提倡复合型主体的自主性、平等性和共同参与性，必须践行垃圾治理"人人有责"的理念。政府、企业、非营利组织、民众都是垃圾排放的参与者，都应该主动承担起治理垃圾的社会责任。多元化的社会主体应该各司其职、各负其责，在垃圾治理过程中发挥不同的功能。同时，由于不同主体在垃圾治理过程中会出现利益重叠和利益争夺的矛盾，所以明确主体权责是构建垃圾多元共治模式过程中"去中心化"的条件。

政　府

从宏观上看，以垃圾多元共治体制机制建设为目标，政府应该主要关注如何做好垃圾多元共治体系的顶层设计。发挥好宏观调控和统筹、整合、提供社会资源等主导作用。不同层级的政府发挥作用的领域各不相同，各级政府作为不同管理区域的管理核心，都应该在不同层面采取不同方式转变管理角色，从"长者式"的单中心管理者转变为统合社会多中心的"领导者"，激励社会多方力量团结一致、齐心协力，共同参与垃圾治理等公共事务管理。

推动垃圾治理体系的建设，政府应该着力深化垃圾管理制度的改革，完善现有的各项垃圾管理的体制与机制。不但需要制定明确的总体方向和任务计划，明确自己在整个垃圾治理体系中的角色定位，集中力量发挥制度建设、宏观调控、综合决策、优化管理等主导作用；而且应该结合具体的实际，使政府机构适当地简政放权，减少经济管理职能，扩大社会管理职能范围，形成"小政府、大社会"的格局。例如，通过向地方分权和向社会还权的方式，突破自身行政系统内部的局限，减少政府在监督管理、财政支出、机构庞杂等方面的负担，目的是调动政府以外其他主体的自主性、积极性，增强整个垃圾治理系统的活力。

巴黎小城戛纳从 2008 年起，地方政府联合当地生活固废专业处理机构，陆续对本市 150 名高层住宅管理员进行了固废分拣规章培训，让这些管理员能回答居民关于固废分拣的各类问题，以提高社会固废分拣质量。随后的跟踪调查结果显示，公寓平均固废分拣数量提高了 6% 到 8%，分拣质量有了很大提高。日本长野市通过促进垃圾焚烧厂和居民生活一体化，尽可能以为当地居民提供生活和娱乐便利的方式达到建设目的。譬如，在建设垃圾焚烧厂时，尽量增加当地民居的就业机会；引入民间资本，增设医疗保健中心、健身中心、干洗中心等便民场所，为当地居民提供质优价廉的服务；增加绿地面积，在焚烧厂周围建设市民农业园、农业中心、生态村等；定期开放垃圾焚烧厂供市民参观，居民可同时监督垃圾处理过程，以宣传环保知识；利用垃圾焚烧厂建筑较高的优势，在顶部增设公共展望台作为公共设施等。

总之，垃圾治理是关系生态文明建设的重要组成部分，是各级政府义不容辞的职责所在。垃圾多元共治能够实现的关键取决于政府改革的决心和力度。政府有责任和义务承担起各项公共性服务工作，如促进相应的基础设施建设、提供公共资源平台等。只有完全摆脱计划经济体制下的管理模式和运行机制，避免过去政府投资、多环节参与、事业化运作的方式，逐步实现现代新型专业化和企业化的管理机制，才能实现资源的循环利用和满足社会可持续发展的需要。

企 业

企业和市场主体（包括生产者、消费者和固废行业组织等）应该成为垃圾多元共治系统中的主力军。在社会主义市场经济的体制下，企业对垃圾管理中的市场化、资源化、减量化正在发挥着越来越重要的作用。企业一方面是固废的主要生产者，必须要主动承担社会责任，包括环保方面的义务与责任；另一方面，企业也承担着技术创新的责任，对从技术上解决垃圾问题具有至关重要的作用。

具体来讲，生产企业应该严格遵守国家制定的各项法律法规，主动承担起诸如减少废弃物的排放、采取必要的措施确保可循环资源得到适当的处置等社会责任，如自发抵制那些在生产或使用过程中对资源消耗和环境造成危害的产品，为建设循环性社会做出自己的努力，协助国家和地方政府落实好各项垃圾治理的环保政策。许多国家的政府通过吸引社会资本投入生态环境保护的市场化机制的方式，将环境污染由第三方来治理。举例来说，巨大的环保建设资金压力是各国政府在垃圾处理方面共同面对的问题，探索多元的投资渠道成为许多发达国家的选择。通过垃圾产业化运作和企业化管理，有助于拓展现有的固废产业融资平台，鼓励更多社会资本进入固废产业；通过构建健康的市场化竞争机制，拓宽固废市场的融资渠道，降低企业融资门槛，形成政府投资、企业投资、共同投资等多元化投资渠道，逐步取代过去单一由政府投资的方式，不但可以大幅减轻政府的财政压力，有效解决固废治理资金不足的问题，还有利于政府发挥有效的监督职能，避免因监督和运营主体重叠带来的注入效率低、执行力弱等问题，有助于从整体上提高固废处理的质量。

日本 1995 年颁布《容器包装法》后，政府便以此为契机号召国民减少固体废物排放，但单纯的鼓励收效甚微。为从根本上实现固体废物减量，日本政府采取了一系列经济激励措施，如实行固体废物有偿处理、增加固体废物处理费用，以促使国民减少固体废物排放量。根据日本环境省2005年公布的数据，日本的生活固体废物已有75.5%实现了有偿化处理，几乎所有使用该方式的县市固体废物的排放量都呈现减少趋势，仅生活固体废物就减少了20%左右。固体废物有偿化处理体现了费用分担的公平性，但也会导致非法倾倒固体废物和私自焚烧等问题。为此，日本政府采取了设置监控摄像头重点监控、设定无偿投放日、缴纳保证金等措施杜绝这些问题。

德国开姆尼茨市固体废物回收部门于2001年引入了由德国MOBA公司开发的名为CIAS的工业固体废物称重和识别系统。通过计算机系统对用户固体废物进行辨识和称重，计算出每户家庭产生的固体废物量，分别计算应缴纳的清运费。该系统推行和使用后，市民为节省清运费用，尽量减少固体废物的产生，自觉重复利用废旧物品，实现资源的节约和有效利用。

如何协调好政府、企业及社会三者之间的相互关系，在实现垃圾处理企业的专业化发展和产业化运作的同时，还能够保证企业不亏损，这是许多私营企业一直思考的问题。许多国家的政府通过委托代理或公私合作等方式，引入一些具备相关资质和具有先进技术条件的专业化、现代化垃圾治理企业，赋予其一定的管理和运作权力，并要求其承担相应的社会责任。从他国的经验来看，这种将经济管理的权力交给企业和市场的方式，能够节省政府开支，减少政府财政压力，避免管理分散、管理重叠、人员冗杂等问题，还能在垃圾治理过程中更好地发挥市场调控的优势，如开发引进先进的处理技术、拓宽多元投资渠道、获得社会支持等。

德国许多城市采购了由专门环保企业研发的固废自动分拣系统，利用多种传感器、应用图像分析、近红外线和透视等技术，组合研制出"光谱眼"智能固废分拣摄像机，能够对固废的颜色、形状和材质进行辨识，更好地对生活固废和工业固废中的聚氯乙烯（PVC）材料进行"精准"分类。该技术大量节约了人工分拣的成本，解决了非法买卖、分类不完整等相关问题。瑞典发明的真空固废吸收系统在很多国家的机场和医院都被使用。固废直接从建筑物输送到收集站，不再通过固废车运输，收集过程全部在密封条件下进行，避免因固废暴露导致二次污染，整个固废清空过程可通过程序控制实现完全自动化，保证居民生活环境的整洁和健康。

瑞典通过对居民住宅的设计更新，改变了过去居民将固体废物投入一楼固体废物箱或固体废物房的传统方式，通过真空固体废物吸收系统进行分类收集。该系统的先进性体现在：1. 固体废物直接从建筑物输送到收集站，不再通过固体废物车运输；2. 收集过程全部在密封条件下进行，避免因固体废物暴露导致二次污染；3. 居民将固体废物投入分类固体废物井中，经过安置在地下和建筑物之间的真空管道实现输送，输送速度最高可达60千米/时，大幅减少了运输成本和噪声污染等，同时传送产生的废气经过除尘、除臭后排出；4. 收集站集中的固体废物经密封压缩后装入集装箱，由专用车运往处理厂进行处理。整个固体废物清空过程可通过程序控制实现完全自动化，保证居民生活环境的整洁和健康。作为当今世界最先进的固体废物处理系统之一，其已经在30多个国家的医院、机场、游乐场以及大型食品制造中心得到应用。

日本东京都政府引入了感染性固废追踪管理系统，在医疗固废容器表面贴上一个波长为13.56兆的 IC 标签，此类固废被回收时，固废回收站将固废的重量、回收时间、固废种类通过便携写入器录入 IC 标签中，IC标签中的信息与装有 GPS 定位系统的固废运输车的位置信息一同被传送到固废管理中心，固废管理中心记录了固废的整个处理流程，从而可以有效监督感染性固废的处理流程和处理效果。

企业在整合各方资源、发展运用新技术方面相比于政府机构具有先天优势，专业化企业通过与科研院所合作、集聚专业人才、建立技术研发平台、突破技术瓶颈等方式实现占据市场、扩大生产的目的，对于整个固废行业而言，有助于从整体上实现用高科技深入模式替代低水平处理的传统模式，最终走向固废处理的现代化、信息化、科技化发展道路。

社会组织

社会组织（公益性和互益性组织）是除政府和企业之外的"第三部门"，是不可忽视的具有社会影响力的权利主体，尤其是非营利组织对垃圾治理的贡献巨大。非营利组织是指在政府部门和以营利为目的的企业之外的一切志愿团体、社会组织或民间协会。非营利组织通过慈善行为发挥自己的效用，通常致力于关注公共议题或公众关注的焦点事件等，具有凝聚社会资本，整合社会各领域、各阶层、各方面的利益诉求，以及开拓公共事务治理新模式、新空间和新方法等多重功能。

政府、市场和社会在满足公共资源的需求方面存在相互替代性。例如，在政府行政管理面临失灵和企业市场调控逐渐失效的情况下，非营利组织能够通过收集并传达来自专家、民众的意见和建议等方式为政府和企业出谋划策，能够推动一些重要政策出台，同时也能对政府和企业的职责履行情况进行监督，一方面可以达到制衡政府专制强权和企业资金垄断等目的，另一方面可以成为公共机构、私人机构和社会组织间的"黏合剂"和"桥梁"，在信息流通、技术交流、责任承担等方面发挥积极作用。具体来说，它们提供无偿的志愿者服务、提供捐赠与资助，承担着政府职能以外的工作，同时努力在政府、企业和社会间搭建良好的沟通交流平台，达到消除矛盾、化解冲突、利益协商等目的。政府和非营利组织在满足公众需求的背景下共同存在并形成一种互补关系。

非营利组织还具有一定的社会动员功能。许多非营利组织在政府的支持下，除了发挥社会服务、社会沟通、社会评价与裁决作用之外，还承担着协助政府做好宣传、引导、组织民众参与环保公益活动，倡导环保观念，提高全民环境意识等具体工作，如开展组织环保公益活动、出版书籍、发放宣传品、举办讲座、组织培训、加大媒体报道力度等，真正为推动我国环保事业发展贡献力量，为改善环境做出突出贡献。

公　民

公众在垃圾治理体系中的角色是参与者、支持者和监督者，同时也是垃圾排放者。公民对垃圾和环境议题的认知度越高，积极参与垃圾治理的意愿也就越强烈。我国目前的首要任务是改变民众长期在心理上形成的"政府依赖""企业负责"的错误观念，树立"垃圾管理、人人有责"的公民意识，使人们积极参与到垃圾分类回收的全民运动当中。

总体上，无论是政府主导，还是社会组织主导，甚至各类企业的参与和全程社会化运作，都离不开社会公众的自愿参与，其基础是公民的意识问题，关系到城市卫生管理、生态环境保护、生态文明建设、人类社会可持续发展等。总体上看，针对垃圾治理，必须要增强国家公民整体的环保意识并提高生态素质，其中主要是加强对法律意识的培养，使人们自觉自愿地遵守各项环保法律法规。通过宣传和教育等多种手段，培养个人垃圾管理的行为习惯，达到民众自愿参与垃圾管理改革的目的，最终形成公民层面的环保文化。

巴黎市政府每年对大约 4000 位居民对周围环境清洁度以及执政者治理情况的评价开展问卷调查。以 2009 年的调查结果为例，64% 的巴黎市民对城市清洁度感到满意，尤其是固体废物箱的收集（86%）、街道的清洁（75%）、重大固体废物的清理（73%）；市民对市政服务不满之处主要体现在土地污染（17%）、狗粪便未清理（22%）以及部分市民缺乏公德心（15%）。此外，市民的关注内容也发生了变化，对其自身作为城市使用者的责任要求更高，从以往对政府的不满转为对不遵守公德市民的不满，进而要求政府开展更多的环境清洁行动（19%），加强环境保护和清洁方面的教育（由2008年的8%上升至18%）以及增加不法行为记录（7%到15%）。根据调查结果，巴黎市政府将重点整治规范固体废物分类行为、尊重公共生活空间以及规范宠物随意大小便行为等。

从民众自身出发，社会公民要以"主人翁"的心态主动、积极、自愿地投身到垃圾治理的公共事业当中，在法律允许的条件下，积极参与到公共管理事务相关政策制定、具体实践和监督管理的各个环节。例如，各个社区街道、企事业单位工会、社会公益组织、相关环保协会等定期或不定期地根据自己的组织原则、运作方式、活动目的，发动组织社区成员、工会会员、协会会员、市民开展形式多样的环保活动，使市民积极参与到垃圾治理这项事业中，并最终形成社会性的垃圾无害化、资源化、减量化的生活方式。

多元主体责任的处理方式是一种层级化的模式。首先是由较大的管辖单位或权力主体承担主要责任，进而扩大责任主体的规模，发挥宏观调控和顶层设计功能，谋划逐级负责的责任供给蓝图。与此同时，中央或地方政府可以将某些具体的服务性工作委托给企业、社会组织和私人，形成多层级的责任主体，把垃圾治理的公共事务交由不同层级的主体共同分担。多元主体的责任关涉资源的配置方式。由于统一的规划和安排并不适应不同主体对公共资源的多样化需求，无法兼顾大群体需求的差异化和小群体需求的同质化。对此，多元共治决策过程比高度集权的单中心模式更能够有效地确定对服务和资源的需求，多元决策主体的性质决定了资源的配置，应该根据多元主体的责任和义务进行规制。应该在充分发挥多元主体各自的优势的基础上，明确政府、企业、民间组织和个人的角色身份、权利义务等，运用政策工具、市场工具和其他社会影响配置资源，提高资源配置的效率。

解放思想

垃圾多元共治的实现关键是政府要解放思想、转变观念。与垃圾治理相关的体制机制改革是推动垃圾综合治理的动力和保障，在制定完善各项政策和法律、搭建多元化融资平台、整合社会资源、开发新技术等方面，需要进一步加大改革力度，提高各类垃圾相关市场的开放程度。通过制度创新统筹社会资源，激发社会原动力，吸引更多高效的社会主体参与到垃圾治理事业中，依靠社会合力治理垃圾，推动国家生态文明建设再上新台阶。只有政府职能转变、简政放权，以及减少对微观经济事务的管理、赋予社会组织更多管理权，垃圾治理才能逐渐实现多中心化。

当然，多元社会力量对公共事务的参与势必会带来一些震动。例如，西方国家的民众会利用公共平台表达对垃圾管理工作的不满和意见，组织各种集会和游行来抗议和抵制某些不合理的政策，甚至不惜与政府机构发生冲突。所以，当这些相对独立且相互竞争的社会主体成为不容忽视的多个权力中心时，需要我们用更加智慧的方式与之协商、协作并达成共识。因为"多中心意味着有许多在形式上相互独立的决策中心从事合作性活动，或者利用核心机制来解决冲突，在这一意义上大城市地区各种各样的政治管辖单位可以连续的、可预见性的互动行为模式前后一致地运作"①。所以，实现垃圾多元共治的过程一定是曲折的，可能会不可避免地面临各种困难。例如，为了使多重参与主体在对话沟通中达成共识，可能双方会经历一个持续且激烈的博弈过程，这需要我们在实践中不断纠正和完善相关运作机制。

垃圾多元共治的思想核心是法治、协商和自治的理念。由于它是一个基于法治和一定程度自治的相互融合的复杂的开放性治理系统，强调宏观上政府和社会共同参与垃圾治理的各个环节和各项事务，所以在垃圾多元共治过程中，不同治理主体的权责确定必须以法治为基础，并允许其享有相应

---

① 埃莉诺·奥斯特罗姆、帕克斯、惠克特：《公共服务的制度建构——都市警察服务的制度结构》，宋全喜、任睿译，上海三联书店，2000，第11~12页。

的权利和履行相应的义务。此外，明确垃圾多元共治的法治基础有利于遵循多元共治的整体性原则。在治理过程中，不能只考虑某个单一主体的生存空间和利益诉求，还要关注其他平等的参与主体间相互适应和相互配合的可能，包括考量不同社会阶层、利益集团在垃圾问题上存在的立场和态度上的差异与共性等，如政府和民众、废品收购商和拾荒者、国有企业和私营企业等不同主体间复杂的关系。因此，只有依靠法治基础的权益保障落实到位，才能把垃圾治理的多元主体间的利益争夺转化为良性竞争，把矛盾转化为动力，由冲突走向合作，化干戈为玉帛，促使整个垃圾治理体系充满活力。

此外，明确垃圾治理的体制机制改革方向也尤为重要。必须要以打造多个治理子系统为目标，结合实际需要对垃圾管理体制机制分阶段、分步骤、循序渐进地进行全方位改革，努力把过去传统计划经济时期延续下来的单一中心系统的效率型模式，尽快转变为新的多中心系统的活力型模式，即社会主义市场经济体制下的以政府为核心、以多重社会力量为分中心的协同共享型治理模式。要制定一个以激活社会各个层面的财富和资源为目的，足以调动社会各界的力量与智慧共同参与的具有开放性和包容性，不需要过度明确的顶层蓝图设计或具体的量化目标，满足各方利益诉求，鼓励社会多元主体发挥各自优势的自主设计的行动方案，如此，社会多方力量便能参与到相关的协商调解、决策制定的过程中。这样一来，垃圾治理不但能获得持久的、低成本的、消极作用小的社会资源投入，同时还能通过促进不同管理主体间的竞争，发挥市场的调节作用，主动调适竞争者的关系，激发改革创新动力，形成垃圾治理系统中的"弥补机制"，为整个体制机制提供源源不断的推动力和创新力。

终极目标

垃圾多元共治的终极目标是实现社会多元参与主体在垃圾治理事业中的利益共赢。垃圾多元共治力图借助社会多重力量的共同参与，解决在垃圾治理过程中出现的国家与社会关系失衡、社会参与动力不足、社会组织缺乏活力、垃圾处置效果不理想等一系列难题，最终目的是通过采取有效的垃圾治理手段满足多元主体的最大利益需求和社会经济发展的根本需要。

实现多元主体的利益共赢并不是一件容易的事，需要经历长时间反复的协商、激烈的博弈、相互的妥协，在达成共识的基础上开展有效的合作、采取切实可行的集体行动，更为重要的是，这个过程始终要适时调整、动态更新状态。垃圾的多元共治不是简单地自上而下的规制过程，而是多元主体间在对话、竞争、妥协、合作和集体行动方面的整体功能机制的系统性发挥过程。多元治理体系的构建没有确定性的蓝图结构，只能在具体的主体间的互动实践过程中"边发现问题，边解决问题"，在治理过程中根据具体的分歧与矛盾，及时开展对话与沟通，同时根据协商做出妥协、达成共识，根据一致性决策采取相应的集体行动。

从某种层面来讲，垃圾治理是所有参与者共同的义务和责任，即"垃圾治理，人人有责"。治理的成果与所有参与主体的切身利益相联系，应该为所有参与主体所共有且无法被瓜分。在垃圾多元共治的实践过程中，可能很难说哪一方获得的利益最大，因为共治的运作机制会导致各方的话语、权力和资源等相互融合，在此过程中彼此的边界和利益完全模糊，各主体"私"的利益被一个代表所有主体的"公"的利益所取代：利益共赢就是满足了多元主体的共同利益诉求，可以彻底避免"搭便车"现象的出现。此外，垃圾治理既是一个涉及个人和集体的短期性"私利"问题，如垃圾污染会直接影响个人的健康、居所的卫生清洁、社区的环境品质，垃圾行业会牵涉到部分从业人员的收入和财产等；垃圾治理也是一个涉及国家、国际和地球生态环境的长期性"公利"问题，如垃圾贸易关系到国家和国际间的政治经济利益，垃圾污染会导致水、大气和土壤的污染，野生动物灭绝等生态环境危机等。

因此，在如何实现垃圾多元共治和利益共享的问题上还有很多值得我们深究的地方。个人不应该只关注自己能从政府、企业、社会组织那里获得多少资源和优待，企业也不能仅仅追求从固废市场中获得多少利润与财富，国家更不能只在意自己能在全球治理过程中赢得多少政治话语和经济权益，所有人都应该站在一个更高的社会治理和人类文明发展的维度，从整个人类－生态系统的角度去考量垃圾多元共治的价值和意义，即实现人类社会的可持续发展。当然，我们并不否认实现垃圾多元共治需要考虑各参与主体各自的"私利"，毕竟多元共治的目的就是利益均沾，这也是所有贡献者应得的权益。

对垃圾多元共治的评价

现实需要

中国是全球发展最快和最富活力的发展中国家，改革开放 40 多年来取得了辉煌的成就。当前，中国特色社会主义进入新时代，我国社会主要矛盾已经转化为人民日益增长的美好生活需要和不平衡不充分的发展之间的矛盾，民众对生产生活环境质量提出了更高的要求。中国正在深入实施可持续发展战略，完善生态文明领域统筹协调机制，构建生态文明体系，促进经济社会全面绿色转型，建设人与自然和谐共生的现代化。我国"十四五"时期经济社会发展的主要目标是实现生态文明建设的新进步，国土空间开发保护格局得到优化，生产生活方式绿色转型成效显著，能源资源配置更加合理、利用效率大幅提高，主要污染物排放总量持续减少，生态环境持续改善，生态安全屏障更加牢固，城乡人居环境明显改善。在坚持"绿水青山就是金山银山"理念的基础上，坚持尊重自然、顺应自然、保护自然，坚持节约优先、保护优先、自然恢复为主，守住自然生态安全边界，形成绿色生产生活方式，碳排放达峰后稳中有降，生态环境根本好转，美丽中国建设目标基本实现。垃圾治理需要注入新的活力、吸收新的经验、探索新的道路。对此，各个国家都要根据自己的历史文化和社会经验，探索符合各自国情和发展需要的开创性治理道路。

垃圾多元共治符合我国新时代生态文明建设的现实需要。生态文明的发展涵盖了各个层面的社会变迁，垃圾治理与社会发展相互交织、相互渗透，如何构建一个适合本国现实的垃圾治理架构，成为我们解决"垃圾怎么办"问题的核心要义。多元共治理念注重多元主体的参与互动和多中心治理的模式架构，这与我们所讨论的垃圾治理的自适应系统化思路相得益彰。如果说以政府为主体的一元中心治理模式是一个自上而下的"指令－服从"逻辑，那么多元治理的逻辑就是多个独立的社会主体自下而上与上下联动的"自主－合作"。我国传统的垃圾管理是由政府单一主导的自上而下、层层推行的官僚化模式，包括制定单一的垃圾管理目标，由政府相关机构和职能部门实行强制性措施，环卫部门包揽了从政策制定、监督管理到具体运营的所有流程，其特点是追求垃圾治理的效率最大化，这种管理体制已经不能适应国家新时代的发展需要。社群组织等社会多元主体自发采取的垃圾多元共治模式，具有权力分散和交叠管辖等特征，是对单一治理主体压制平等对话、合作机制的反思，可以有效遏制集体主义行动中的机会主义，促进公共利益的最大化。所以，应依靠社会自生自发秩序推进垃圾治理这一公共政策的合理运行，进而实现社会整体对垃圾的有效治理。因此，基于政府和社会多方力量协同互动的治理新模式，在垃圾治理过程中，有必要对过去传统计划经济时期延续下来的以政府为唯一主导的"单中心"、单向度垃圾治理体系进行系统性的改革，将过去"中心－边缘"的权力治理架构转变为多元主体间"中心－中心"的协同共治模式，在民主协商与协作共治过程中实现利益的表达与整合。垃圾多元共治将成为我国垃圾治理改革的必然选择。

因此，垃圾多元共治作为生态文明建设中的重要环节意义重大。尽管我国污染防治力度加大，生态环境明显改善，但生态环保事业依然任重道远。垃圾多元共治为从根本上解决垃圾治理问题提供了全新的方向。从政府主体的角度来看，垃圾多元共治是我国提出的一种垃圾治理的新理念，探索新的垃圾治理模式已经成为新形势下深化中国生态环保事业改革的时代和社会需求。在政府以外的社会主体层面，唯有动员越来越多的社会力量，如具有一定影响力的公共媒体和环保人士、对社会做出巨大贡献的拾荒群体、拥有专业资质和技术的公益团体等，有效参与到垃圾统筹管理的实践当中，才能自发形成一定规模的垃圾治理生态。总体上，垃圾多元共治有利于加快推动绿色低碳发展，持续改善环境质量，提升生态系统质量，全面提高资源利用效率，符合我国深入实施可持续发展战略的需要，有助于生态文明领域统筹协调机制建设，构建生态文明体系，促进经济社会发展全面绿色转型，建设人与自然和谐共生的现代化。

优势特点

垃圾多元共治作为一种治理模式的探索，具有一定的前瞻性。垃圾多元共治理念的提出是为了满足深化现有的垃圾治理体制机制改革的需要，能够打造多个目标子系统共同治理固废的新局面，营造一个全新开放、富有活力的垃圾治理新氛围。垃圾多元共治的目的是，通过调动各社会文化群体的主观能动性来共同解决垃圾污染、资源循环、生态发展等问题。垃圾多元共治模式的主要特点在于能获得持久的、低成本的、消极作用小的经济政治文化的多元化发展。从垃圾治理效率的角度来看，多个治理主体相比于单个治理主体具有多重优势。从发展思路上看，垃圾多元共治是在"多中心"治理和法治理念等前沿思想的基础上，依靠灵活多变的组织形式，建立多样化的信息共享、协商妥协、合作行动等多重机制，形成的具有主体多元性、运作灵活性、治理高效性等特征的活力型垃圾管理新模式，是我们在借鉴历史和国外经验成果的基础上，努力探索的一条未来资源循环和可持续发展的生态文明建设的新路径。

垃圾多元共治的优势主要集中于选择多样性、服务精准性、决策民主性三个方面。

第一，垃圾多元共治具有选择多样性优势。基于垃圾治理主体的多元性，不同治理主体可以根据不同的利益诉求，采取多路径和多渠道的沟通协作方式，提供多样性的决策意见，最终"多中心治理结构为公民提供机会组建许多个治理当局"[①]，无论是在环境保护的教育宣传、垃圾处置的工艺技术，还是在公共卫生事业的行政管理方面，都能发挥群策群力的优势。所谓"兼听则明"就是通过集思广益实现决策的合理性。以决策制定方式为例，政府可以组织召开关于是否在社区周边建设垃圾焚烧厂的听证会，社区可以开展民意调查研究探讨垃圾分类回收的方案，企业可以通过组织专家论证会听取专业化意见和建议，公众也可以在不同媒体平台畅所欲言、建言献策，最终通过各种协商论证的方式达成一致

---

① 埃莉诺·奥斯特罗姆、拉里·施罗德、苏珊·温：《制度激励与可持续发展》，余逊达译，上海三联书店，2000，第 204 页。

意见，制定切实有效的行动方案。这不同于过去传统的容易导致公共资源浪费、资源分配不均、引发社会矛盾，以及执行效果不明显等问题的"一家之言"的决策。当然，多样性的选择势必会带来混乱、低效、重叠的可能，但正是这种意见的交叠，最终达成的共识才最能体现最广大群众的利益诉求，才能保证决策的可行性、科学性与合理性。

第二，垃圾多元共治具有服务精准性优势。多中心体制有助于"维持社群偏好的事物状态"①，因为社会多元主体在根据实际情况做出决策前，会在信息共享和互动交流过程中收集大量的信息，根据不同的社会群体的利益需要，结合不同主体的差异化实际情况，避免公共资源或服务的过量或不足，很好地杜绝了"搭便车"现象。不同国家、地区、省市、城乡间的社会经济发展不均衡，因地制宜地开展固废的综合治理、制定市场规则、协调社会资源等，要结合当地实际的社会经济发展情况而定。在垃圾治理的过程中，经常出现中央的政策难以在地方落实的现象。究其原因，就是上级没有考虑到地方的实际情况，缺乏上下级联动的沟通机制，更没有倾听来自民众的意见和建议，导致很多看似合理的政策最终成为"一纸空文"。

第三，垃圾多元共治具有决策民主性优势。垃圾多元共

---

① 迈克尔·麦金尼斯主编《多中心治理体制与地方公共经济》，毛寿龙译，上海三联书店，2000，第46页。

治倾向于将政府的决策中心下移，听取来自民众、社会组织、企业、地方政府等的话语，充分利用地方性知识实事求是，而非只关注政策研究人员、专家、企业主等精英阶层的意见，通过自下而上的方式在多层级中逐层上升，尽可能地避免因为信息缺失造成矛盾冲突，尽可能实现决策的民主性、科学性与合理性，有效调动广大群众参与公共事务的积极性和创造性。例如，国内部分社区在进行垃圾分类管理的过程中，勇于开拓创新模式，发动退休人员担任宣传员和监督员，建立起一套适合当地社会的特有的激励方式。再例如，哪些公共场所的基础设置数量过少，哪些参与主体需要得到政府的政策扶持，哪些矛盾需要集中化解等问题，都需要在前期充分的调查和民主协商的基础上才能得到有效解决。

在更深层的文化思想上，我们在此讨论垃圾的多元共治，不是为了寻求一种放之四海而皆准的秩序化、模式化的工具理性，而是探索如何促进社会力量能够在道德伦理上相互观照的交往理性。多元共治的实质就是互相尊重的伦理关切[1]，旨在开拓公共管理宏观问题的微观分析方法[2]。此外，多元共治是一种活力型治理的改革策略，并不意味着否认顶层设

---

[1] 孔繁斌：《多中心治理诠释——基于承认政治的视角》，《南京大学学报》2007年第6期，第3页。

[2] 王兴伦：《多中心治理：一种新的公共管理理论》，《江苏行政学院学报》2005年第1期，第96～100页。

计的必要性，更不是淡化政府的核心地位，而是强调在充分保证政府发挥核心引导作用的基础上，营造一个兼具开放性和包容性的治理环境，用更加灵活多元的自组织形式代替统一量化的标准，进而激励政府以外的其他社会主体发挥主观能动性，最终从国家和政府层面进行政策追认。

风险与弊端

垃圾多元共治作为一个仅仅停留在学理层面的社会治理理念和构想，目前任何一个国家和政府都未能完全实现，其理论基础亟待进一步完善，其效果更需要在实践中验证。我们在此也仅能根据有限的理论对其存在的风险和弊端进行简单的评估。

首先，关于多中心治理体制的有效性尚不可知。有学者认为，多中心治理的效率受制于三个条件：一是不同政府单位与不同公共物品效应的规模相一致；二是在政府单位之间通过合作性安排，采取互利的共同行动；三是有另外的决策安排来处理和解决政府单位之间的冲突[①]，否则，多中心治理体制内会因政府单位间的冲突产生更多的问题。因此，如此"苛刻"的条件对政府内部组织结构和协同性提出了极高的要求，短时间内几乎很难实现，需要国家不断完善社会的法治化、制度化建

---

① 迈克尔·麦金尼斯主编《多中心体制与地方公共经济》，毛寿龙译，上海三联书店，2000，第10页。

设，在提高政府的行政效率的同时兼顾地区间的经济社会协调发展，需要以社会各方面总体趋于成熟为条件。

其次，多中心治理转变为"无中心"的风险。权力分散是多中心治理模式的特点，但权力过于分散就会转化为某种"无中心"的极端形式，势必会导致整体混乱的局面。西方部分国家就存在政府过度放权，导致相关责任企业不作为、慢作为的情况。但是权力过于集中又会导致政策失误，降低效率，回到传统的老路。这种情况就是我们常说的"一管就死，一放就乱"现象。因此，如何解决多元共治过程中的权力过于分散问题是垃圾多元共治需要重点解决的核心问题。因此，在多元共治过程中需要充分发挥法治的作用，不仅包括国家政府层面的立法，而且还涉及各地区、各城乡的地方法，只有做到有法可依、有法必依、执法必严，才能保障多元主体的权利，明确其承担的责任和履行的义务，促进社会力量在共同治理中发挥积极作用。

最后，多元共治理论的科学性不足。作为实证研究的范式，有学者指出，多元共治理论所选择的研究案例存在一定的局限性，因此对研究结论产生怀疑，进而影响了该理论的科学性和可行性①。第一，奥斯特罗姆的实证研究主要集中

---

① 李平原、刘海潮：《探析奥斯特罗姆的多中心治理理论——从政府、市场、社会多元共治的视角》，《甘肃理论学刊》2014 年第 5 期，第 127 ~ 130 页。

于 20 世纪 50~70 年代，时间过于久远，其研究结论可能不适用于当今社会的情况；第二，所选研究案例规模有限，可能不适用于更大规模的社会性公共事务；第三，案例背景是在西方民主国家，不具有世界范围内的普适性。甚至还有人认为该理论是在为美国混乱的政治秩序辩护，批判其理论是对既定事实的条件和结果进行的解释与描述，而不能预料不同条件下的可能性。

综上所述，垃圾多元共治构想主要围绕多中心治理理论展开，主要借用了公共经济学、公共管理学，以及系统论、社会资本以及博弈论等多学科理论。作为一种研究包括城市卫生环境管理、垃圾综合治理等公共事务在内的理论工具，多中心治理理论依然需要学界对其进行深入的研究和进一步的科学论证，垃圾多元治理在现实中的可行性也始终停留在构想阶段。但是，这并不妨碍我们渴望通过新思想、新思路探究如何解决人类世界垃圾问题的决心和理想，或许在不久的将来，我们就能在人类的历史上看到一个真正实现垃圾多元共治的社会，而那个社会中的人们也许会为我们今天所做的遐想给予赞赏和肯定。

· · ·

针对之前讨论的垃圾治理的现实困境，人与垃圾、自然和社会等系统要素间相互接触、产生互动并相互影响引发了一系列不适应，表现为传统计划经济体制遗留下来的治理体制机制已无法适应新时代的发展需要的现实。在结合多中心治理和社会共治相关理念的基础上，我们尝试用多中心治理替代单中心治理的应对策略，以突破过去仅以政府为主导的单中心治理模式的局限，同时在遵循社会多重力量共同参与垃圾治理这项公共事务的解决思路的基础上，提出了垃圾多元共治的构想，旨在作为对"垃圾怎么办"问题的最终回应。垃圾多元共治构想的主要内容是以法治为基础，以明确治理主体的责任为前提，以垃圾治理体系中存在的"灰色地带"、"遗漏环节"以及"忽视力量"为改革突破口，以对话、竞争、妥协、合作与集体行动为共治机制，寻求社会各主体间的公平、权益和政治经济利益平衡，达成利益共赢、相互协作、群策群力、共同发展的"重叠共识"，实现多元主体的共同利益，打造社会多重力量共同参与的垃圾治理模式，真正找到一条人与垃圾、人与人、人与自然和谐发展、合作共赢的道路。

结　语

　　关于垃圾的话题，能说的还有很多，也有很多内容涉及垃圾但未能提及，不过我们围绕"什么是垃圾"以及"垃圾怎么办"所做的讨论，就已经能成为本书的一个结尾了。

　　在全书的前半部分，笔者试图用我们日常所见的现象呈现这样一个事实：垃圾本质上是物质客观性与人的主观性动态互构的结果。展现垃圾在语言中的历时性表达、垃圾自身物性在社会变迁过程中的演化，是为了证明垃圾作为人类社会的伴生物，并非保持一成不变，而是时刻处于动态变化的状态，其产生、演变或消失都是社会发展各个阶段的客观产物，即垃圾是社会生产力发展推动下的一种社会表征。描绘不同历史时期人们用不同话语和情感去界定垃圾，以及大千世界里的芸芸众生在与垃圾的频繁互动中造就垃圾万象的奇观，是为了描述长期以来人为垃圾所构建的那些形象、符号。因此，垃圾是人类主观世界的一种文化想象，是大脑思维的分类结果。一切关于垃圾是什么的解释都是人类为垃圾所编织的"意义之网"。垃圾和人的互动始终维持着协同共生的关系，彼此见证、互相印证，你中有我、我中有你，二者互为环境。

然而，"人类的心灵是从不加分别的状态中发展出来的"①，我们正是依靠分别心将万物纳入了自己创造的各种秩序之中，如有用和无用、喜欢和讨厌、垃圾和物品。人们凭借情感、利益、经验创造的秩序对客观世界进行价值判断，决定事物有用与否，但完全脱离了事实判断的价值判断本身就是一种偏见。所以，笔者也在试图用历史事实证明我们执着坚持的理念时常会被后来人推翻，正如现代人总会嘲笑古人的无知和盲从那样。垃圾是主客观意识历时性互动的结果，二者始终保持着"动态一致性"。我们看待垃圾的态度应该保持协同更新的状态，当垃圾随着社会发展发生物性演化时，我们应该适时更新对新物质的知识结构，适时调整应对新型"物种"的心理状态和能力。只要认识到这一点，我们就能根据垃圾的物性建构与之相适应的文化认知。主观认知与客观物性相互重叠的部分越多，我们与真相的距离就越近。

我们都知道，垃圾是被放错了位置的资源，但如何找到正确的位置，又如何科学合理地去"放"，以及"放"错以后如何纠正，这些问题是我们需要认真思考的。事实证明，

---

① 爱弥尔·涂尔干、马塞尔·莫斯：《原始分类》，汲喆译，上海人民出版社，2000，第5页。

人与垃圾互动的历史本身就贯穿于人类文明的发展史当中。人在不同历史阶段对垃圾所采取的一切手段和策略，同样是对垃圾物性演化结果的一种适应。历史经验告诉我们，从不适应到适应再到不适应，这就是人应对垃圾的基本状态。只有时刻在实践中总结经验，才能探索出科学有效的应对策略。

全书的后半部分其实都在传递"垃圾治理，人人有责"的信息。我们每个人都是人类文明的缔造者，同时也是垃圾的生产者，却为何不能是垃圾的治理者呢？垃圾治理从本质上就是社会治理的一部分。固然全能政府有能力也有办法管理好，但总归会有管理盲区和管理失灵的时候。我们之所以要消灭垃圾，其原因其实并不在于垃圾的特殊身份，而是那些来自健康和疾病威胁，让我们感到焦虑和陌生的不确定性。我们并非不能容忍垃圾，而是害怕未知对我们的伤害。我们之所以陷入垃圾污染和垃圾围城的困境，是因为我们没有找到与之共存的方法，或者可能我们已经知道该如何做，但不愿意为了公共利益而牺牲一己私利。

在本书末尾，为了给"垃圾怎么办"一个相对满意的终极答案，在综合考量了垃圾处理、垃圾管理和垃圾治理等现实困境之后，笔者只能以一个理想主义者的姿态，借助从复杂适应系统、多中心治理、社会共治等理念中获得的灵感，提出垃圾多元共治的构想，即一个以法治为基础，以明确主体权责为前提，以对话、竞争、妥协、合作和集体行动为共治机制，最终实现垃圾治理的目标和利益共赢的垃圾多元共治模式。尽管这个构想本身还不成熟，其可行性也未可知，但我们仍然期望垃圾多元共治构想能够为解决现实问题、相关决策制定、激发民众的公共环保意识、实现社会的共享共治贡献绵薄之力。

最后，作为社会成员的一分子，我们何不尝试选择一种"众人拾柴火焰高"的办法，通过政府、企业、组织还有你我齐心协力，积极主动地参与到力所能及的活动中，从生活的点滴中改变自己，开启一种绿色的生活方式。现如今，国家正在大力推行垃圾分类，这项工程对社会各领域、各阶层的组织和个人的参与性提出了极高的要求。垃圾分类是走向书中所构想的垃圾多元共治最重要的一步，在此呼吁我们每个人都能尽职尽责，参与到这项伟大的事业当中。

参考文献

埃莉诺·奥斯特罗姆:《公共事务的治理之道——集体行动制度的演进》,余逊达、陈旭东译,上海三联书店,2000,第10～13页。

埃莉诺·奥斯特罗姆、帕克斯、惠克特:《公共服务的制度建构——都市警察服务的制度结构》,宋全喜、任睿译,上海三联书店,2000,第11～12页。

埃莉诺·奥斯特诺姆、拉里·施罗德、苏珊·温:《制度激励与可持续发展》,余逊达译,上海三联书店,2000,第204页。

爱弥尔·涂尔干、马塞尔·莫斯:《原始分类》,汲喆译,上海人民出版社,2000,第5页。

董文茂:《拾荒者:边缘化的回收终端》,《环境》2006年第5期。

傅伯仁、王瑶、李爱宗:《金融危机下我国农村劳动力转移问题研究》,《农业现代化研究》2009年第6期,第650～

654 页。

陈磊：《全球固体废物的产生、处置、危害状况与控制战略》，《世界环境》1994 年第 4 期，第 34～39 页。

广东、广西、湖南、河南词源修订组，商务印书馆编辑部编《词源》（修订本）第一册，商务印书馆，1979，第 598 页。

郭江平：《对拾荒群体若干问题的思考》，《南通师范学院学报》（哲学社会科学版）2004 年第 9 期。

韩宝平主编《固体废物处理与利用》，华中科技大学出版社，2010，第 2 页。

亨利·E. 西格里斯特：《西医文化史——人与医学：医学知识入门》，朱晓译注，海南出版社，2012，第 106 页。

胡嘉明、张劼颖：《废品生活》，香港中文大学出版社，2016，第 8 页。

胡涛、张凌云：《我国城市环境管理体制问题分析及对策研究》，《环境科学研究》2006 年第 1 期，第 28～32 页。

姜立杰：《美国城市环境史研究综述》，《雁北师范学院学报》2005 年第 2 期，第 55～58 页。

蒋展鹏主编《环境工程学》第 2 版，高等教育出版社，2005。

卡特琳·德·西吉尔：《人类与垃圾的历史》，刘跃进、魏红荣译，百花文艺出版社，2005，第 57 页。

莱斯特·M. 萨拉蒙：《公共服务中的伙伴》，田凯译，商务印书馆，2008，第 43 页。

李国青、由畅：《新中国城市社会管理体制的历史沿革》，《东北大学学报》2008 年第 1 期。

李平原、刘海潮：《探析奥斯特罗姆的多中心治理理论——从政府、市场、社会多元共治的视角》，《甘肃理论学刊》2014 年第 5 期，第 127～130 页。

李顺兴、邓南圣：《城市垃圾管理综合体系改革探讨》，《城市环境与城市生态》2002 年第 4 期，第 19～21 页。

李顺兴、郑凤英、陈丹丹、黄泱、邓南圣、吴峰、刘先利：《城市垃圾管理对策探析》，《环境保护》2003 年第 12 期，第 14～18 页。

李行健主编《两岸常用词典》，高等教育出版社，2012，第 763 页。

李彦富、李玉春、董卫江：《生活垃圾堆肥处理技术发展的几点思考》，《中国资源综合利用》2006 年第 10 期，第 14～17 页。

李宇军：《中国城市生活垃圾管理改进方向的探讨》，《中共福建省委党校学报》2008 第 4 期，第 16～21 页。

李中萍：《"新史学"视野中的近代中国城市公共卫生研究述评》，《史林》2009 年第 2 期，第 173～186 页。

林媛红：《少数民族朴素生态理念对生态文明建设的影响》，《贵州民族研究》2016 年第 6 期，第 59～62 页。

刘宁宁、简晓斌：《国内外城市生活垃圾收集与处理现状分析》，《国土与自然资源研究》2008年第4期，第67~68页。

路易斯·亨利·摩尔根：《古代社会》，杨冬莼等译，商务印书馆，1995，第48页。

吕维霞、杜娟：《日本垃圾分类管理经验及其对中国的启示》，《华中师范大学学报》（哲学社会科学版）2016年第1期，第39~53页。

马岚：《洁净与社会秩序——兼评道格拉斯〈洁净与危险〉》，《中央民族大学学报》（哲学社会学版）2010年第2期，第56~59页。

玛丽·道格拉斯：《洁净与危险》，黄剑波、柳博赟、卢忱译，民族出版社，2008，第2页。

迈克尔·博兰尼：《自由的逻辑》，冯银江、李雪茹译，吉林人民出版社，2002，第142页。

迈克尔·麦金尼斯主编《多中心治理体制与地方公共经济》，毛寿龙译，上海三联书店，2000，第78页。

毛群英：《城市垃圾填埋技术及发展动向》，《山西建筑》2008年第6期，第353~354页。

纳日碧力戈：《共生观中的生态多元》，《民族学刊》2012年第1期，第1~8页。

纳日碧力戈：《关于语言人类学》，《民族语文》2003年第51期，第43~48页。

牛晓：《我国古代城市对于垃圾和粪便的处理》，《环境教育》1998年第3期，第2页。

彭文伟主编《传染病学》，人民卫生出版社，2004，第1、9页。

乔治·弗里德里克森：《公共行政的精神》，张成福、刘霞、张璋、孟庆存译，中国人民大学出版社，2003，第25页。

商务印书馆辞书研究中心修订《新华词典》（第4版），商务印书馆，2013。

邵瑞华、王志：《陕西省居民生活垃圾资源化认知水平调查》，《西安工程大学学报》2008年第1期，第100~103页。

孙前进编著《北京生活垃圾回收处理体系规划与建设》，中国财富出版社，2013，第13页。

孙晓芹：《国外控制城市生活垃圾的几种办法》，《中国环保产业》1999年第4期，第40页。

田红：《生态人类学的学科定位》，《贵州民族学院学报》2006年第6期，第12~14页。

汪群慧主编《固体废物处理及资源化》，化学工业出版社，2003，第2页。

王彬辉：《我国城市生活垃圾治理中存在的问题及法律对策》，《湘潭大学社会科学学报》2001年第3期，第112~113页。

王磊、钟杨：《中国城市居民环保态度、行为类别及影响因素

　　研究——基于中国 34 个城市的调查》,《上海交通大学学
　　报》（哲学社会科学版）2004 年第 6 期，第 63～73 页。

王名、蔡志鸿、王春婷:《社会共治:多元主体共同治理的
　　实践探索与制度创新》,《中国行政管理》2014 年第 12
　　期，第 16～19 页。

王兴伦:《多中心治理:一种新的公共管理理论》,《江苏行
　　政学院学报》2005 年第 1 期，第 96～100 页。

许宝华、官田一郎主编《汉语方言大词典》，中华书局，1999，
　　第 3085 页。

亚里士多德:《政治学》，吴寿彭译，商务印书馆，1983，第
　　48 页。

杨凌、元方:《我国城市垃圾管理现状和问题》,《再生资源
　　研究》2007 年第 2 期，第 34～39 页。

杨庭硕等:《生态人类学导论》，民族出版社，2007，第 12 页。

尤瓦尔·赫拉利:《人类简史:从动物到上帝》，林俊宏译，
　　中信出版集团，2014，第 44 页。

扎西·刘:《臭美的马桶》，中国旅游出版社，2005，第 78 页。

张红、李纯主编《国际科技动态跟踪——城市垃圾处理》，
　　清华大学出版社，2013。

张红玉、李国学、杨青原:《生活垃圾堆肥过程中恶臭物质分
　　析》,《农业工程学报》2013 年第 5 期，第 192～199 页。

张紧跟、庄文嘉:《从行政性治理到多元共治:当代中国环

境治理的转型思考》,《中共宁波市委党校学报》2008 第
6 期,第 93 ~ 99 页。

张英民、尚晓博、李开明、张朝升、张可方、荣宏伟:《城
市生活垃圾处理技术现状与管理对策》,《生态环境学
报》2011 年第 2 期,第 389 ~ 396 页。

中国大百科全书编辑部编著《中国大百科全书:第二版简明
版》,中国大百科全书出版社,2011。

周大鸣、李翠玲:《垃圾场上的政治空间——以广州兴丰垃
圾场为例》,《广西民族大学学报》(哲学社会科学版)
2007 年第 9 期,第 31 ~ 36 页。

周大鸣、李翠玲:《拾荒者与底层社会:都市新移民聚落研
究》,《广西民族大学学报》(哲学社会科学版)2008 年第
2 期,第 46 ~ 49 页。

Batool, S. A., Chaudhry, N., Majeed, K., "Economic Po-
tential of Recycling Business in Lahore, Pakistan", *Waste
Management* 2008, 28 (2): 294 – 298.

Collard, M., Buchanan, B., Ruttle, A., O'Brien, M. J.,
"Niche Construction and the Toolkits of Hunter-gatherers
and Food Producers", *Biological Theory* 2012, doi:
10. 1007/s13752 – 012 – 0034 – 6.

Corenblit, D., Baas, A., Bornette, et al., "Feedback be-
tween Geomorphology and Biota Controlling Earth Surface

Processes and Landforms: A Review of Foundation Concepts and Current Understandings", *Earth Science Review* 2011, (106): 307 – 331.

Denny, A. J. , Wright, J. , Grief, B. , "Foraging Efficiency in the Woodant (Formicarufa): Is Time of the Essence in Trail Following?", *Animal Behavior* 2001, (61): 139 – 146.

Erwin, D. H. , "Macroevolution of Ecosystem Engineering, Niche Construction and Diversity", *Trends Ecological Evolution* 2008, (23): 304 – 310.

Flack, J. C. , Girvan, M. , de Waal, F. , Krakauer, D. C. , "Policing Stabilizes Construction of Social Niches in Primates", *Nature* 2006, (439): 426 – 429.

Garcia, J. , Ervin, F. R. , Koelling, R. A. , "Learning with Prolonged Delay of Reinforcement", *Psychological Science* 1966, (5): 121 – 122.

Goldschmidt, T. , Bakker, T. C. , Feuth-de Bruijn, E. , "Selective Choice in Copying of Female Sticklebacks", *Animal Behavior* 1993, (45): 541 – 547.

Henrich, J. , "Demography and Cultural Evolution: Why Adaptive Cultural Processes Produced Maladaptive Losses in Tasmania", *American Antiquity* 2004, (69): 197 – 214.

Henrich, J., McElreath, R., "The Evolution of Cultural Evolution", *Evolution Anthropology* 2003, (12): 123 – 135.

Ihara, Y., Feldman, M. W., "Cultural Niche Construction and the Evolution of Small Family Size", *Theoretical Population Biology* 2004, (65): 105 – 111.

Jones, C. G., Lawton, J. H., Shachak, M., "Organisms as Ecosystem Engineers", *Oikos* 1994, (69): 373 – 386.

Kendal, J., "Cultural Niche Construction and Human Learning Environments: Investigating Sociocultural Perspectives", *Biological Theory* 2012, doi: 10.1007/s13752 – 012 – 0038 – 2.

Kendal, J., Tehrani, J. J., Odling-Smee, F. J., "Human Niche Construction in Interdisciplinary Focus", *Philosophical Transactions of the Royal Society of London. Series B* 2011, (366): 785 – 792.

Pelletier, F., Garant, D., Hendry, A. P., "Eco-evolutionary Dynamics", *Phil Trans R Soc B* 2009, (364): 1483 – 1489.

Pilippe, C. Schmitter., "Still the Century of Corporation?" In P. C. Schmitter and G. Lehmbruch eds. *Trends Toward Corporatist Intermediation.* Beverly Hills: Sage, 1979. pp. 7 – 52.

Stoker, Gerry, "Governance as Theory: Five Propositions", *International Social Science Journal* 1990 (50).

Terkel, J. , "Cultural Transmission of Feeding Behaviour in the Black rat (Rattus rattus)" In Heyes, C. M. , Galef, B. G. (eds.) *Social Learning in Animals*: *The Roots of Culture*, New York: Academic Press, 1996, pp. 17 – 47.

Van Slyke, D. M. , "Agents or Stewards: Using Theory to Understand the Government-nonprofit Social Service Contracting Relationship", *Journal of Public Administration Research and Theory* 2007, 17 (2).

Yujiro, Hayami, Dikshit, A. K. , Mishra, S. N. , "Waste Pickers and Collectors in Delhi: Poverty and Environment in an Urban Informal Sector", *Journalof Development Studies* 2006, 42 (1): 41 – 69.

后　记

本书是在本人博士学位论文的基础上修改完成的。选择"垃圾"作为自己的研究对象，缘起于 2010 年我在瑞典攻读硕士学位期间的亲身经历。

我当时学习生活的城市是瑞典中部的法伦，位于斯堪的纳维亚半岛上的一个人口大约 5 万的小城，风景如画、生机盎然，这与当地人强烈的生态环保意识密不可分。瑞典作为最早实行生活垃圾分类的国家之一，垃圾分类已经完全成为当地人日常生活的一部分，但对于大多数留学生而言，垃圾分类却成为一种"文化冲击"。当我完全把垃圾分类变成了日常生活习惯之后，我开始用人类学者的"他者"视角关注这个行为，带着"他们为何这么做"的疑问，深入社区、回收站、餐馆等多地开展田野调查，最终完成了我关于瑞典居民垃圾分类的行为、动机和态度研究的硕士学位论文。但垃圾分类仅仅只是人与垃圾相互关系中的一部分，在接受了更多人类学专业的训练之后，我决定在博士阶段进一步对人与垃圾、人与自然的相互关系做深入研究，最终完成了《文化认知与多元共治：生活垃圾的生态治理研究》博士学位论文。

从博士学位论文完成到本书出版，我离不开许多人的支持和帮助。在此，特向他们表达谢意。

感谢我的导师纳日碧力戈教授。他学富五车、著作等身，其学术造诣和温文尔雅的个人魅力令我深深地折服，正是其在我学习期间给予的极大信任和帮助，才使得我在博士学位论文选题时执着于"垃圾"。在他精心的指导和鼓励下，我不但在专业知识和学术技能方面受益匪浅，而且顺利完成了博士阶段的学业。在读博期间，还要感谢同门左振廷师兄对论文提出的宝贵修改意见，以及同窗王微、才日昕的建议和鼓励。同时，也要感谢云南师范大学崔汝贤处长、玄文忠处长以及同事们的关心和支持。读博是艰苦的，也是充实的，这短暂的经历永远是我人生中宝贵的精神财富。

由衷感谢我至亲至爱的家人们。从小到大，一路走来，家人们总是给予我最多的理解和支持。从出国留学到攻读博士学位再到参加工作，他们总是在我迷茫、任性、无助的时刻给予我引导和关怀，让我少走了许多的弯路。家的温暖让我倍感温馨，家人的默默付出让我感动万分！父母多年来倾尽能及之力给予我关爱与呵护，此恩此情，一生难以报答！

感谢2021年10月7日诞生的儿子曹季凡。感谢他的降临让我拥有了勇往直前、奋发图强的动力。如果说这本著作是我几年来孕育的宝贝，那么我更愿意将这个宝贝作为一份珍贵的礼物诚挚地送给他。希望自己的这份礼物能够表达我作为父亲对他的诚挚的祝福——未来成长的道路四季如春，迎接自己卓荦不凡的人生！

本书是我的博士科研启动项目"生活垃圾的文化释义与认识研究"课题的阶段性成果，得益于"云南师范大学学术精品书库"项目的资助得以出版。为了让原本晦涩枯燥的学术论文变得通俗有趣，我对文中大部分的词句都进行了修改，最终呈现科普读物一般的效果，这离不开责任编辑庄士龙老师的支持和鼓励以及他对文本的精心打磨。借此机会，向母校云南师范大学和社会科学文献出版社表达真诚的谢意！

本书修改的过程对我而言是极为新奇和忐忑的。一方面，我感觉自己像尤瓦尔·赫拉利创作《人类简史：从动物到上帝》一样，从人类世界的宏大视角讲述了一个关于垃圾的故事；另一方面，这是对我的文学功底和知识储备提出的挑战，需要我涉猎更多的专业领域知识。书中难免出现一些不严谨、不准确、不完善的地方，对此请读者给予理解与谅解。

在修改过程中，我时常感到黔驴技穷，非常感谢挚友吴剑文所给予的鼎力帮助，他的指点和建议让我得以一次次渡过难关。感谢郭智老师对书稿内容的指点和点拨，他对改进内容提出了很多宝贵建议。感谢老友杨晓丹、李建尧在我感到身心疲惫时对我的勉励与鼓励，让我能够迎难而上、坚持不懈。一个"谢"字不足以表达感激之情，但情真意切，万般感激！

人文社会科学研究归根到底是研究人的学问，既是对他人的诠释，也是对自己的滋养，更是对大千世界的探索。本书的完成让我深刻理解了如何才能做好一门学问，怎样才算一名合格的学者，什么才是学者的担当与责任。那是始终抱持对一切未知的好奇心、对世事的洞察力、对人文关怀的执着、对真善美的向往、对突破认知局限及拥抱文化多元的追求……

虽然我的课题研究工作随本书的出版暂告一段落，但我一切关于垃圾的讨论，不过是抛砖引玉——让更多的人了解我们身处的世界和未来努力的方向，因为无论是垃圾污染治理，还是自然环境保护，希望在不远的将来，垃圾分类回收的变革能够在更广的范围内实现。所有关乎人与自然和谐相处，以及社会可持续发展的事业在我们这个时代才刚刚起步。这篇后记即将完成之时，我们的生活依然处在新冠肺炎疫情的影响之下，不知道后疫情时代的人们是否会因为这一次的洗礼，在冰雪消融、否极泰来之后重新审视我们未来生存和发展的意义。

曹　锐

2022 年 11 月于昆明雨花毓秀

图书在版编目（CIP）数据

垃圾是什么：生活垃圾的文化认知与多元共治／曹锐著. -- 北京：社会科学文献出版社，2023.2（2023.8重印）
（云南师范大学学术精品文库）
ISBN 978 - 7 - 5228 - 0910 - 6

Ⅰ.①垃…　Ⅱ.①曹…　Ⅲ.①生活废物 - 垃圾处理 - 研究　Ⅳ.①X799.305

中国版本图书馆 CIP 数据核字（2022）第 200545 号

云南师范大学学术精品书库
垃圾是什么
——生活垃圾的文化认知与多元共治

著　　者／曹　锐

出 版 人／冀祥德
组稿编辑／谢蕊芬
责任编辑／庄士龙　赵　娜
责任印制／王京美

出　　版／社会科学文献出版社·群学出版分社（010）59367002
　　　　　地址：北京市北三环中路甲 29 号院华龙大厦　邮编：100029
　　　　　网址：www. ssap. com. cn
发　　行／社会科学文献出版社（010）59367028
印　　装／三河市东方印刷有限公司

规　　格／开　本：787mm × 1092mm　1/32
　　　　　印　张：13.75　字　数：261 千字
版　　次／2023 年 2 月第 1 版　2023 年 8 月第 2 次印刷
书　　号／ISBN 978 - 7 - 5228 - 0910 - 6
定　　价／89.00 元

读者服务电话：4008918866